高等职业教育新形态系列教材

U0268061

数控加工编程与操作

主　编　黄晓敏
副主编　孙　立　王　杰
参　编　罗应娜　舒鸨鹏　李大英　宋征宇
　　　　甘敬升　韩辉辉　刘明东　张津竹

北京理工大学出版社
BEIJING INSTITUTE OF TECHNOLOGY PRESS

内 容 简 介

本教材以数控技术、机械设计及制造等专业群的人才培养为目标，引入"金属切削领域"国际标准，以"数控加工编程及操作"课程标准以及数控车铣加工职业技能等级标准为依据，遵循学生职业能力培养的基本规律，按照数控领域工作岗位能力需求设置教材内容。

本教材以车、铣加工典型零件为载体，涵盖了轴类零件、套类零件、平面零件、平面圆弧零件、外轮廓零件、内轮廓零件、孔类零件、复杂零件等常见零件的编程与加工，采用了大量直观图片，任务工作页和任务实施采用表格形式分步展开，以学生实战为主、教师指导为辅，实现教、学、做一体化的教学模式。

本教材可作为高等职业院校、应用本科学生的教学用书，也可作为各类数控培训机构的培训教材，还可作为数控机床操作人员的学习和参考用书。

图书在版编目（CIP）数据

数控加工编程与操作 / 黄晓敏主编. -- 北京：北京理工大学出版社，2024.1（2024.9 重印）
ISBN 978 - 7 - 5763 - 3623 - 8

Ⅰ．①数… Ⅱ．①黄… Ⅲ．①数控机床 – 程序设计 – 教材②数控机床 – 操作 – 教材 Ⅳ．①TG659

中国国家版本馆 CIP 数据核字（2024）第 024815 号

责任编辑：高雪梅　　　文案编辑：高雪梅
责任校对：周瑞红　　　责任印制：李志强

出版发行 / 北京理工大学出版社有限责任公司
社　　址 / 北京市丰台区四合庄路 6 号
邮　　编 / 100070
电　　话 / （010）68914026（教材售后服务热线）
　　　　　（010）63726648（课件资源服务热线）
网　　址 / http://www.bitpress.com.cn

版 印 次 / 2024 年 9 月第 1 版第 2 次印刷
印　　刷 / 涿州市新华印刷有限公司
开　　本 / 787 mm×1092 mm　1/16
印　　张 / 19.5
字　　数 / 502 千字
定　　价 / 56.00 元

前　言

本教材以培养数控技术、机械设计及制造等专业的人才为目标，引入"金属切削领域"国际标准，以"数控加工编程及操作"课程标准及数控车铣加工职业技能等级标准为依据，遵循学生职业能力培养的基本规律，按照数控领域工作岗位能力需求设置教材内容。

本教材以车铣加工零件为载体，把理论知识、实践技能与完整的项目、任务融合在一起，以工作过程为导向，突出实训技能培养，力求从实际应用的需求出发，将理论知识与数字化设计、数控编程、数控仿真加工及数控机床操作等实践技能有机地融为一体。

本教材采用项目教学的方式组织内容，全书共5个项目，涵盖了数控车、数控铣床/加工中心的基本操作，轴类零件、套类零件、平面零件、平面圆弧零件、外轮廓零件、内轮廓零件、孔类零件、复杂零件等常见零件的编程与加工，以及Mastercam软件自动编程等内容。本教材采用了大量图片，以基于工作过程的思路编排，突出实践技能的培养，同时任务实施采用表格形式分步展开，以学生实战为主、教师指导为辅，实现教、学、做一体化的教学模式。

本教材由重庆工业职业技术学院、德马吉森精机机床贸易有限公司、重庆元创汽车整线集成有限公司校企合作编写完成。

本教材由重庆工业职业技术学院黄晓敏任主编，德马吉森精机机床贸易有限公司孙立、重庆元创汽车整线集成有限公司王杰任副主编，重庆工业职业技术学院罗应娜、舒鹄鹏、李大英、宋征宇、甘敬升、韩辉辉、刘明东、张津竹等参与了本书的编写工作。

本教材可作为高等职业院校、应用本科学生的教学用书，也可作为各类数控培训机构的培训教材，还可作为数控机床操作人员的学习和参考用书。

本教材在编写时虽力求完善并经过反复校对，但因编者水平有限，书中难免存在不足和疏漏之处，敬请广大读者批评指正，以便进一步修改。

编者

目　录

项目一　轴类零件的加工 ……………………………………………………………… 1
　　学习任务一　销钉的加工 …………………………………………………………… 2
　　学习任务二　带轮轴的加工 ……………………………………………………… 28
项目二　套类零件的加工 …………………………………………………………… 40
　　学习任务一　台阶套的加工 ……………………………………………………… 41
　　学习任务二　螺纹套的加工 ……………………………………………………… 57
项目三　铣削基础零件的加工 ……………………………………………………… 75
　　学习任务　基础零件的加工 ……………………………………………………… 76
项目四　起重机的制作 ……………………………………………………………… 105
　　学习任务一　起重臂的加工 ……………………………………………………… 108
　　学习任务二　转台的加工 ………………………………………………………… 135
　　学习任务三　车身的加工 ………………………………………………………… 161
　　学习任务四　车头的加工 ………………………………………………………… 192
　　学习任务五　车轮的加工 ………………………………………………………… 225
项目五　车铣复合加工 ……………………………………………………………… 251
　　学习任务一　内四方套的加工 …………………………………………………… 252
　　学习任务二　链轮的加工 ………………………………………………………… 281

项目一

轴类零件的加工

一、项目情境描述

轴类零件是五金配件中常见的典型零件，主要用来支承传动零部件（如齿轮、带轮等），传递扭矩和承受载荷。轴类零件是旋转体零件，其长度大于直径，一般由同心轴的外圆柱面、圆锥面、内孔和螺纹及相应的端面组成。

轴类零件的加工训练，不仅要完成外圆、槽、螺纹、圆弧和圆锥等加工训练，同时还要学会外圆、槽和螺纹等尺寸控制的方法，这些是后期学习加工更复杂零件的基础。

二、学习目标

知识目标

1. 认识不同种类的数控机床。
2. 熟悉所用数控机床各个部件的名称。
3. 掌握使用 G00、G01、G02 和 G03 指令进行轴类零件的程序编写。
4. 掌握使用 S、M、O 和 T 进行程序的编写。
5. 掌握使用 G71 指令进行轴类零件的程序编写。

技能目标

1. 能够正确选择数控车床常用的刀具、夹具、材料及加工范围，并正确使用。
2. 能够对数控车床进行日常维护及保养。
3. 能够正确使用数控车床操作面板及仿真系统操作面板进行程序的录入。
4. 能够正确设置数控车床工件坐标系并进行对刀操作。
5. 能够正确编写本项目 4 个任务的零件数控加工程序并进行仿真加工。
6. 能够正确使用数控车加工完成本项目的 4 个任务，并正确测量。

素质目标

1. 具有遵守安全操作规范和环境保护法规的能力。
2. 具有良好的表达、沟通和团队合作的能力，能够有效地与相关工作人员和客户进行交流。
3. 具有逻辑思维与发现问题、解决问题的能力，能够从习惯性思维中解脱出来，并启发创造思维能力。
4. 具有使用信息技术有效收集、查阅、分析、处理工作数据和技术资料的能力。
5. 具备终身学习与可持续发展的能力。
6. 具有爱岗敬业、诚实守信、吃苦耐劳的职业精神与创新设计意识。

三、学习任务

项目零件如图 1 – 1 所示。

图 1 – 1　项目零件

学习任务一　销钉的加工

任务书

零件名称	销钉	材料	45 钢	毛坯尺寸	$\phi 40$ mm × 45 mm

图 1 – 2　销钉

任务描述	加工图 1 – 2 所示零件，保证零件的外圆尺寸、长度尺寸和表面粗糙度符合要求。通过完成本任务，学生能够学会控制外圆和长度的尺寸
任务内容	1. 学习相关理论知识和编程指令。 2. 编写数控加工程序并完成仿真加工。 3. 完成零件的加工，控制加工尺寸
指令应用	G01、G02、G03、G71、G75 指令
建议学时	30

任务图纸

销钉的加工图纸如图 1 – 3 所示。

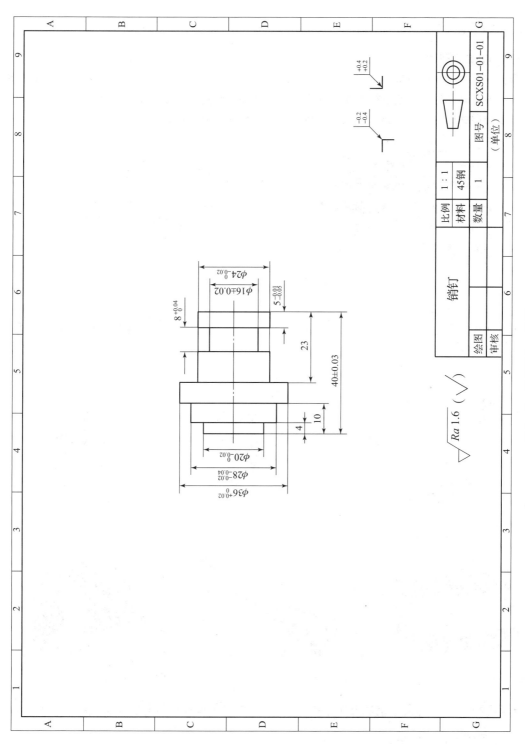

图 1 - 3　销钉的加工图纸

[学习准备]

引导问题1 你了解所用的机床吗？它有哪些部件呢？

1. 数控车床概述。

数控车床是用计算机数字化信号控制的机床，数控系统通过控制车床 X 轴、Z 轴的电动机来驱动车床的运动部件，并通过控制动作顺序、移动量和进给速度，以及主轴的转速和转向，加工出各种不同形状的_____和_____回转体零件，如图 1-4 所示。

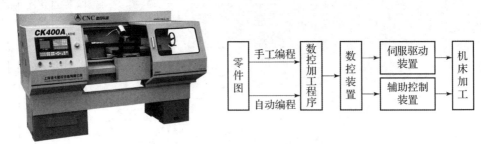

图 1-4　数控车床零件加工过程

2. 数控车床的组成。

数控车床主要由_____、_____、_____、_____ 4 个部分组成，请完成图 1-5~图 1-10 处的填空。

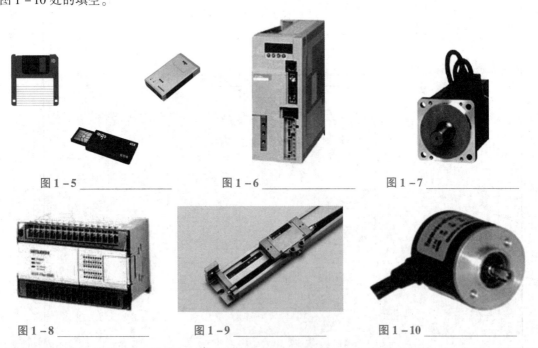

图 1-5 _____　　　图 1-6 _____　　　图 1-7 _____

图 1-8 _____　　　图 1-9 _____　　　图 1-10 _____

引导问题2 数控车床的系统是否都是一样的？数控车床系统有几种类型？

1. 常用的数控车床系统。

目前工厂常用数控车床系统有法那克（FANUC）数控系统、西门子（SIEMENS）数控系统、华中数控系统、广州数控系统、三菱数控系统等。每一种数控系统又有多种型号。例如，

FANUC 系统从 0i 到 23i；SIEMENS 系统从 SINUMERIK 802S、802C 到 802D、810D 到 840D 等。各种数控系统指令各不相同，同一系统不同型号，其数控指令也略有差别，使用时应以数控系统说明书为准。

2. 查阅资料、参观车间，辨认图 1-11 ~ 图 1-13 所示数控车床系统，并完成填空。

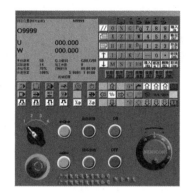

图 1-11 _____　　　　图 1-12 _____

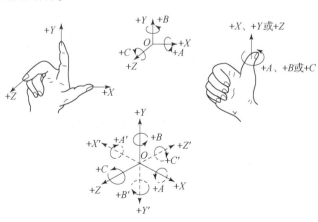

图 1-13 _____

引导问题 3　数控车床的坐标系是如何确定的？

1. 坐标系的确定原则。

根据刀具相对于静止工件而运动的原则，编程人员能在不知道是刀具移近工件还是工件移近刀具的情况下，就可根据零件图，确定零件的加工过程。根据图 1-14 写出图 1-15 所示坐标系的名称。

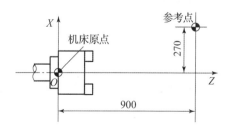

图 1-14　笛卡儿坐标系　　　　　　图 1-15　数控车床的坐标系

2. 坐标轴的确定。

（1）Z 轴的运动方向是由_____的_____所决定的。与主轴轴线平行的标准坐标轴即为 Z 轴，其_____是增加刀具和工件之间距离的方向，如图 1 – 16 所示。

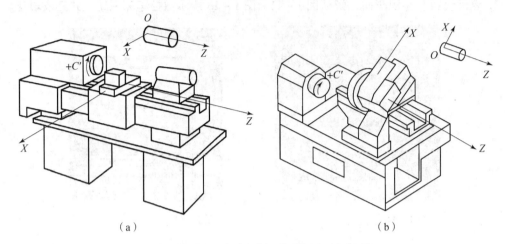

图 1 – 16　卧式数控车床的坐标系

（a）前置刀架数控车床；（b）后置刀架数控车床

（2）X 轴平行于工件的装夹平面，一般在水平面内，它是刀具或工件定位平面内运动的主要坐标轴。对于数控车床，X 轴的方向是在_____，且平行于横滑座。

（3）在确定 X 轴和 Z 轴后，可根据 X 轴和 Z 轴的正方向，按照右手笛卡儿坐标系来确定 Y 轴及其正方向。

3. 工件坐标系。

工件坐标系是人为设定的，设定的依据是既要符合尺寸标注的习惯，又要便于坐标计算和编程，如图 1 – 17 所示。一般工件坐标系的原点最好选择在工件的_____、_____或_____的位置上，如图 1 – 18 所示。

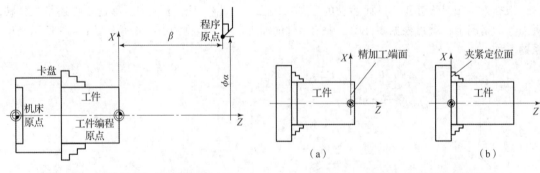

图 1 – 17　工件原点和工件坐标系

图 1 – 18　实际加工时的工件坐标系

（a）原点在工件右端面；（b）原点在工件左端面

引导问题 4　数控车床的程序是由什么组成的？

1. 数控编程的概念及步骤。

数控编程就是把零件的_____、加工工艺过程、工艺参数、_____等信息，按照计算机数控（computer numerical control，CNC）专用的编程代码编写＿＿＿＿＿＿＿的过程，如图 1 - 19 所示。

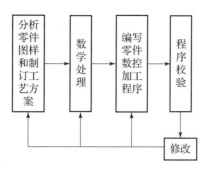

图 1 - 19 数控编程的主要步骤

2. 写出手工编程的优点和缺点。

3. 根据所学知识，填写图 1 - 20 中方框表示的内容。

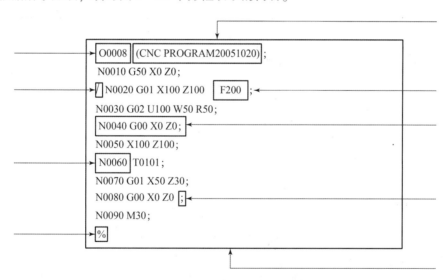

图 1 - 20 数控加工程序的构成

4. 常用 G 代码。

（1）准备功能指令 G 代码由 G 及其后面的一位或两位数字组成，它用来规定刀具和工件的相对运动轨迹、机床坐标系、坐标平面、刀具补偿、坐标偏置等多种加工操作。

G 代码有非模态指令和模态指令两种形式，请正确叙述什么是非模态指令，什么是模态指令。

（2）根据表 1 - 1 中列出的常用 G 代码，填写其正确的含义。

表 1-1　常用 G 代码的含义

G 代码	含义	G 代码	含义
G00		G70	
G01		G71	
G02		G72	
G03		G73	
G04		G74	
G40		G75	
G41		G76	
G42		G90	
G54		G92	
G55		G96	
G56		G97	
G57		G98	
G58		G99	
G59			

（3）查找资料，根据所学的知识填写正确答案。

1）数控加工中涉及 3 个坐标系，分别是＿＿＿＿＿＿＿、＿＿＿＿＿＿和＿＿＿＿＿＿。

2）编程的一般步骤是＿＿。

3）主轴功能指令 S 代码控制主轴＿＿＿＿＿＿，其后的数值表示＿＿＿＿＿＿，单位为＿＿＿＿＿＿。

4）S 代码是＿＿＿＿＿＿态指令，只有在主轴速度可调节时有效。

5）F 代码表示工件被加工时刀具相对于工件的＿＿＿＿＿＿＿＿＿＿＿＿＿＿＿＿＿，F 的单位取决于＿＿＿＿＿＿＿＿＿＿＿＿＿＿＿＿＿＿＿。

6）程序段格式为＿＿＿＿＿＿＿＿＿＿＿＿＿＿＿＿＿＿＿＿＿＿＿＿＿＿＿＿＿＿＿＿＿＿＿＿＿＿＿。

7）G90 指令为＿＿＿＿＿＿模式，在此状态下，工件程式指定的是＿＿＿＿＿＿＿＿＿＿＿＿＿＿。

8）G91 指令为＿＿＿＿＿＿模式，在此状态下，工件程式指定的是＿＿＿＿＿＿＿＿＿＿＿＿＿＿。

5. 辅助功能指令 M 代码。

辅助功能指令 M 代码由 M 及其后面的一位或两位数字组成，主要用于控制零件程序的走向，以及机床各辅助功能的开关动作。M 代码有非模态指令和模态指令两种形式。

根据所学知识按要求填空。

（1）根据表 1-2 中列出的常用 M 代码，填写其正确的含义。

表 1-2　常用 M 代码的含义

M 代码	含义	M 代码	含义
M00		M06	
M01		M08	

M 代码	含义	M 代码	含义
M02		M09	
M03		M30	
M04		M98	
M05		M99	

（2）辅助功能 M 代码由地址字＿＿＿＿＿和其后的一位或两位数字组成，主要用于控制零件程序的走向，以及＿＿＿＿＿＿＿＿＿＿＿＿＿＿＿＿＿＿＿。

（3）M 代码有＿＿＿＿＿指令和＿＿＿＿＿指令两种形式。

引导问题 5　你能编写一个简单的数控车加工程序吗？

1. 如图 1 – 21 所示，A 点为工件坐标系原点，请写出各点的绝对坐标和相对坐标（增量坐标），完成表 1 – 3。

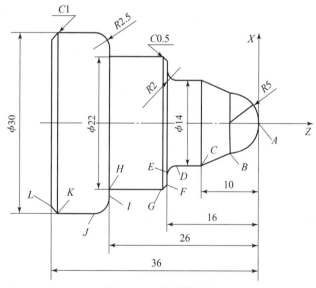

图 1 – 21　台阶轴零件

表 1 – 3　点的坐标

坐标点	绝对坐标（直径编程）	相对点	相对坐标（直径编程）
A	（　　　　　　）	A→B	（　　　　　　）
B	（　　　　　　）	B→C	（　　　　　　）
C	（　　　　　　）	C→D	（　　　　　　）
D	（　　　　　　）	D→F	（　　　　　　）
E	（　　　　　　）	F→G	（　　　　　　）

续表

坐标点	绝对坐标（直径编程）	相对点	相对坐标（直径编程）
F	（　　　　）	G→H	（　　　　）
G	（　　　　）	H→I	（　　　　）
H	（　　　　）	I→J	（　　　　）
I	（　　　　）	J→K	（　　　　）
J	（　　　　）	K→L	（　　　　）
K	（　　　　）		
L	（　　　　）		

2. 插补功能指令的格式及含义。

（1）G00 指令，如图 1 – 22 所示，请完成填空。

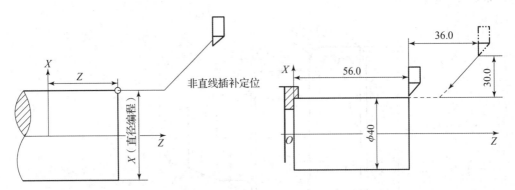

图 1 – 22　定位指令 G00 的示例

用 G00 指令定位，刀具 _____ 到指定的位置。

指令格式：_____；刀具以各坐标轴独立的快速移动速度定位。

注： 使用 G00 指令时各坐标轴单独的快速移动速度由机床厂家设定，受快速倍率开关控制（F0，25％，50％，100％），用 F 代码指定的进给速度无效。

根据坐标点尝试编写程序段（直径编程）。

（2）G01 指令：_____。

指令格式：_____。

X、Z：_____。

U、W：_____。

F：_____，单位是每分钟进给（mm/min）或每转进给（mm/r）。

利用这条指令可以进行直线插补。指令的 X、Z 为绝对值，U、W 为增量值，F 为进给速度。F 在没有新的指令之前，一直有效，因此无须一一指定。

试用 G01 指令编写从 A 点→B 点→C 点的刀具路径，如图 1 – 23 所示。

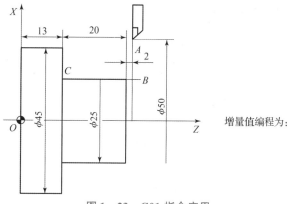

图 1-23 G01 指令应用

（3）G02、G03 指令：＿＿＿＿＿＿＿＿＿＿＿＿＿。

1）用下列指令，刀具可以沿着圆弧运动，完成表 1-4。

指令格式：＿＿＿＿＿＿＿＿＿＿＿；或＿＿＿＿＿＿＿＿＿＿＿。

表 1-4 指令（代码）的含义

指令（代码）	含义
G02	
G03	
X、Z	
U、W	
I、K	
R	
F	

2）顺时针圆弧与逆时针圆弧的判别。

所谓顺时针和逆时针是指在右手直角坐标系中，对于 ZOX 平面，从 Z 轴的正方向往负方向看而言的。如图 1-24 所示，对顺时针圆弧与逆时针圆弧进行判别。

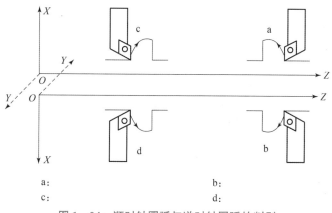

a: b:

c: d:

图 1-24 顺时针圆弧与逆时针圆弧的判别

3）编程示例：把图 1 – 25 的轨迹分别用绝对值方式和增量方式进行编程。

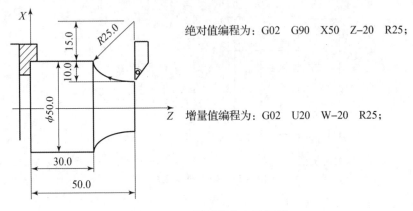

绝对值编程为：G02　G90　X50　Z–20　R25；

增量值编程为：G02　U20　W–20　R25；

图 1 – 25　圆弧指令应用示例

[**计划与实施**]

引导问题 1　数控车床的车刀有几种？如何刃磨？

1. 数控车刀的种类。

由于工件材料、生产批量、加工精度及机床类型、工艺方案的不同，车刀的种类也异常繁多。根据刀片与刀体的连接、固定方式的不同，车刀主要可分为_____与_____两大类。

2. 车刀类别和用途。

（1）按被加工表面特征可分为_____、_____、_____。

（2）按车刀结构可分为_____、_____、_____三种。

（3）按加工方式可分为_____、_____、_____、_____、_____等。

（4）根据图 1 – 26，写出车刀的加工类型，完成表 1 – 5。

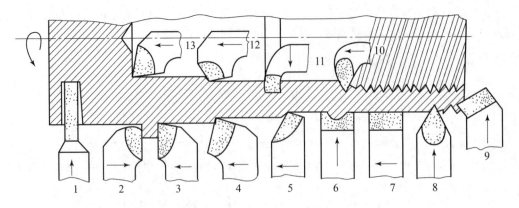

图 1 – 26　车刀的加工类型

表 1 – 5　车刀的加工类型

车刀编号	加工类型	车刀编号	加工类型
1		8	
2		9	
3		10	
4		11	
5		12	
6		13	
7			

3. 写出车刀几何角度测量的三个平面名称，如图 1 – 27 所示。

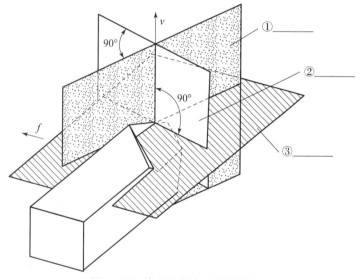

图 1 – 27　车刀几何角度测量的平面

4. 根据图 1 – 28，写出 90°外圆车刀基本角度的名称并标注角度。

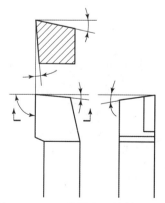

图 1 – 28　90°外圆车刀的基本形状

5. 查找资料并根据所学知识，按要求填空，如图 1 – 29 所示。

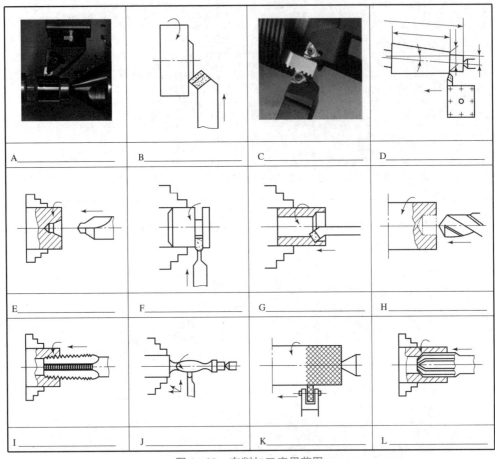

图 1 – 29　车削加工应用范围

引导问题 2　如果数控车床不进行对刀操作可以开始加工吗？如何对刀？

1. 常用对刀方法。

数控车床常用的对刀方法有_____对刀、_____对刀（接触式）和_____对刀仪对刀（非接触式）3 种，如图 1 – 30 所示。

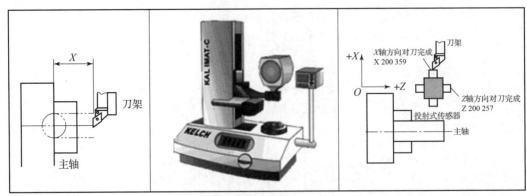

图 1 – 30　数控车床对刀方法

（1）刀具试切法对刀。

刀具试切法对刀是指＿＿＿＿＿＿＿＿＿＿＿对刀操作。刀具安装后，先移动刀具手动切削工件右端面，再沿＿＿＿＿＿退刀，将此时的机床坐标＿＿＿＿输入数控系统，即完成刀具Z轴方向对刀过程。在移动刀具车削外圆后，沿＿＿＿＿＿退出，测量工件＿＿＿＿，输入所得的数值后按"测量"键，系统会自动完成X轴方向的对刀过程。

方法一。

1）Z轴方向对刀（端面对刀）：先把刀具沿着工件端面车削，然后沿X轴方向退刀，在相应刀具参数中输入Z0后按"测量"键，系统会自动将刀具此时的Z坐标值减去之前输入的数值，即得到工件坐标系Z轴原点的位置。

2）X轴方向对刀（轴向对刀）：刀具车削一内（外）圆后，沿Z轴方向退刀，主轴停转，测量工件直径，输入测量值，如X30，按"测量"键，即可建立刀具X坐标值。系统会自动用刀具当前X坐标值减去试切出的那段外圆直径，即得到工件坐标系X轴原点的位置。

方法二。

1）X轴方向对刀：用外圆车刀先试车一外圆，记住当前的X坐标值，测量外圆直径后，用机床X坐标值减去外圆直径，将所得数值输入offset界面的几何形状X值里。

2）Z轴方向对刀：用外圆车刀先试车一外圆端面，记住当前机床的Z坐标值，并将其输入offset界面的几何形状Z值里。

（2）机外对刀仪对刀。

机外对刀的本质是将刀具的刀尖与＿＿＿＿＿＿＿＿＿接触，测量出刀具假想＿＿＿＿到刀具台基准之间X轴及Z轴方向的距离（刀偏量），再利用机外对刀仪将刀具预先在机床外校对好，以便装上机床后将对刀长度输入相应刀具补偿号即可使用。

（3）自动对刀仪对刀。

自动对刀是通过＿＿＿＿＿系统实现的。刀尖以设定的速度向接触式传感器接近，当刀尖与传感器接触并发出信号时，数控系统立即记下该瞬间的坐标值，并自动修正刀具补偿值。

现在很多车床上都装备了自动对刀仪，使用自动对刀仪对刀可免去测量时产生的误差，大大提高了对刀精度。由于使用自动对刀仪可以自动计算各把刀的刀长与刀宽的差值，并将其存入系统中，所以在加工另外的零件时，就只需要对标准刀，这样就大大节约了时间。需要注意的是，使用自动对刀仪对刀时一般都设有标准刀具，在对刀的时候要先对标准刀。

2. 对刀步骤。

（1）开机后，在录入方式下启动主轴，调整01号刀为当前工作刀具（假设先从01号刀开始对刀）。

（2）采用＿＿＿＿＿方式，按"正转"键，使主轴正转，如图1-31所示。

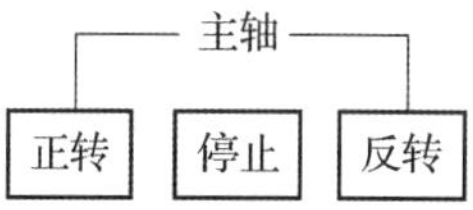

图1-31　主轴功能

（3）利用"-X""+X""-Z""+Z"键移动刀具到＿＿＿＿附近，用刀具在工件＿＿＿＿处试切一段。X轴方向不动，Z轴方向水平移到＿＿＿＿＿，按停止键停止主轴。如图1-32所示。

（4）用千分尺测量已切削＿＿＿＿＿，所测量的数据假设为24.8 mm。

（5）记录测量到的值。先按＿＿＿＿键，再按＿＿＿＿键，最后按＿＿＿＿键，如图1-33所示。

（6）利用 ↑ 、↓ 、← 、→ 键，把光标移动到01号刀"＿＿＿＿＿"位置，用数字键输入＿＿＿＿＿，按＿＿＿＿键，系统自动算出实际刀补，如图1-34所示。

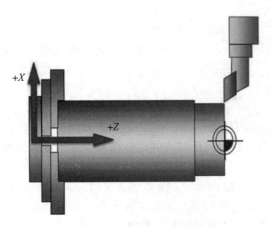

图1－32　刀具试切工件外圆对刀

图1－33　录入刀补面板

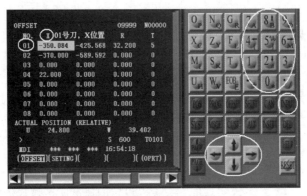

图1－34　输入刀补值

（7）在JOG方式下，通过"－X""＋X""－Z""＋Z"键，使刀具在工件＿＿＿＿＿＿轻轻车一刀，＿＿＿＿＿＿方向不动，＿＿＿＿＿＿方向垂直移出到安全位置，如图1－35所示。

（8）先按"刀补"键，再按"补正"键，然后按"形状"键，最后按 ↑ 、 ↓ 、 ← 、 → 键，把光标移动到01号刀的"＿＿＿＿＿＿"位置，输入＿＿＿＿＿＿，按输入键，系统自动算出实际刀补值，01号刀对刀完成，如图1－36所示。

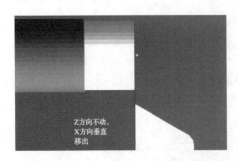

图1－35　刀具试切工件端面对刀

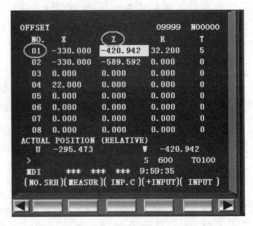

图1－36　输入刀补值

（9）同上方法，可以对 02 号刀、03 号刀、04 号刀……进行对刀。根据以上方法，请尝试表述 02 号刀的对刀步骤。

3. 按照试切法，完成工件的对刀操作填空。

（1）对刀的定义：_____。

（2）对刀点的定义：_____，对刀点又称起刀点，是数控加工程序的起点。通过找正刀具与一个在工件坐标系中有确定位置的点，并与_____的位置。

（3）请写出对刀点位置的确定原则。

（4）对刀点的选择。

对刀点可选在工件上，也可选在_____，但必须与工件的定位基准（相当于与工件坐标系）有准确的尺寸关系，这样才能确定工件坐标系与机床坐标系的关系。当对刀精度要求较高时，对刀点应尽量选择在_____。

（5）换刀点的概念。

对于数控车床、加工中心等数控机床，加工过程中若需要换刀，在编程时就应考虑选择合适的换刀点。所谓换刀点是指_____，该点可以是某一固定点，也可以是任意的一点。

（6）换刀点的选择。

换刀点的位置应根据_____的原则而定。换刀点往往是固定的点，且应设在_____的地方，以刀架转位时不碰工件及其他部位为准。

引导问题3　其他关于数控加工的知识还有哪些？

1. 查找资料并根据所学知识完成填空。

数控机床的操作面板如图 1 - 37 所示，在相应的位置写出 FANUC 数控系统操作面板各部位的名称。

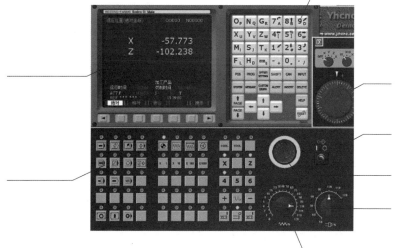

图 1 - 37　FANUC 数控系统操作面板

2. 外圆粗车复合循环指令（G71）。

G71 指令适用于棒料毛坯粗车外圆，可切除毛坯的较大余量。

（1）指令格式。

G71 U _____ R _____；

G71 P _____ Q _____ U _____ W _____ F _____ S _____ T _____；

N（ns）…；

…；

N（nf）…；

（2）正确写出指令含义的注解。

Δd：_____。

e：_____。

ns：_____。

nf：_____。

Δu：_____。

Δw：_____。

F：_____。

S：_____。

T：_____。

3. 外圆、内圆切槽循环指令（G75）。

根据下面程序指令，进行图 1 – 38 所示的动作。相当于在 G74 指令中，把 X 轴和 Z 轴调换，在此循环中，可以进行端面切削的断屑处理，并且可以对外径进行沟槽加工和切断加工（省略 Z、W、Q）。

（1）指令格式。

G75 _____。

G75 _____。

（2）含义解释。

e：_____。

另外，用参数也可以设定，根据程序指令，参数值也改变。

X：_____。

U：_____。

Z：_____。

W：_____。

Δi：_____（无符号，直径值）。

Δk：_____（无符号）。

Δd：_____，通常用不指定，若省略 X（U）和 Δi，则视为 0。

f：_____。

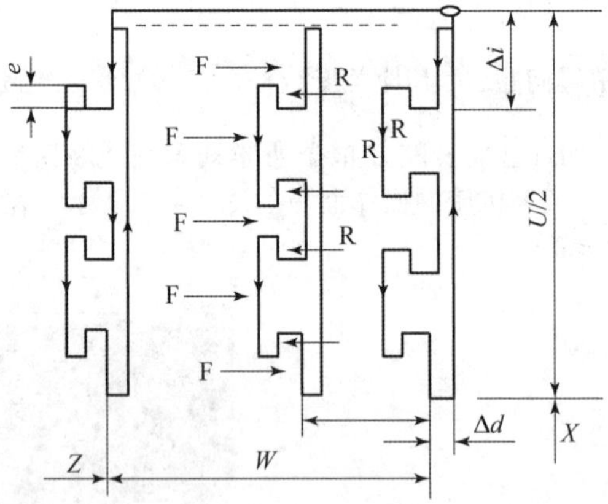

图 1 – 38　切槽循环指令 G75 刀具路径

注：G74、G75 指令都可用于切断、切槽或孔加工，同时也可使刀具进行自动退刀。

（3）请写出 G75 指令使用时的注意问题。

4. 录入方式的应用。

（1）当前处在 01 号刀位，如果想一次性从 01 号刀换位到 04 号刀位，应如何操作？

（2）在录入方式下，如果想让机床以 500 r/min 的转速正转，应如何操作？

（3）在录入方式下，如果想让机床以直线插补的方式，沿 X 轴正方向移动 50 mm，沿 Z 轴负方向移动 50 mm，应如何操作？

（4）仿真操作时，如果毛坯尺寸是 $\phi25$ mm，那么怎样利用手动方式和录入方式，让车刀的刀尖对准毛坯的回转中心？

（5）能否在机床换刀到 03 号刀的同时让机床以 800 r/min 的转速反转，并且以直线插补的方式，沿 X 轴负方向移动 30 mm，沿 Z 轴正方向移动 80 mm 呢？应怎样操作？

5. 查阅资料完善数控车床安全操作规程。

（1）进入车间必须穿戴好规定的_____，机床加工时不准戴_____，女同学必须戴_____，不准将头发_____，不准穿_____鞋，不准戴首饰。

（2）操作人员应根据机床"_____"的要求，熟悉本机床的_____和_____，禁止超性能使用。

（3）开机前，操作人员必须清理好现场。_____和_____不允许放置工具、工件及其他杂物，上述物品必须放在指定的位置。

（4）开机前，操作人员应按机床使用说明书的规定给相关部位_____，并检查油标、油量。

（5）机床开机时应遵循_____（有特殊要求除外）、手动、点动、自动的原则。机床运行应遵循_____、中速、_____的原则，其中低速、中速运行时间不得少于_____min。当确定无异常情况后，方可开始工作。

（6）操作机床必须遵循_____守则和_____守则。

（7）严禁在卡盘上、顶尖间_____工件，必须确认_____和_____夹紧后方可进行下一步工作。

（8）操作人员在工作时更换_____、_____、调整工件或_____时必须使机床停止转动。

（9）操作人员不得任意拆卸和移动机床上的_____和_____。

（10）机床开始加工之前必须采用_____，检查所用程序是否与被加工零件相符，待确认无误后，方可关好_____，开动机床进行零件加工。

（11）_____、_____和刀具应妥善保管，保持完整与良好，_____或_____照价赔偿。

（12）实训完毕后应＿＿＿＿＿＿＿，保持清洁，将＿＿＿＿＿＿和＿＿＿＿＿＿移至床尾位置，并＿＿＿＿＿。

（13）机床在工作中发生故障或不正常现象时应立即＿＿＿＿＿＿，保护现场，同时立即报告＿＿＿＿。

（14）操作人员严禁修改＿＿＿＿。必要时必须通知＿＿＿＿＿，请设备管理员修改。

（15）了解零件图的技术要求，检查毛坯＿＿＿＿＿、＿＿＿＿＿有无缺陷。选择合理的安装零件方法。

（16）正确选用数控＿＿＿＿＿，安装＿＿＿＿＿和＿＿＿＿＿要保证准确牢固。

（17）了解和掌握数控机床控制和＿＿＿＿＿及其操作要领，将程序准确地输入系统，并模拟检查、试切，做好加工前的各项准备工作。

（18）在校实习加工过程中如发现车床运转声音不正常或出现故障时，要立即＿＿＿＿并报告＿＿＿＿，以免出现危险。

6. 根据上面的数控机床安全操作规程，分析下面的案例。

（1）某同学在操作机床时，将一加力杆放在主轴箱上面。请问该同学违反了哪一条安全操作规程？

（2）某同学在操作机床时，将工具、量具随便乱放。请问该操作是否有利于工作？违反了安全操作规程里的哪一条？

（3）同学们想一想，身边有没有在操作时，因为玩手机而出现安全事故的案例。玩手机对操作机床有怎样的危害？应不应该在操作数控机床时玩手机呢？

引导问题 4　销钉加工的加工步骤是什么？

1. 工步顺序安排原则。

所谓工步是指在加工表面（或装配时的连接面）、加工（或装配）工具、主轴转速及进给量不变的情况下，连续完成的作业。写出数控加工划分工步一般应遵循的 8 项原则。

（1）＿＿＿＿＿＿＿＿＿＿＿＿＿＿＿＿＿＿＿＿＿＿。

（2）＿＿＿＿＿＿＿＿＿＿＿＿＿＿＿＿＿＿＿＿＿＿。

（3）＿＿＿＿＿＿＿＿＿＿＿＿＿＿＿＿＿＿＿＿＿＿。

（4）＿＿＿＿＿＿＿＿＿＿＿＿＿＿＿＿＿＿＿＿＿＿。

（5）＿＿＿＿＿＿＿＿＿＿＿＿＿＿＿＿＿＿＿＿＿＿。

（6）＿＿＿＿＿＿＿＿＿＿＿＿＿＿＿＿＿＿＿＿＿＿。

（7）＿＿＿＿＿＿＿＿＿＿＿＿＿＿＿＿＿＿＿＿＿＿。

（8）＿＿＿＿＿＿＿＿＿＿＿＿＿＿＿＿＿＿＿＿＿＿。

2. 查找资料，并根据所学知识，回答下列问题。

（1）各小组分析、讨论并根据加工要求和现场的实际条件，制订合理的销钉加工计划，完成表 1-6。

表 1-6 销钉加工计划

序号	图示	加工内容	尺寸精度	注意事项	备注

（2）组内及组间对加工计划的评价和改进建议。

（3）指导教师的评价与结论。

（4）各小组根据加工计划，完成工量刃具、设备和材料的准备工作，并填写表 1-7。

表 1-7 工量刃具、设备和材料的准备

序号	工量刃具、设备和材料的名称	要求	数量

引导问题 5 如何编写本任务中销钉的数控加工程序？

1. 根据图 1-39 所示的销钉零件图要求，使用 G71 指令编写数控加工程序。

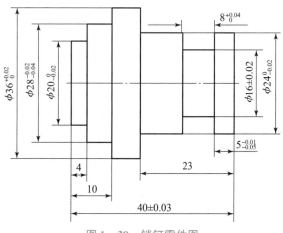

图 1-39 销钉零件图

2. 工件的装夹方式有哪些?

3. 确定数控加工工序,填写表 1-8。

表 1-8　数控加工工序卡

序号	工序内容	刀具	切削用量		
			背吃刀量/mm	主轴转速/(r·min^{-1})	进给速度/(mm·r^{-1})

4. 使用 G71 指令编写数控加工程序,填写表 1-9。

表 1-9　使用 G71 指令编写数控加工程序

程序	说明

5. 安全提示。

(1) 工作时应穿工作服、戴袖套。女同学应戴工作帽,将长发塞入帽子里。夏季禁止穿裙子、短裤和凉鞋上机操作。

(2) 为防切屑崩碎飞散,有防护外罩的封闭型数控车床必须关闭防护门,半开放式数控车床中的工作人员必须戴防护眼镜。工作时,头不能离工件加工区域太近,以防切屑伤人。

(3) 工作时,必须集中精力,注意手、身体和衣服不能靠近正在旋转的机件,如车床主轴、工件、带轮、皮带、齿轮等。

(4) 工件和车刀必须装夹牢固,否则会飞出伤人。

(5) 在装卸工件、更换刀具、测量加工表面或改变速度时,必须先停机,再行调整。

(6) 车床运转时,不得用手去摸刀具及刀具加工区域。严禁用棉纱擦抹转动的工件。

(7) 使用专用铁钩清除切屑,绝不允许用手直接清除。

（8）在数控车床上操作时不准戴手套。

（9）不要随意拆装电气设备，以免发生触电事故。

（10）工作中若发现机床、电气设备有故障，要及时申报，由专业人员检修，未修复不得使用。

[总结与评价]

引导问题1 如何检测自己所加工的销钉零件？

1. 将检测结果填入表1－10销钉零件评分表中，并进行评分。

表1－10　销钉零件评分表

姓名			日期			总配分	100	图号	手工编程一	
主要尺寸评分项						允差	0.003	项配分	85	85
序号	名称	图位	配分	尺寸类型	基本尺寸/mm	上偏差/mm	下偏差/mm	实际测量数值	对 ●	错 ○
										得分
1	直径尺寸	D4	10.625	ϕ	36	0.02	0			○
2		D4	10.625	ϕ	28	−0.02	−0.04			○
3		D4	10.625	ϕ	20	0	−0.02			○
4		D6	10.625	ϕ	24	0	−0.02			○
5		D6	10.625	ϕ	16	0.02	−0.02			○
6	长度尺寸	C6	10.625	L	8	0.04	0			○
7		C6	10.625	L	5	−0.01	−0.05			○
8		E5	10.625	L	40	0.03	−0.03			○
								项得分		

主观评分项				项配分		10	10
序号	名称	配分	主观评分内容	裁判打分（0~3分）			得分
				裁判1	裁判2	裁判3	
1	主观评分	2.6	已加工零件倒角、倒圆、倒钝、去毛刺是否符合图纸要求				
2		2.6	已加工零件是否有划伤、碰伤或夹伤				
3		4.8	已加工零件与图纸要求的一致性及其余表面粗糙度是否符合要求				
				项得分			

更换添加毛坯评分项					项配分	5		5
序号	名称	配分	内容		是/否	对 ●	错 ○	得分
1	更换添加毛坯	5	是否更换添加毛坯				○	
							奖励得分	
	裁判签字						总得分	

2. 请对销钉零件加工不达标尺寸进行分析，填写表 1-11。

表 1-11 销钉零件加工不达标尺寸分析

序号	图位	尺寸类型	基本尺寸	实际测量数值	出错原因	解决方案	
						学生分析	教师分析

引导问题 2 能否针对本任务所学的知识进行自我评价与总结？

1. 请对销钉零件加工学习效果进行自我评价，填写表 1-12。

表 1-12 销钉零件加工学习效果自我评价

序号	学习任务内容	学习效果			备注
		优秀	良好	较差	
1	你了解所用的机床吗？它有哪些部件呢				
2	数控车床的系统是否都是一样的？数控车床系统有几种类型				
3	数控车床的坐标系是如何确定的				
4	数控车床的程序是由什么组成的				
5	你能编写一个简单的数控车加工程序吗				
6	数控车床的车刀有几种？如何刃磨				
7	如果数控车床不进行对刀操作可以开始加工吗？如何对刀				
8	其他关于数控加工的知识还有哪些				
9	销钉加工的加工步骤是什么				
10	如何编写本任务中销钉的数控加工程序				

2. 总结不足与改进的地方。

（1）通过以上检测，分析自己所加工零件的不足及解决的办法。

（2）写出在操作过程中存在的问题和以后需要改进的地方。

拓展训练

1. 数控车床床体的组成，如图 1 – 40 所示。

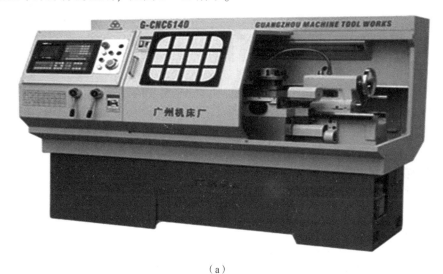

（a）

图 1 – 40 数控车床床体的组成

（a）实物图；（b）结构图

（1）与普通车床相比，数控车床增加了哪些部件？

（2）与普通车床相比，数控车床保留了哪几个部件？其形状发生了怎样的变化？

2. 数控机床的基本组成包括输入输出载体、数控装置、伺服系统和测量反馈系统、机床主体和其他辅助装置。

（1）输入输出载体。

数控机床工作时，工作人员不需要直接操作机床，若要对数控机床进行控制，则必须编写数控加工程序。将零件数控加工程序用一定的格式和代码，存储到程序载体上，如穿孔纸带、盒式磁带、软磁盘、U盘等，通过数控机床的_____，将程序信息输入到_____。

（2）数控装置。

数控装置是数控机床的核心。CNC 系统是一种_____系统，它是根据输入数据插补出理想的运动轨迹，然后输出到执行部件加工出所需要的零件。

（3）伺服系统和测量反馈系统。

伺服系统是数控机床的重要组成部分，用于实现数控机床的_____控制和_____控制。

伺服系统包括_____和_____两大部分。

测量元件将数控机床各坐标轴的_____检测出来并经测量反馈系统输入到机床的数控装置中，数控装置对反馈回来的_____与_____进行比较。

（4）机床主体。

机床主体是数控机床的主体。它包括_____、底座、立柱、横梁、滑座、工作台、_____、进给机构、_____及_____等机械部件，它是数控机床自动完成各种切削加工的机械部分。

（5）数控机床的辅助装置。

辅助装置是保证充分发挥数控机床功能所必需的配套装置，常用的辅助装置包括_____、液压装置、_____、_____、_____、回转工作台和数控分度头，以及防护、照明等各种辅助装置。

3. 阅读下面的小资料，回答问题。

如果把人体当作一台数控机床，那么人体的各部分相当于数控机床的哪一部分呢？思考后请完成下面的连线题。

眼睛、耳朵　　　　　　　数控装置

神经系统　　　　　　　　输入输出载体

大脑　　　　　　　　　　机床主体

四肢　　　　　　　　　　伺服驱动系统

4. 数控机床的分类（查询相关资料，回答问题）。

数控机床按机床的运动轨迹分类可以分为_____、_____和_____。

数控机床按伺服系统的控制方式分类可以分为_____、_____和_____。

数控机床按数控系统功能水平分类可以分为_____、_____和_____。

5. 数控车床的分类。查询相关资料，填写表 1 – 13。

表 1 – 13 数控车床的分类

种类	名称	图示	备注
按主轴的位置分类			_____可分为数控_____卧式车床和数控_____导轨卧式车床。后者导轨结构可以使车床具有_____，并易于_____
			_____简称数控立车，其主轴垂直于_____，并有一个直径很大的圆形工作台用来装夹工件。这类机床主要用于_____、_____的大型复杂零件
按刀架数量分类			数控车床一般都配置有各种形式的_____，如_____刀架或_____刀架
			_____数控车床的双刀架配置可以是_____分布，也可以是相互_____分布
按功能分类		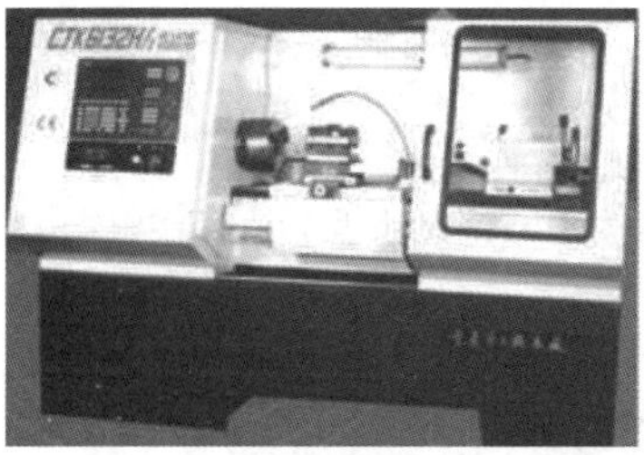	采用_____和_____对普通车床的_____进行改造后形成的_____，成本_____，但自动化程度和功能都比较_____，车削加工精度也_____，适用于要求不高的回转类零件的车削加工
		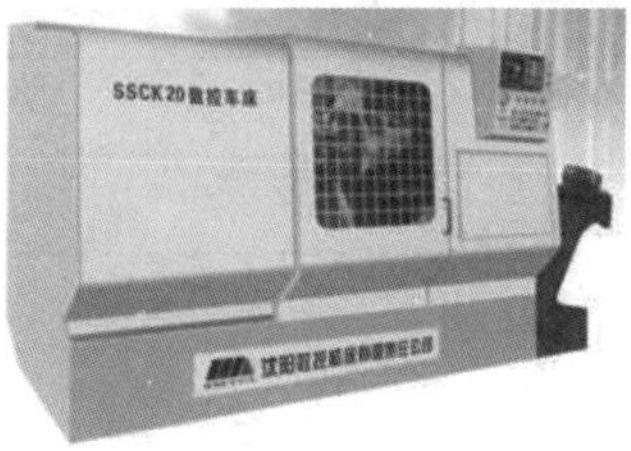	_____是根据车削加工要求在结构上进行_____，并配备_____而形成的数控车床，数控系统_____，自动化程度和加工精度也比较_____，适用于一般回转类零件的车削加工。这种数控车床可同时控制两个坐标轴，即_____

种类	名称	图示	备注
按功能分类		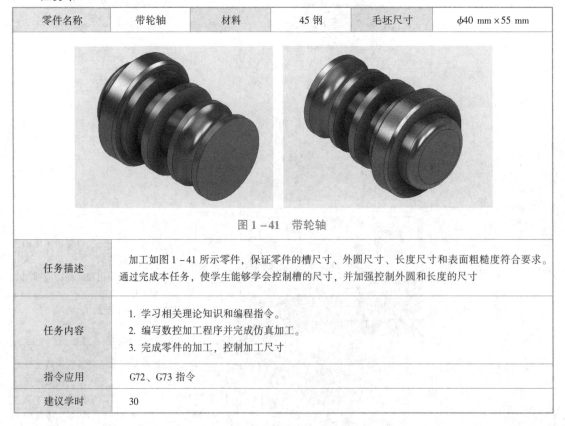	车削加工中心在普通数控车床的基础上，增加了_____和_____，更高级的数控车床带有刀库，可控制_____三个坐标轴，联动控制轴可以是（*X*、*Z*）、（*X*、*C*）或（*Z*、*C*）。由于增加了 *C* 轴和铣削动力头，这种数控车床的加工功能大大增强，除可以进行一般车削外，还可以进行_____、曲面铣削、中心线不在零件回转中心的孔和径向孔的钻削等加工

学习任务二　带轮轴的加工

任务书

零件名称	带轮轴	材料	45 钢	毛坯尺寸	ϕ40 mm×55 mm

图 1-41　带轮轴

任务描述	加工如图 1-41 所示零件，保证零件的槽尺寸、外圆尺寸、长度尺寸和表面粗糙度符合要求。通过完成本任务，使学生能够学会控制槽的尺寸，并加强控制外圆和长度的尺寸
任务内容	1. 学习相关理论知识和编程指令。 2. 编写数控加工程序并完成仿真加工。 3. 完成零件的加工，控制加工尺寸
指令应用	G72、G73 指令
建议学时	30

任务图纸

带轮轴的加工图纸如图 1-42 所示。

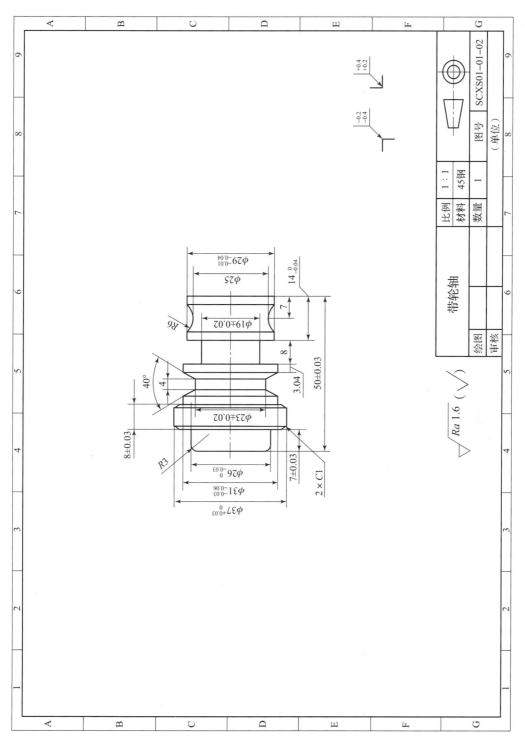

图1-42　带轮轴的加工图纸

[学习准备]

引导问题1 如何保养所用的数控车床？

1. 按照规范对机床进行操作和维护、保养。

（1）遵循各不同实训场地的安全规定，要＿＿＿＿＿＿，衣袖口要扎紧，衬衫要系入裤内。女同学要＿＿＿＿＿＿＿＿＿＿＿，并将发辫纳入帽内。

（2）开动机床前，要检查机床电气控制系统是否正常、润滑系统是否畅通、油质是否良好，并按规定要求加足润滑油，检查各传动部件是否正常，确认＿＿＿＿＿＿＿＿＿＿，才可正常使用。

（3）严禁在机台标示危险区域或使用范围附近＿＿＿＿＿＿＿＿＿＿＿＿＿＿及一切不安全的行为。

（4）机器未完全停止前，禁止用手＿＿＿＿＿＿＿＿任何转动的机件，更禁止拆卸零件或更换材料。

（5）禁止＿＿＿＿＿＿＿＿机械上的零件及防护装置。若因必要的维修，作业后必须将其复原。

（6）严禁戴＿＿＿＿＿＿＿＿操作机器，避免误触其他开关造成危险。

（7）禁止用＿＿＿＿＿＿＿＿的手触摸开关，避免短路及触电。

2. 试列举哪些属于违规操作（不少于3个例子）。

3. 回零的作用和操作。

（1）回零的作用。

开机后回零建立机床坐标系，同时消除屏幕显示的随机动态坐标，使机床有＿＿＿＿＿基准。在连续重复的加工以后，回零可消除进给运动部件的坐标累积误差。

（2）回零的方法有＿＿＿＿＿＿＿＿和＿＿＿＿＿＿＿＿。

（3）手动回零操作步骤如下。

1）选择＿＿＿＿＿＿＿模式（此时指示灯亮）。

2）选择合适的回零倍率，以控制回参考点时＿＿＿＿＿＿＿＿＿的移动速度。

3）先回＿＿＿＿轴：按住控制面板上的＿＿＿＿轴键，直到回零指示灯亮为止。

4）再回＿＿＿＿轴：按住控制面板上的＿＿＿＿轴键，直到回零指示灯亮为止。

引导问题2 为什么车削工件时会出现工件飞出的现象？

1. 工件定位的基本原理。

工件的6个自由度如图1-43所示，回答以下问题。

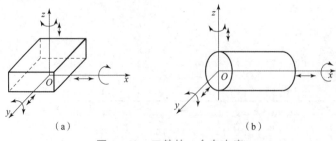

（a）　　　　　　　　　　　　（b）

图1-43　工件的6个自由度

（a）非回转体；（b）回转体

（1）定位支承点是＿＿＿＿＿＿＿＿抽象而来的。

（2）定位支承点与工件定位基准面始终保持接触，才能起到约束＿＿＿＿＿＿的作用。

（3）在分析定位支承点的定位作用时，不考虑＿＿＿＿＿＿的影响。

2. 夹紧装置的组成及其设计原则。

（1）夹紧装置的组成如图 1 - 44 所示，回答以下问题。

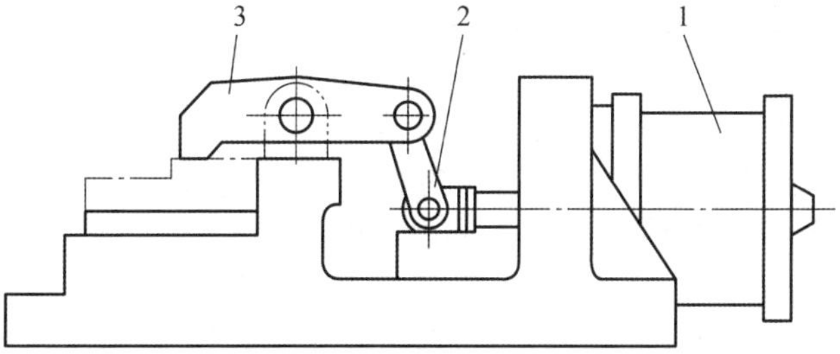

图 1 - 44　夹紧装置的组成

1）动力源装置是产生＿＿＿＿＿＿＿＿的装置，分为＿＿＿＿＿＿和＿＿＿＿＿＿两种。

2）传动机构是介于动力源和＿＿＿＿＿＿＿之间传递动力的机构。

3）夹紧元件是直接与工件接触完成夹紧作用的＿＿＿＿＿＿＿元件。

4）写出图 1 - 44 中标记的三个零件的名称：＿＿＿＿＿＿＿、＿＿＿＿＿＿＿、＿＿＿＿＿＿＿。

3. 试述工件定位与夹紧装置的方案应如何确定。

引导问题3　机床夹具由哪些部分组成？应如何选择？

1. 机床夹具各组成部分的功能。

虽然机床夹具的种类繁多，但它们的工作原理基本上是相同的。将各类夹具中作用相同的结构或元件加以概括，可得出机床夹具一般由以下几个部分组成，这些组成部分既相互独立又相互联系。

（1）定位支承元件：该元件的作用是＿＿＿＿＿＿＿＿＿＿＿＿＿＿＿＿，是夹具的主要功能元件之一，定位支承元件的＿＿＿＿＿＿＿＿直接影响工件加工的精度。

（2）夹紧元件：该元件的作用是将＿＿＿＿＿＿，并保证在加工过程中＿＿＿＿＿＿不变。

（3）连接定向元件：该元件用于将夹具与机床连接，并确定夹具对＿＿＿＿＿、＿＿＿＿＿＿或导轨的相互位置。

（4）对刀元件或导向元件：此类元件的作用是保证＿＿＿＿＿＿＿＿＿＿＿＿＿＿＿＿＿＿的正确位置。用于确定刀具在加工前正确位置的元件称为＿＿＿＿＿＿＿＿元件；用于确定刀具位置并引导刀具进行加工的元件称为＿＿＿＿＿＿＿元件。

（5）其他装置或元件：根据加工需要，有些夹具上还设有＿＿＿＿＿＿装置、＿＿＿＿＿＿装置、＿＿＿＿＿＿装置、＿＿＿＿＿＿机构、电动扳手和平衡块等，以及标准化的其他连接元件。

（6）夹具体：它是夹具的＿＿＿＿＿＿＿，用来配置、安装各类＿＿＿＿＿＿使之组成一个整体。

上述各组成部分中，＿＿＿＿＿＿、＿＿＿＿＿＿、＿＿＿＿＿＿＿是夹具的基本组成部分。

2. 夹具的选择。

（1）数控车床主要用于加工工件的＿＿＿＿＿＿＿、＿＿＿＿＿＿＿、＿＿＿＿＿＿＿、＿＿＿＿＿＿、＿＿＿＿＿＿等。

（2）车床夹具分为两种基本类型：一类是＿＿＿＿＿＿＿＿＿夹具；另一类是＿＿＿＿＿＿＿＿＿夹具。

小资料及拓展训练

1. 安全文明生产。

常规安全教育。

（1）进入工厂，穿戴好劳保用品。现场找一个学生作为例子，提前 5 min 排好队等待教师检查。

（2）不得迟到、早退，迟到 15 min 做旷课处理，有事须请假并签离岗登记表。

（3）实习过程中不得嬉戏，不允许做与课堂无关的事情，如玩手机、看小说等。

（4）不得私自使用车间设备和设施，严禁湿手操作电气设备，不准私拉电线，不得使设备带病工作。

（5）服从教师安排，不怕苦不怕累，不得利用工具和材料制作利器。

2. 数控机床发展史。

（1）数控机床经历了两个阶段共 6 代的发展历程。

第一阶段是数字控制（numerical control，NC）：

第 1 代是 1952 年的电子管；

第 2 代是 1959 年的晶体管（分离元件）；

第 3 代是 1965 年的小规模集成电路。

第二阶段是计算机数控（CNC）：

第 4 代是 1970 年的小型计算机，中小规模集成电路；

第 5 代是 1974 年的微处理器，大规模集成电路；

第 6 代是 1990 年的个人计算机（PC）。

（2）数控机床行业的主要发展方向见表 1－14。

表 1－14　数控机床行业的主要发展方向

方向	内容
高速化	提高进给速度、主轴转速、运算速度、换刀速度
高精度化	精度从微米级到亚微米级，乃至纳米级
复合化	在一台机床上完成车、铣、钻、攻丝、铰孔和扩孔等多种操作工序
智能化	简化编程、简化操作、智能诊断、智能监控
柔性化	将向自动化程度更高的方向发展，集成管理、物流及各相应辅机

［计划与实施］

引导问题 1　机械夹固式可转位车刀由哪几部分组成？

机械夹固式可转位车刀由 4 种元件组成，如图 1－45 所示。刀片每边都有切削刃，当某切削刃磨损钝化后，只需松开夹紧元件，将刀片转一个位置便可继续使用。请写出 4 种元件的名称。

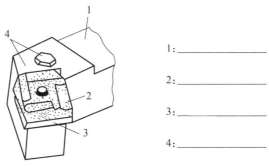

1: ＿＿＿＿＿＿＿＿

2: ＿＿＿＿＿＿＿＿

3: ＿＿＿＿＿＿＿＿

4: ＿＿＿＿＿＿＿＿

图 1 - 45　机械夹固式可转位车刀

引导问题 2　如何区分每转进给和每分钟进给？

F 代码即进给功能，用于指定加工中的进给速度，进给速度可以是＿＿＿＿＿＿＿＿＿＿＿＿＿＿的进给量，也可以是＿＿＿＿＿＿＿＿＿＿＿的进给量。

（1）每转进给模式：该指令由 G99 指令和字母 F 及其后的数值组成。指令格式为＿＿＿＿＿＿＿＿＿＿＿＿。

该指令中字母 F 后的数值为主轴每转一转刀具的进给量（mm/r）。数控机床上电后，初始状态为 G99 指令，若要取消 G99 指令状态，必须重新指定 G98 指令状态。每转进给模式在数控车床上应用较多，其含义如图 1 - 46 所示。

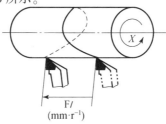

图 1 - 46　每转进给模式

（2）每分钟进给模式：该指令由 G98 指令和字母 F 及其后的数值组成。指令格式为＿＿＿＿＿＿＿＿＿＿＿＿。

G98 指令被执行后，系统将保持 G98 指令状态，直至系统又执行含有 G99 指令的程序段，此时 G98 指令便无效，而 G99 指令将发生作用。该指令字母 F 后的数值为刀具每分钟的进给量（mm/min）。其含义如图 1 - 47 所示。

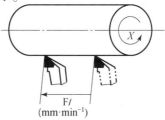

图 1 - 47　每分钟进给模式

引导问题 3　如何正确使用 G72 指令进行编程？

1. 端面粗车复合循环指令（G72）。

如图 1 - 48 所示，程序段中各地址符号含义与它们在 G71 指令中含义相同，该指令是使刀具沿着平行于 X 轴的方向进行切削。

（1）指令格式为＿＿＿＿＿＿＿＿＿＿。

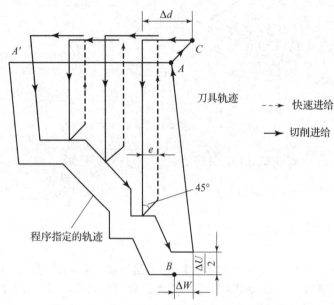

图 1-48　端面粗车复合循环指令 G72 刀具路径

（2）指令含义。

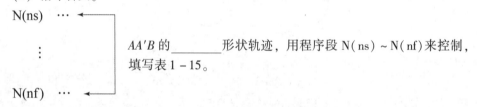

N(ns) … ←┐

⋮

N(nf) … ←┘

AA'B 的＿＿＿＿＿＿形状轨迹，用程序段 N(ns)～N(nf)来控制，填写表 1-15。

表 1-15　指令含义

指令	含义
Δi	
Δk	
Δd	
ns	
nf	
Δu	
Δw	
F	

（3）写出 G72 编程时应注意的问题。

2. G72 指令的应用。

图 1-49 所示为轴类零件的左视图，毛坯为 $\phi30$ mm × 100 mm 的棒材，材料为 45 钢。在数控车床 FANUC 系统中，使用 G72 指令编写数控加工程序。

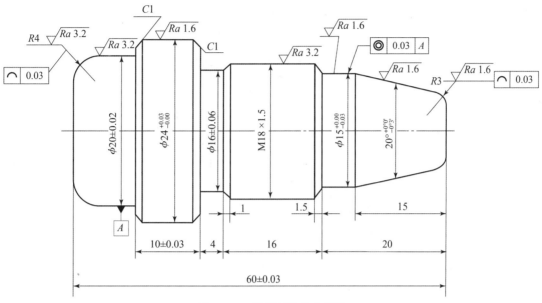

图 1-49 轴类零件的左视图

3. 使用 G72 指令编写数控加工程序，填写表 1-16。

表 1-16 使用 G72 指令编写数控加工程序

程序	说明

引导问题 4　如何编写本任务中带轮轴的数控加工程序?

1. 根据图 1–50 所示的带轮轴零件图要求，编写数控加工程序。

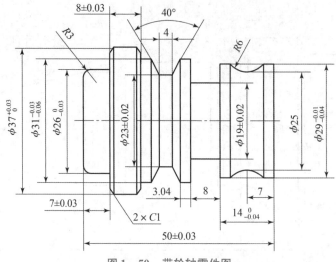

图 1–50　带轮轴零件图

2. 工件的装夹方式有哪些?

3. 确定数控加工工序，填写表 1–17。

表 1–17　数控加工工序

序号	工步内容	刀具	切削用量		
			背吃刀量/mm	主轴转速/($r \cdot min^{-1}$)	进给速度/($mm \cdot r^{-1}$)

4. 编写数控加工程序，填写表 1–18。

表 1–18　编写数控加工程序

程序	说明

[总结与评价]

引导问题1 如何检测自己所加工的带轮轴零件？

1. 将检测结果填入表1-19带轮轴零件评分表中，并进行评分。

表1-19 带轮轴零件评分表

姓名			日期			总配分	100	图号	手工编程二	
主要尺寸评分项						允差	0.003	项配分	85	85
序号	名称	图位	配分	尺寸类型	基本尺寸/mm	上偏差/mm	下偏差/mm	实际测量数值	对 ● / 错 ○	得分
1	直径尺寸	D3	8.5	ϕ	37	0.03	0		○	
2		D3	8.5	ϕ	31	-0.03	-0.06		○	
3		D6	8.5	ϕ	25	0	0		○	
4		D4	8.5	ϕ	23	0.02	-0.02		○	
5		D6	8.5	ϕ	19	0.02	-0.02		○	
6		D6	8.5	ϕ	29	-0.01	-0.04		○	
7	长度尺寸	E4	8.5	L	7	0.03	-0.03		○	
8		B4	8.5	L	8	0.03	-0.03		○	
9		E6	8.5	L	14	0	-0.04		○	
10		E5	8.5	L	50	0.03	-0.03		○	
									项得分	

主观评分项				项配分		10	10
序号	名称	配分	主观评分内容	裁判打分（0~3分）			得分
				裁判1	裁判2	裁判3	
1	主观评分	2.6	已加工零件倒角、倒圆、倒钝、去毛刺是否符合图纸要求				
2		2.6	已加工零件是否有划伤、碰伤或夹伤				
3		4.8	已加工零件与图纸要求的一致性及其余表面粗糙度是否符合要求				
						项得分	

续表

更换添加毛坯评分项				项配分	5		5
序号	名称	配分	内容	是/否	对 ●	错 ○	得分
1	更换添加毛坯	5	是否更换添加毛坯			○	
						奖励得分	
	裁判签字					总得分	

2. 请对带轮轴零件加工不达标尺寸进行分析，填写表 1 – 20。

表 1 – 20　带轮轴零件加工不达标尺寸分析

序号	图位	尺寸类型	基本尺寸	实际测量数值	出错原因	解决方案	
						学生分析	教师分析

引导问题 2　能否针对本任务所学的知识进行自我评价与总结？

1. 请对带轮轴零件加工学习效果进行自我评价，填写表 1 – 21。

表 1 – 21　带轮轴零件加工学习效果自我评价

序号	学习任务内容	学习效果			备注
		优秀	良好	较差	
1	如何保养所用的数控车床				
2	为什么有些同学车削工件时会出现工件飞出的现象				
3	机床夹具由哪些部分组成？应如何选择				
4	机械夹固式可转位车刀由哪几部分组成				
5	如何区分每转进给和每分钟进给				
6	如何正确使用 G72 指令进行编程				
7	如何编写本任务中带轮轴的数控加工程序				

2. 总结不足与改进的地方。

（1）通过以上检测，分析自己所加工零件的不足及解决的办法。

（2）写出在操作过程中存在的问题和以后需要改进的地方。

拓展训练

1. 数控车床采用与普通车床相类似的型号表示方法，即由字母及一组数字组成。写出数控车床 CKA6140 各代号含义，如图 1 – 51 所示。

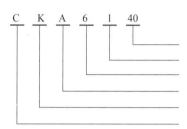

图 1 – 51　数控车床型号表示方法

2. 参观实习车间，观察数控车床的型号，正确表述各字母及数字代表的意思。

3. 通过近距离观察数控车床，初步了解数控车床的基本结构（见图 1 – 52），说出箭头所指部件的名称，并填写到相应位置。

图 1 – 52　数控车床的基本结构

4. 结合数控车床操作安全规范、操作注意事项和日常保养，思考每天上、下班时要做哪些工作，并填写表 1 – 22。

表 1 – 22　数控车床操作安全规范

加工前	加工后

项目二

套类零件的加工

一、项目情境描述

套类零件在机械中的应用十分广泛，是机械加工中常见的典型零件，主要起支承、传递和导向作用，或在工作中承受径向力、轴向力等，如引导刀具的钻套和镗套、定位套及轴承套、法兰、带轮等零件。本项目需要掌握套类零件数控加工工艺分析、刀具的选择与安装、工件的装夹、内孔加工与检测等理论知识及操作技能。

内孔的加工由于刀具的刚性、冷却及排屑的问题，成为加工的难点，本项目主要介绍以内孔加工为主的套类零件，目标是完成内孔、内沟槽、内螺纹、内圆弧和内圆锥等的加工训练，同时还要学会内孔、内沟槽和内螺纹等尺寸控制的方法。

二、学习目标

知识目标

1. 熟悉使用 G92 和 G76 指令编写内螺纹数控加工程序的方法。

2. 熟悉 G71 指令用于内孔编程时的注意事项，并能够使用 G71 指令编写内孔的数控加工程序。

3. 熟练掌握和运用 G74 指令。

4. 熟悉套类零件加工过程中的注意事项。

5. 熟悉内孔加工刀具并能够正确选择加工所需的刀孔刀具。

6. 可以正确识图并对套类零件图进行工艺分析。

技能目标

1. 能够正确计算内螺纹的相关尺寸。

2. 能够正确运用各种指令对套类零件进行数控加工程序编写。

3. 能够正确使用内径千分尺和内径百分表对零件的内孔进行检测。

4. 能够正确刃磨一把硬质合金内孔车刀。

5. 能够正确编写本项目两个套类零件的数控加工程序并进行仿真加工。

6. 能够正确使用数控车床加工本项目的两个套类零件，并正确测量。

素质目标

1. 具有遵守安全操作规范和环境保护法规的能力。

2. 具有良好的表达、沟通和团队合作的能力，能够有效地与相关工作人员和客户进行交流。

3. 具有逻辑思维与发现问题和解决问题的能力，能够从习惯性思维中解脱出来，并启发创造思维能力。

4. 具有使用信息技术有效收集、查阅、分析、处理工作数据和技术资料的能力。

5. 具备终身学习与可持续发展的能力。

6. 具有爱岗敬业、诚实守信、吃苦耐劳的职业精神与创新设计意识。

三、学习任务

项目零件，如图 2-1 所示。

图 2-1 项目零件

学习任务一 台阶套的加工

任务书

零件名称	台阶套	材料	45 钢	毛坯尺寸	$\phi 45$ mm × 80 mm

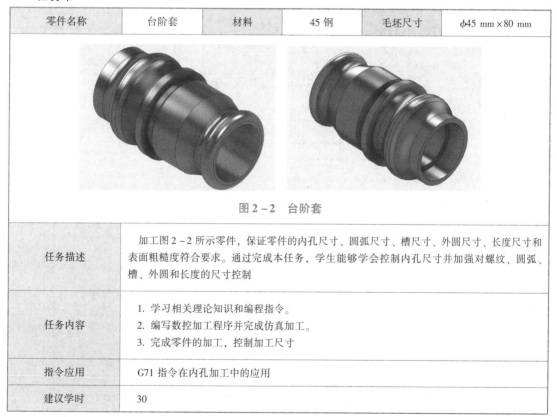

图 2-2 台阶套

任务描述	加工图 2-2 所示零件，保证零件的内孔尺寸、圆弧尺寸、槽尺寸、外圆尺寸、长度尺寸和表面粗糙度符合要求。通过完成本任务，学生能够学会控制内孔尺寸并加强对螺纹、圆弧、槽、外圆和长度的尺寸控制
任务内容	1. 学习相关理论知识和编程指令。 2. 编写数控加工程序并完成仿真加工。 3. 完成零件的加工，控制加工尺寸
指令应用	G71 指令在内孔加工中的应用
建议学时	30

任务图纸

台阶套的加工图纸如图 2-3 所示。

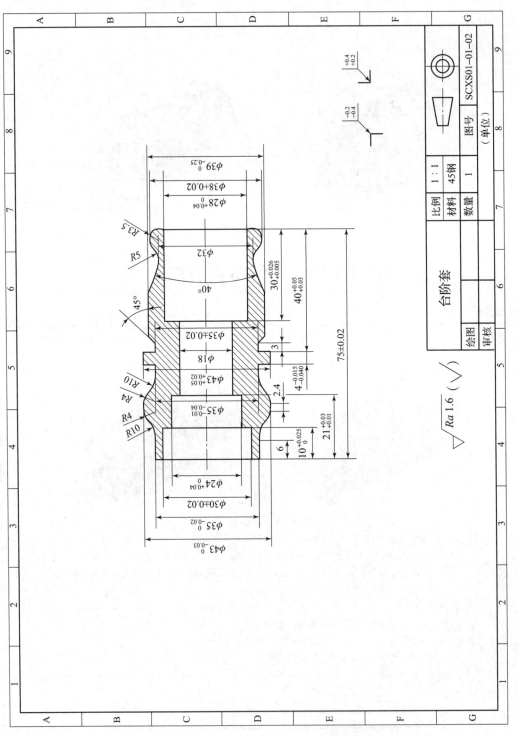

图 2 – 3　台阶套的加工图纸

[学习准备]

引导问题 1　你了解定位元件和定位误差吗？

1. 定位元件的基本要求。

（1）限位基面应有足够的精度：定位元件具有足够的精度，才能保证工件的＿＿＿＿＿＿＿＿＿＿＿＿。

（2）限位基面应有较好的耐磨性：由于定位元件的工作表面经常与工件接触和摩擦，容易磨损，因此要求定位元件限位基面的＿＿＿＿＿＿＿＿＿要好，以保证夹具的使用寿命和定位精度。

（3）支承元件应有足够的强度和刚度：定位元件在加工过程中，受＿＿＿＿＿＿＿＿＿、＿＿＿＿＿＿＿的作用，因此要求定位元件应有足够的刚度和强度，避免在使用中发生变形或损坏。

（4）定位元件应有较好的工艺性：定位元件应力求结构简单、合理，便于＿＿＿＿＿＿＿＿＿。

（5）定位元件应便于清除切屑：定位元件的＿＿＿＿＿＿＿＿＿＿＿应有利于清除切屑，以防切屑嵌入夹具内影响加工和定位精度。

2. 常用定位元件所能限制的自由度及选用方法。

（1）用于平面定位的定位元件：包括固定支承（钉支承和板支承）、＿＿＿＿＿＿＿＿＿、＿＿＿＿＿＿＿和辅助支承。

（2）用于外圆柱面定位的定位元件：包括＿＿＿＿＿＿＿、＿＿＿＿＿＿和＿＿＿＿＿＿等。

（3）用于孔定位的定位元件：包括定位销（圆柱定位销和圆锥定位销）、圆柱心轴和小锥度心轴。

（4）工件以外圆柱定位：当工件的对称度要求较高时，可选用 V 形块定位。如图 2-4 所示，填写 3 种 V 形块定位类型。

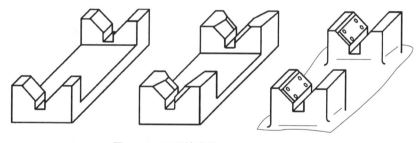

图 2-4　V 形块定位＿＿＿＿＿＿＿

（5）当工件定位圆柱面精度较高时（一般不低于 IT8 级），可选用＿＿＿＿＿＿＿或半圆形定位座定位，如图 2-5 所示。

3. 夹紧力的作用点。

（1）夹紧力的作用点应落在定位元件的支承范围内，尽可能使＿＿＿＿＿＿＿＿＿＿＿＿＿对应，选择正确的作用点，使夹紧力作用在支承上，如图 2-6 所示。

（2）如图 2-7 所示，夹紧力的作用点应选在工件＿＿＿＿＿＿＿＿＿＿＿的部位，这对刚度较差的工件尤其重要。

（3）如图 2-8 所示，夹紧力的作用点应尽量靠近加工表面，以防工件产生＿＿＿＿＿＿＿＿＿＿＿＿，提高定位的稳定性和可靠性。

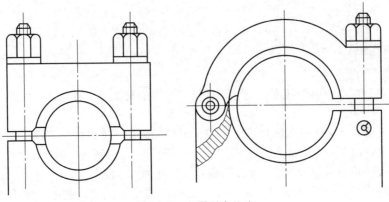

图 2-5 半圆形定位座

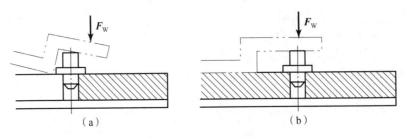

图 2-6 夹紧力的作用点应在支承面内

(a) 合理; (b) 不合理

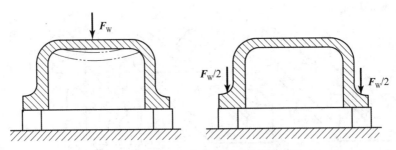

图 2-7 夹紧力作用点应在刚性较好部位

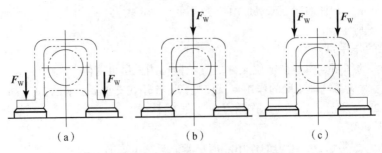

图 2-8 夹紧力作用点应靠近加工表面

(a) 不合理; (b) 不合理; (c) 合理

4. 定位副包括什么？试说明工件定位基面和定位基准及夹具定位元件上限位基面和限位基准的概念。

5. 什么是定位误差？定位误差是由哪些因素引起的？定位误差的数值一般应控制在零件加工公差的什么范围之内？

引导问题2 机床夹具的种类有几种？你了解机床夹具的分类与组成吗？

1. 机床夹具的种类。

机床夹具的种类虽然很多，但其基本组成是相同的，主要包括6个部分，如图2-9所示，请把空白部分填写完整。

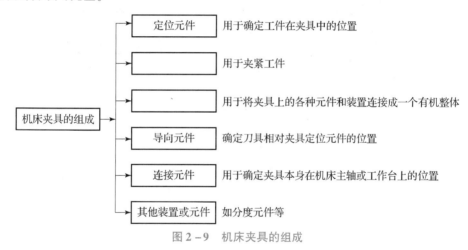

图2-9 机床夹具的组成

2. 机床夹具的分类方法。

机床夹具按机床的类型可分为_____、_____、钻床夹具、镗床夹具、加工中心夹具和其他机床夹具。

机床夹具按产生夹紧力的动力源可分为_____、气动夹具、_____、电动夹具、磁力夹具、真空夹具和自夹紧夹具等。

通常，人们更习惯于按夹具的应用范围和特点将机床夹具分为通用夹具、专用夹具、组合夹具、_____、_____。

3. 将表2-1中的内容填写完整。

表2-1 机床夹具的类型及特点

夹具类型	特点及应用场合
通用夹具	通用性强，广泛应用于_____生产
专用夹具	专为某一工件的_____设计，结构紧凑、操作方便、生产效率高、精度易保证，适用于固定产品的_____生产
组合夹具	由预先制造好的不同形状、不同规格、不同尺寸的通用标准元件和部件组装而成

夹具类型	特点及应用场合
————	适用范围广，通过适当调整或更换夹具上的个别元件，即可用于加工形状、尺寸和加工工艺相似的多种工件
————	专为某一组零件的成组加工而设计，加工对象明确，针对性强，通过调整可适应多种工艺及加工形状、尺寸

4. 组合夹具可分为孔系和槽系两大类。在图 2-10 中填写其类别。

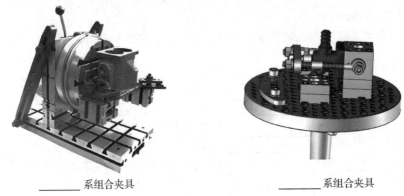

————系组合夹具　　　　　　　　————系组合夹具

图 2-10　组合夹具

5. 机床夹具在机械加工中起着十分重要的作用，归纳起来，主要表现在哪几个方面？

6. 机床夹具存在一定的局限性，包括哪些方面？

引导问题 3　内孔车刀的种类有几种？

内孔车刀和加工，如图 2-11、图 2-12 所示。

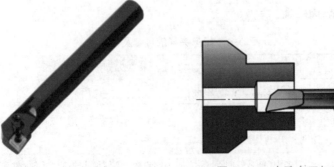

图 2-11　内孔车刀　　　　　　　　图 2-12　内孔车刀加工

如图 2 – 13 所示，填写内孔车刀及其他车刀类型的名称。

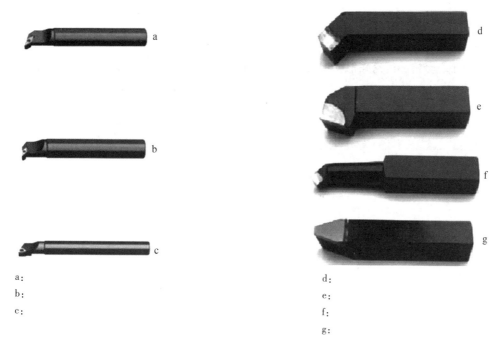

a:

b:

c:

d:

e:

f:

g:

图 2 – 13 内孔车刀及其他车刀类型

引导问题 4 如何制订内孔加工工艺？

孔加工有两种情况，一种是在实体工件上加工孔，另一种是在有工艺孔的工件上再加工孔。前者一般采用_____方法加工，后者则可以根据孔加工要求直接进行_____等的加工。

1. 如何进行钻孔加工？请回答问题。

（1）对于精度要求不高的内孔，可以用_____直接钻出；对于精度要求较高的台阶孔，钻孔后还需_____才能完成。选用麻花钻时，应根据下一道工序的要求留出加工余量，一般比最小的台阶孔直径大_____mm，麻花钻的长度应使钻头螺旋部分稍长于孔深。

（2）钻孔时需要注意哪些方面？

2. 如何解决车孔的关键技术？

（1）车孔的关键技术是_____问题。

（2）增加内孔车刀刚性措施有_____和_____。

（3）解决排屑问题主要是_____流出的方向。车直孔时，可使_____，应采用_____的内孔车刀；加工盲孔时，应采用_____，使切屑从孔口排出。

（4）车孔时需要注意哪些方面？

3. 制订车削加工工艺的基本原则有哪些?

4. 查找资料,并根据所学知识,回答下列问题。

(1) 各小组分析、讨论并根据加工要求、现场的实际条件,制订合理的台阶套加工计划,完成表2-2。

表2-2　台阶套加工计划

序号	图示	加工内容	尺寸精度	注意事项	备注

(2) 组内及组间对加工计划的评价或改进建议。

(3) 指导教师的评价与结论。

(4) 各小组根据加工计划,完成工量刃具、设备和材料的准备工作,并填写表2-3。

表2-3　工量刃具、设备和材料的准备

序号	工量刃具、设备和材料的名称	要求	数量

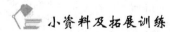 **小资料及拓展训练**

数控技术与计算机集成制造系统。

(1) 柔性制造单元(flexible manufacturing cell,FMC),在早期是作为简单和初级的柔性制造技术而发展起来的。它在 MC 的基础上增加了托盘自动交换装置或机器人、刀具和工件的自动测量装置、加工过程的监控功能等,因此具有更高的制造柔性和生产效率。

托盘上装夹有工件，在加工过程中，它与工件一起流动，类似通常的随行夹具。环形工作台用于工件的输送与中间存储，托盘座在环形导轨上由内侧的环链拖动而回转，每个托盘座上有地址识别码。当一个工件加工完毕时，数控机床会发出信号，然后由托盘交换装置将加工完的工件（包括托盘）拖至回转台的空位处，再转至装卸工位，同时将待加工工件推至机床工作台并定位加工。

在车削 FMC 中一般不使用托盘交换工件，而是直接由机械手将工件安装在卡盘中，装卸料由机械手或机器人实现，如图 2 - 14 所示。

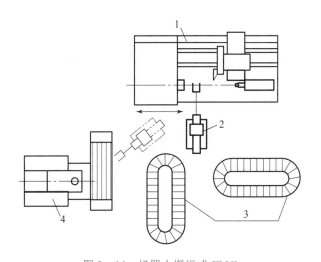

图 2 - 14　机器人搬运式 FMC

1—车削中心；2—机器人；3—物料传送装置；4—工件存储台

FMC 是在_____的基础上发展起来的，又是柔性制造系统（flexible manufacturing system，FMS）和计算机集成制造系统（computer integrated manufacturing system，CIMS）的主要功能模块。FMC 具有_____等优点，它可在单元计算机的控制下，配以简单的物料传送装置，扩展成小型的 FMS，适用于中小企业。

（2）FMS 是_____为一体的智能化加工系统。FMS 由一组 CNC 机床组成，它能随机地加工一组具有不同加工顺序及加工循环的零件，实现自动运送材料及计算机控制，以便动态平衡资源供应，从而使系统自动适应零件生产混合的变化及生产量的变化。

图 2 - 15 所示为 FMS 框图。FMS 由_____组成。

1）加工系统。加工系统由_____等组成，是 FMS 的基础部分。加工系统中的自动化加工设备通常由 5 ~ 10 台 CNC 机床、加工中心及其附属设备（如工件装卸系统、冷却系统、切屑处理系统和刀具交换系统等）组成，可以以任意顺序自动加工各种工件、自动更换工件和刀具。

FMS 需要在适当位置设置检验工件尺寸精度的检验站，由计算机控制的坐标测量机担任检验工作。其外形类似三坐标数控铣床，通常在安装刀具的位置上装有检测触头，触头随夹持主轴按程序相对工件移动，以检测工件上一些预定点的坐标位置。计算机读入这些预定点的坐标值之后，经过运算和比较，可算出各种几何尺寸（如外圆内孔的直径，平面的平面度、平行度、垂直度等）的加工误差，并发出通过或不通过的命令。

清洗站的任务是_____。

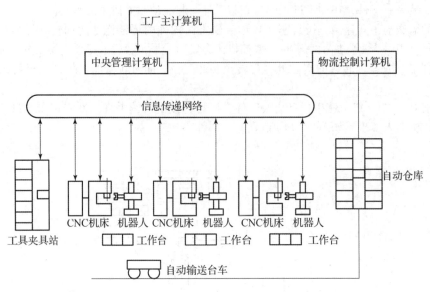

图 2 - 15　FMS 框图

工件装卸站设在物料处理系统中靠近自动化仓库和 FMS 的入口处。由于装卸操作系统较复杂，大多数 FMS 仍采用人力装卸。

2）物料储运系统。物料储运系统在计算机控制下主要实现工件和刀具的输送及入库存放，它由自动化仓库、＿＿＿＿＿＿＿＿＿、＿＿＿＿＿＿＿＿＿等组成。

在 FMS 中，工件一般通过专用夹具安装在托盘上，工件输送时连同整个托盘一起由自动输送台车进行输送。在计算机的控制下，根据作业调度计划自动从工件存储区将工件取出送到指定的机床上加工，或者从机床上取出完成该工序加工的工件并送到另一机床上加工。

自动输送台车在＿＿＿＿＿＿＿＿＿＿＿＿＿＿＿＿＿＿＿＿＿＿＿＿完成工件输送任务。

自动化仓库由＿＿＿＿＿＿＿＿＿＿、出入库装卸站、堆装起重机、＿＿＿＿＿＿＿＿＿＿和＿＿＿＿＿＿＿＿＿等组成，它能通过物料储运工作站的指令实现毛坯、加工成品的自动入库及出库。

刀具输送是指利用机器人实现刀具进出系统及系统中央刀库和各加工设备刀库之间的刀具输送。

3）信息系统。信息系统由＿＿＿＿＿＿＿＿、＿＿＿＿＿＿＿＿及其接口、＿＿＿＿＿＿＿＿和各种控制装置的硬件和软件组成，其主要功能是实现＿＿＿＿＿＿＿＿＿＿＿＿＿，确保系统的正常工作。对于 FMS，计算机系统一般分为三级。第一级为主计算机，又称＿＿＿＿＿＿＿＿＿＿＿，其任务一是用来向下一级计算机实时发布命令和分配数据；二是用来实时采集现场工况；三是用来观察系统的运行情况。第二级为过程控制计算机，包括计算机群控、＿＿＿＿＿＿＿＿＿＿＿＿＿和工件管理计算机，其作用是＿＿＿＿＿＿＿＿＿＿的指令，根据指令对下属设备实施具体管理。第三级由各设备的控制计算机构成，主要是＿＿＿＿＿＿＿＿＿＿＿＿＿＿＿＿＿。

[计划与实施]

引导问题 1　怎样确定切削用量？切削用量的选择原则是什么？

切削用量不仅是在机床调整前必须确定的重要参数，而且其数值合理与否对加工质量、加工效率、生产成本等有着非常重要的影响。所谓"合理的"切削用量是指充分利用刀具切削性能和机床动力性能（功率、扭矩），在保证质量的前提下，获得高生产效率和低加工成本的切削用量。

1. 制订切削用量时考虑的因素。

（1）切削加工生产效率。

在切削加工中，金属切除率与＿＿＿＿＿＿＿均保持线性关系，即其中任一参数增大1倍，都可使生产效率提高1倍。然而由于刀具寿命的制约，当任一参数增大时，其他两个参数必须减小。因此，在制订切削用量时，三要素获得最佳组合，此时的高生产效率才是合理的。

（2）刀具寿命。

切削用量三要素对刀具寿命影响的大小，按顺序为＿＿＿＿＿＿＿。因此，从保证合理的刀具寿命出发，在确定切削用量时，首先应采用＿＿＿＿＿＿＿，然后再选用＿＿＿＿＿＿＿。

（3）加工表面粗糙度。

精加工时，增大＿＿＿＿＿＿＿将增大加工表面粗糙度值。因此，它是精加工时抑制生产效率提高的主要因素。

2. 刀具寿命的选择原则。

切削用量与＿＿＿＿＿＿＿有密切关系。在制订切削用量时，应首先选择合理的刀具寿命，而合理的刀具寿命则应根据优化的目标而定。一般分＿＿＿＿＿＿＿＿＿＿＿＿＿＿＿＿＿＿＿＿＿＿＿＿＿＿＿两种，前者根据单件工时最少的目标确定，后者根据工序成本最低的目标确定。

选择刀具寿命时可考虑如下几点。

（1）根据刀具复杂程度、＿＿＿＿＿＿＿来选择。复杂和精度高的刀具寿命应选得比单刃刀具高些。

（2）由于机械夹固式可转位刀具的换刀时间短，为了充分发挥其切削性能，提高生产效率，刀具寿命选低些，一般取＿＿＿＿＿＿＿。

（3）对于装刀、换刀和调刀比较复杂的多刀机床、组合机床与自动化加工刀具，刀具寿命应选＿＿＿＿＿＿＿些，尤应保证刀具的＿＿＿＿＿＿＿性。

（4）当车间内某一工序的生产效率限制了整个车间生产效率的提高时，该工序的刀具寿命应选＿＿＿＿＿＿＿＿＿＿些；当某工序单位时间内所分担到的全厂开支较大时，刀具寿命也应选＿＿＿＿＿＿＿些。

（5）大件精加工时，为保证至少完成一次走刀，避免切削时中途换刀，刀具寿命应按＿＿＿＿＿＿＿＿＿和表面粗糙度来确定。

3. 写出制订切削用量的步骤。

4. 提高切削用量的途径有哪些？

引导问题 2　如何编写本任务中台阶套的数控加工程序？

1. 根据图 2 –16 所示的台阶套零件图要求，编写台阶套数控加工程序。

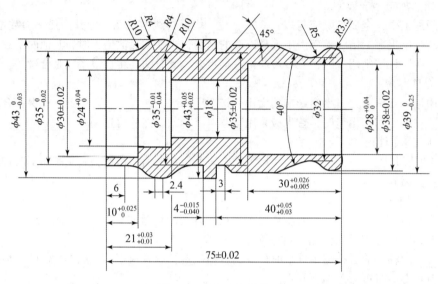

图 2 –16　台阶套零件图

2. 确定工件的装夹方式。

3. 确定数控加工工序，填写表 2 –4。

表 2 –4　数控加工工序

序号	工步内容	刀具	切削用量		
			背吃刀量/mm	主轴转速/ $(r \cdot min^{-1})$	进给速度/ $(mm \cdot r^{-1})$

4. 编写数控加工程序，填写表 2 - 5。

表 2 - 5 数控加工程序

程序	说明

[总结与评价]

引导问题 1 如何检测自己所加工的台阶套零件？

1. 将检测结果填入表 2 - 6 台阶套零件评分表中，并进行评分。

表 2 - 6 台阶套零件评分表

姓名			日期			总配分	100	图号		手工编程三	
主要尺寸评分项						允差	0.003	项配分		85	85
序号	名称	图位	配分	尺寸类型	基本尺寸/mm	上偏差/mm	下偏差/mm	实际测量数值	对 ●	错 ○	得分
1		C3	5.312 5	ϕ	43	0	- 0.03			○	
2		C3	5.312 5	ϕ	35	0	- 0.02			○	
3		C3	5.312 5	ϕ	30	0.02	- 0.02			○	
4		C4	5.312 5	ϕ	24	0.04	0			○	
5	直径尺寸	C5	5.312 5	ϕ	35	- 0.01	- 0.04			○	
6		C5	5.312 5	ϕ	43	0.05	0.02			○	
7		C5	5.312 5	ϕ	35	0.02	- 0.02			○	
8		C7	5.312 5	ϕ	28	0.04	0			○	
9		C7	5.312 5	ϕ	38	0.02	- 0.02			○	
10		C8	5.312 5	ϕ	39	0	- 0.025			○	

主要尺寸评分项						允差	0.003	项配分	85		85
序号	名称	图位	配分	尺寸类型	基本尺寸/mm	上偏差/mm	下偏差/mm	实际测量数值	对 ●	错 ○	得分
11	长度尺寸	E4	5.3125	L	10	0.025	0			○	
12		E4	5.3125	L	21	0.03	0.01			○	
13		E5	5.3125	L	4	−0.015	−0.040			○	
14		E6	5.3125	L	40	0.05	0.03			○	
15		D6	5.3125	L	30	0.026	0.005			○	
16		E5	5.3125	L	75	0.02	−0.02			○	
									项得分		

主观评分项				项配分	10		10
序号	名称	配分	主观评分内容	裁判打分（0~3 分）			得分
				裁判 1	裁判 2	裁判 3	
1	主观评分	2.6	已加工零件倒角、倒圆、倒钝、去毛刺是否符合图纸要求				
2		2.6	已加工零件是否有划伤、碰伤或夹伤				
3		4.8	已加工零件与图纸要求的一致性及其余表面粗糙度是否符合要求				
					项得分		

更换添加毛坯评分项				项配分	5		5
序号	名称	配分	内容	是/否	对 ●	错 ○	得分
1	更换添加毛坯	5	是否更换添加毛坯			○	
					奖励得分		
	裁判签字				总得分		

2. 请对台阶套零件加工不达标尺寸进行分析,填写表 2-7。

表 2-7 台阶套零件加工不达标尺寸分析

序号	图位	尺寸类型	基本尺寸	实际测量数值	出错原因	解决方案	
						学生分析	教师分析

引导问题 2 能否针对本任务所学的知识进行自我评价与总结?

1. 请对台阶套零件加工学习效果进行自我评价,填写表 2-8。

表 2-8 台阶套零件加工学习效果自我评价

序号	学习任务内容	学习效果			备注
		优秀	良好	较差	
1	你了解定位元件和定位误差吗				
2	机床夹具的种类有几种?你了解机床夹具的分类与组成吗				
3	内孔车刀的种类有几种				
4	如何制订内孔加工工艺				
5	怎样确定切削用量,切削用量的选择原则是什么				
6	如何编写本任务中台阶套的数控加工程序				

2. 总结不足与改进的地方。

(1) 通过以上检测,分析自己所加工零件的不足及解决的办法。

(2) 写出在操作过程中存在的问题和以后需要改进的地方。

小资料及拓展训练

1. 机床夹具的作用。

(1) 保证加工精度。

采用夹具安装可以准确地确定工件与机床、刀具之间的相互位置,工件的位置精度由夹具保证,不受工人技术水平的影响,其加工精度高而且稳定。

(2) 提高生产效率、降低成本。

用夹具装夹工件,无须找正便能使工件迅速定位和夹紧,显著减少了辅助工时;同时还提高了工件的刚性，可加大切削用量；可以使用多件、多工位夹具装夹工件，并采用高效夹紧机构，这些因素均有利于提高劳动生产效率。另外，采用夹具后，产品质量稳定，废品率下降，可以安排技术等级较低的工人，降低生产成本。

（3）扩大机床的工艺范围。

使用专用夹具可以改变原机床的用途和扩大机床的使用范围，实现一机多能。例如，在车床或摇臂钻床上安装镗模夹具后，就可以对箱体孔系进行镗削加工；通过专用夹具还可将车床改为拉床使用，充分发挥通用机床的作用。

（4）减轻工人的劳动强度。

用夹具装夹工件方便、快速，当采用气动、液压等夹紧装置时，可减轻工人的劳动强度。

2. 数控车床常用装夹方案。

工件在开始加工前，首先必须使工件在机床上或夹具中占有某一正确的位置，这个过程称为定位。其次为了使定位好的工件不至于在切削力的作用下发生位移，使其在加工过程始终保持正确的位置，还需将工件压紧夹牢，这个过程称为夹紧。定位和夹紧这两个过程合起来称为装夹。

（1）请写出图 2 – 17 所示的两种数控车床常用夹具的名称，并比较其特点。

图 2 – 17   数控车床常用夹具

（2）_____卡盘能自定心，_____卡盘需要找正，_____卡盘夹紧力大。

（3）两种卡盘应用场合有何不同？

3. 填写图 2 – 18 所示两种数控车床常用装夹方案的名称，并比较其特点。

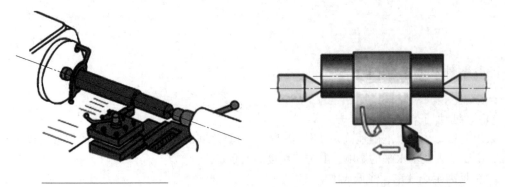

_____   _____

图 2 – 18   装夹方案

4. 哪种装夹方案刚性较好？说明理由。

5. 哪种装夹方案定位精度较高？为什么？

学习任务二　螺纹套的加工

任务书

零件名称	螺纹套	材料	45 钢	毛坯尺寸	φ40 mm×80 mm

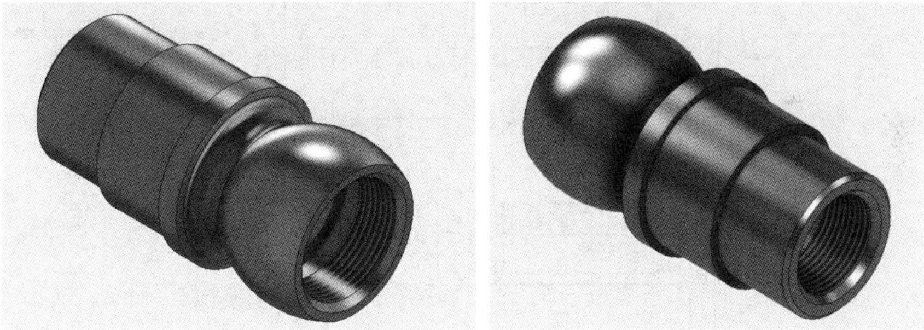

图 2-19　螺纹套

任务描述	加工图 2-19 所示零件，保证零件的内螺纹尺寸、圆弧尺寸、槽尺寸、外圆尺寸、长度尺寸和表面粗糙度符合要求。通过完成本任务，使学生能够学会内螺纹尺寸的控制并加强对内孔、圆弧、槽、外圆和长度的尺寸控制
任务内容	1. 学习相关理论知识和编程指令。 2. 编写数控加工程序并完成仿真加工。 3. 完成零件的加工，控制加工尺寸
指令应用	G74、G76、G92（内螺纹加工）指令
建议学时	30

任务图纸

螺纹套的加工图纸如图 2-20 所示。

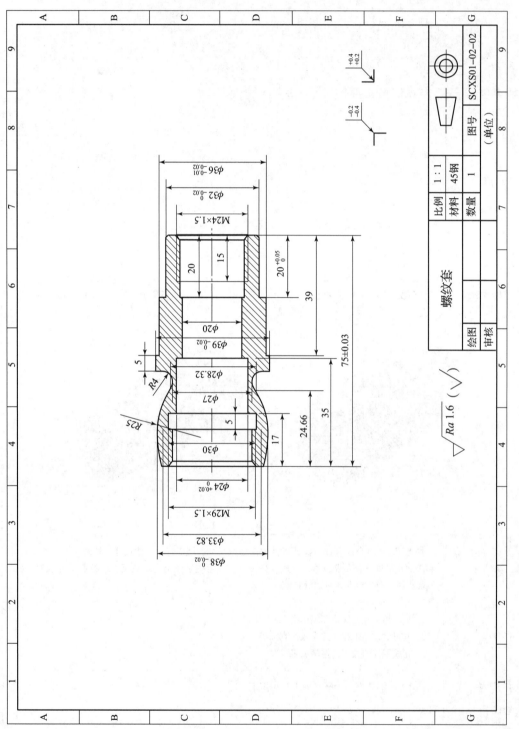

图 2－20 螺纹套的加工图纸

[学习准备]

引导问题1 如何选择定位元件?

1. 工件以平面定位。

(1)以面积较小且已完成加工的基准平面定位时,选用平头支承钉;以粗糙不平的基准面或毛坯面定位时,选用圆头支承钉;侧面定位时,可选用网状支承钉。如图2-21所示,填写3种支承钉的名称。

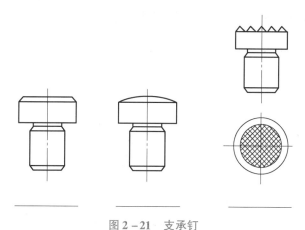

图2-21 支承钉

(2)如图2-22所示,以面积较大、平面度精度较高的基准平面定位时,选用_____定位元件;以毛坯面、阶梯平面和环形平面作基准平面定位时,选用_____定位元件。

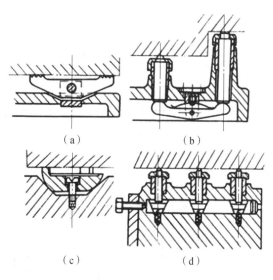

(a)   (b)

(c)   (d)

图2-22 自位支承

(3)以毛坯面作为基准平面,调节时可按定位面质量和面积大小分别选用图2-23(a)、图2-23(b)、图2-23(c)所示的可调支承作为定位元件,填写3种支承钉的名称。

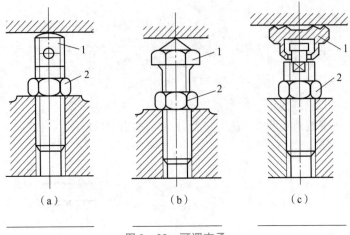

图 2-23 可调支承

1—调整螺钉；2—紧固螺钉

（4）当工件定位基准面需要提高定位刚度、稳定性和可靠性时，可选用_____辅助定位元件，如图 2-24、图 2-25、图 2-26 所示，完成填空。

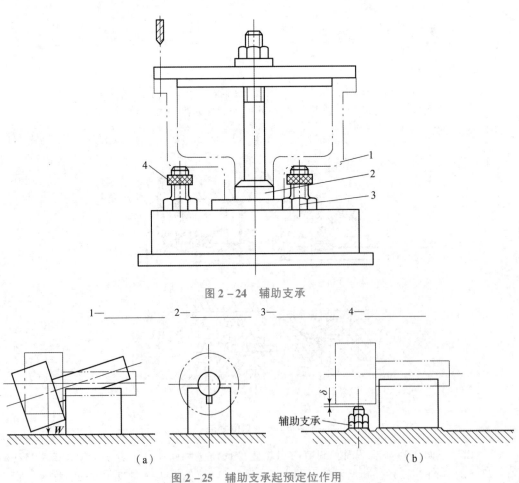

图 2-24 辅助支承

1—_____ 2—_____ 3—_____ 4—_____

图 2-25 辅助支承起预定位作用

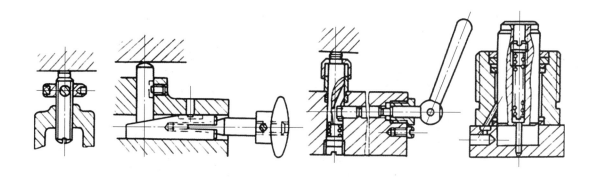

图 2 - 26　辅助支承的类型

2. 减小夹紧变形的措施。

（1）增加辅助支承和辅助夹紧点：图 2 - 27 所示的高支座镗孔可采用图 2 - 28 所示方法，增加一个辅助支承点及_____，就可以使工件获得满意的夹紧状态。

（2）分散着力点：如图 2 - 29 所示，用一块活动压板将夹紧力的着力点分散成 2 个或 4 个，从而改变_____的位置，减少_____的压力，以获得减少夹紧变形的效果。

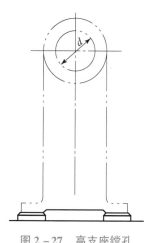

图 2 - 27　高支座镗孔

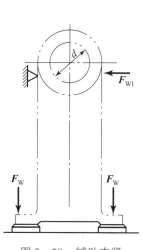

图 2 - 28　辅助夹紧

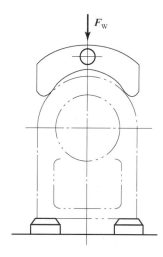

图 2 - 29　分散着力点

（3）利用对称变形：加工薄壁套筒时，可采用图 2 - 30 所示方法，_____。如果夹紧力较大，仍有可能发生较大的变形，因此，在精加工时，除减小夹紧力外，夹具的夹紧设计，应保证_____，以便获得变形量的统计平均值，通过调整刀具适当消除部分变形量，也可以达到所要求的加工精度。

（4）其他措施：对于一些极薄的特形工件，靠精密冲压加工仍达不到所要求的精度而需要进行机械加工时，上述各种措施通常难以满足需要，可以采用一种_____夹具。

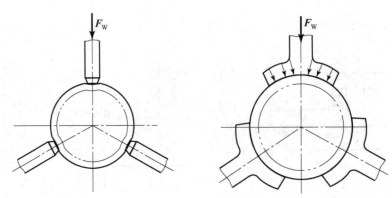

图 2－30　薄壁套的夹紧变形及改善

3. 夹紧和定位有何区别？试述夹具夹紧装置的组成和设计要求。

4. 夹紧装置通常由＿＿＿＿＿＿＿＿、传动机构、＿＿＿＿＿＿＿＿三部分组成，在夹紧工件的过程中，夹紧作用的效果会直接影响工件的加工精度、表面粗糙度及生产效率。因此，设计夹紧装置应遵循哪些原则？

5. 试述在设计夹具时，对夹紧力的三要素（力的作用点、方向、大小）有何要求。

设计夹紧装置时，夹紧力包括方向、作用点和大小三个要素。

（1）夹紧力的方向。

夹紧力的方向与工件定位的基本配置情况，以及工件所受外力的作用方向等有关。选择夹紧力方向时必须遵守哪些准则？

（2）夹紧力的作用点。

夹紧力作用点是指夹紧元件与工件接触的一小块面积。选择作用点的问题在于在夹紧方向已定的情况下确定夹紧力作用点的位置和数目。夹紧力作用点的选择是达到最佳夹紧状态的首要因素。合理选择夹紧力作用点必须遵守哪些准则？

（3）夹紧力的大小。

夹紧力的大小与保证定位稳定、夹紧可靠、确定夹紧装置的结构尺寸等都有着密切的关系。夹紧力的大小要适当。夹紧力过小则夹紧不牢靠，在加工过程中工件＿＿＿＿＿＿＿＿＿＿＿，其结果轻则影响加工质量，重则造成工件报废甚至发生安全事故。夹紧力过大会使＿＿＿＿＿＿＿＿＿＿＿＿＿＿＿，也会对加工质量不利。理论上，夹紧力的大小应与＿＿＿＿＿＿＿＿＿＿相平衡。而实际上，夹紧力的大小还与＿＿＿＿＿＿＿、＿＿＿＿＿＿＿＿等因素有关，计算是很复杂的。因此，实际设计中常采用估算法、类比法和试验法确定所需夹紧力的大小。

夹紧力三要素的确定，实际是一个综合性问题。必须全面考虑＿＿＿＿＿＿＿＿＿＿＿、
＿＿＿＿＿＿＿＿＿＿、定位元件的结构和布置等多种因素，才能最后确定并具体设计出较为
理想的夹紧装置。

引导问题2　你加工过内沟槽吗？

1. 车内沟槽。

（1）内沟槽常见的截面形状有＿＿＿＿＿＿＿、＿＿＿＿＿＿＿＿、＿＿＿＿＿＿＿等几种。

（2）内沟槽的主要类型有＿＿＿＿＿＿＿＿＿＿＿＿＿＿＿＿＿＿＿＿＿＿＿＿＿＿＿。

（3）如图2-31所示，内沟槽车刀的刀具形状有两种，写出具体名称。

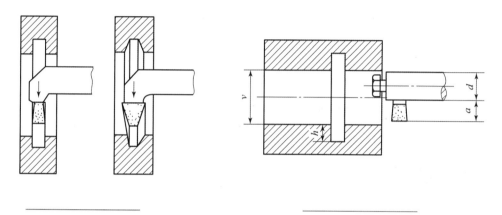

图2-31　内沟槽车刀的刀具形状

（4）如图2-32所示，内沟槽的车削方法有三种，写出具体名称。

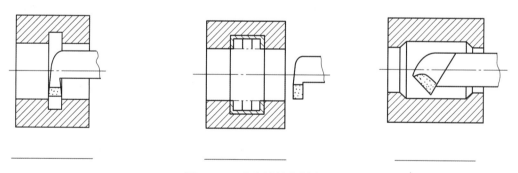

图2-32　内沟槽的车削方法

2. 制订车削加工工艺的基本原则有哪些？

3. 查找资料，并根据所学知识，回答下列问题。

（1）各小组分析、讨论并根据加工要求、现场的实际条件，制订合理的螺纹加工计划，完
成表2-9。

表 2 – 9　螺纹套加工计划

序号	图示	加工内容	尺寸精度	注意事项	备注

（2）组内及组间对加工计划的评价或改进建议。

（3）指导教师的评价与结论。

（4）各小组根据加工计划，完成工量刃具、设备和材料的准备工作，并填写表 2 – 10。

表 2 – 10　工量刃具、设备和材料的准备

序号	工量刃具、设备和材料的名称	要求	数量

引导问题 3　工件装夹与夹具设计的原则是什么？

1. 夹紧装置的设计原则。

在机械加工过程中，为保持工件定位时所确定的正确位置，防止工件在切削力、惯性力、离心力及重力等作用下发生位移和振动，机床夹具应设有夹紧装置，将工件压紧夹牢。夹紧装置是否合理、可靠及安全，对工件的加工精度、生产效率和工人的劳动条件有着重大影响，因此夹紧装置有以下 5 个设计原则。

（1）写出工件不移动原则。

（2）写出工件不变形原则。

（3）写出工件不振动原则。

（4）写出安全可靠原则。

（5）写出经济实用原则。

2.　工件装夹与机床夹具的关系。

工件装夹是指将工件置于机床夹具上（内），进行定位和夹紧的过程，它是实现机床夹具工作目标的重要过程之一。

如果装夹不正确，如夹紧力过大，就可能引起夹具变形或工作面精度受损。反过来，如果机床夹具的设计不合理或制造粗劣，使机床夹具使用过程中出现受力、受热变形，会直接影响工件装夹的效率和正确性。例如，夹紧传动机构不合理，会影响操作人员的夹紧用力，从而造成夹紧力过大而使工件变形，或者夹紧力过小导致工件未能夹紧而移动。毋庸置疑，合理的夹紧传动机构必能提高装夹的工作效率。

请叙述正确的工件装夹。

3.　试述机床夹具设计的基本要求，以及一个优良的机床夹具必须满足哪些基本要求。

4.　现代机床夹具的发展方向。

为了适应现代机械工业向高、精、尖方向发展的需要和多品种、小批量生产的特点，现代机床夹具的发展方向主要表现为标准化、精密化、高效化和柔性化等4个方面。

（1）什么是机床夹具的标准化？

（2）什么是机床夹具的精密化？

（3）什么是机床夹具的高效化？

（4）什么是机床夹具的柔性化？

在 FMS 中，加工零件被装夹在随行夹具或托盘上，自动地按加工顺序在机床间逐个输送，工序间输送的工件一般不再重新装夹。专用刀具和夹具也能在计算机控制下自动调度和更换。如果在系统中设置有测量工作站，则加工零件的质量也能在测量工作站上检查，甚至进一步实现加工质量的反馈控制。系统只需要最低限度的操作人员，就能实现夜班无人作业，而操作人员只负责启停系统和装卸工件。由于 FMS 是一种具有很高柔性的自动化制造系统，所以它比较适合于多品种、中小批量的零件生产。

1. DNC。

直接数字控制（direct numerical control，DNC），又称分布数字控制（distributed numerical control），其研究开始于 20 世纪 60 年代。它是指将若干台数控设备直接连接至一台中央计算机上，由中央计算机负责 NC 程序的管理和传送。当时的研究目的主要是为了解决早期 NC 设备因使用纸带输入数控加工程序而引起的一系列问题和早期数控设备的高计算成本等问题。DNC 的基本功能是下载 NC 程序。随着技术的发展，现代 DNC 还具有制造数据传送（NC 程序上传、NC 程序校正文件下载、刀具指令下载、托盘零点值下载、机器人程序下载、工作站操作指令下载等）、状态数据采集（机床状态、刀具信息和托盘信息等）、刀具管理、生产调度、生产监控、单元控制和 CAD/CAPP/CAM 接口等功能。

2. CIMS。

CIMS 是用于制造业工厂的综合自动化大系统。它在计算机网络和分布式数据库的支持下，把各种局部的自动化子系统集成起来，实现信息集成和功能集成，走向全面自动化，从而缩短产品开发周期、提高产品质量、降低成本。它是工厂自动化的发展方向，也是未来制造业工厂的模式。

（1）CIMS 的概念。

CIMS 是在信息技术、自动化技术、计算机技术及制造技术的基础上，通过计算机及其软件，将制造工厂的全部生产活动——设计、制造及经营管理（包括市场调研、生产决策、生产计划、生产管理、产品开发、产品设计、加工制造及销售经营）等与整个生产过程有关的物料流与信息流实现计算机高度统一的综合化管理。它可以把各种分散的自动化系统有机地集成起来，构成一个优化的、完整的生产系统，从而获得更高的整体效益，缩短产品开发制造周期，提高产品质量、生产效率、企业的应变能力，以赢得竞争。

（2）CIMS 的构成。

CIMS 包括制造工厂的生产、经营等全部活动，具有经营管理、工程设计和加工制造等主要功能。图 2 - 33 所示为 CIMS 的构成，它是在 CIMS 数据库的支持下，由信息管理模块、设计和工艺模块和制造模块所组成。

3. 根据所学知识，回答下面问题。

（1）设计和工艺模块主要包括_____、_____、成组技术（GT）、

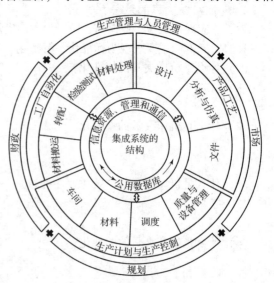

图 2 - 33   CIMS 的构成

_____、计算机辅助数控编程技术等，其目的是使产品的开发更高效、优质、并自动化地进行。

（2）FMS 是制造模块的主体主要包括哪些？

（3）信息管理模块主要包括_____、_____、_____、_____、销售及售后跟踪服务、_____、人力资源管理等。通过信息的集成，达到缩短产品生产周期、减少占用流动资金、提高企业应变能力的目标。

（4）公用数据库是_____的核心，对信息资源进行_____，并与各个计算机系统进行通信，实现企业数据的共享和信息集成。

（5）CIMS 的实施过程中要实现_____、_____、_____、_____等技术和功能的集成，这种集成不仅是现有生产系统的计算机化和自动化，而且是在更高水平上创造的一种新模式。同时因为原有的生产系统集成很困难，独立的自动化系统异构同化非常复杂，所以要考虑在实施 CIMS 计划时的收益和支出。

[计划与实施]

引导问题 1　用什么指令进行钻孔加工？

按照下面程序指令，进行图 2-34 所示的动作。在此循环中，可以处理外形切削的断屑，另外，如果省略 X(U)、P，只是 Z 轴动作，则为深孔钻循环。

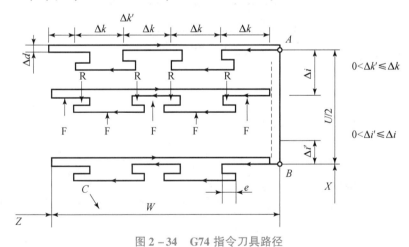

图 2-34　G74 指令刀具路径

（1）G74 指令：

（2）格式：

（3）含义解释。

e：_____。另外，没有指定 R(e)时，用参数也可以确定，并且根据程序指令，参数值也会改变。

X：_____。

U：_____。

Z：_____。

W：_____。

Δi：_____（无符号，直径值）。

Δk：_____（无符号）。

Δd：_____（直径值），通常不指定，若省略 X(U) 和 Δi，则视为 0。

f：_____。

注1：e 和 Δd 都用 R 代码指定，它们的区别在于是否指定 X(U)，即如果X(U)被指定了，则为 Δd。

注2：循环动作用含有 X(U) 指定的 G74 指令进行。

引导问题2 如何编写内螺纹零件数控加工程序？

运用 **G76** 指令加工内螺纹零件。

（1）零件分析：材料为 45 钢，直径为 42 mm、内径为 20 mm、长度为 55 mm的圆钢，需要加工的主要内容为内螺纹，如图 2-35 所示。

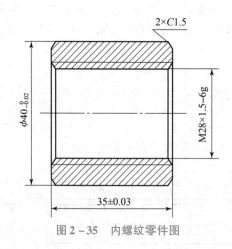

图 2-35 内螺纹零件图

（2）工件的装夹方式：_____。

（3）确定数控加工工序，填写表 2-11。

表 2-11 数控加工工序

序号	工步内容	刀具	切削用量		
			背吃刀量/mm	主轴转速/(r·min⁻¹)	进给速度/(mm·r⁻¹)

（4）编写数控加工程序，填写表 2 – 12。

表 2 – 12 数控加工程序

程序	说明

引导问题 4 如何编写本任务中螺纹套的数控加工程序？

1. 根据图 2 – 36 所示螺纹套零件图要求，编写螺纹套零件数控加工程序。

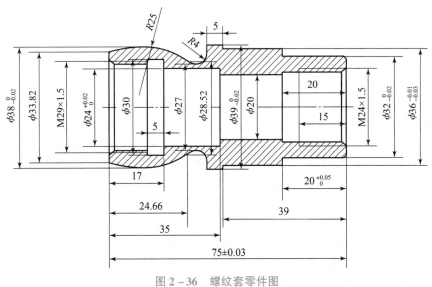

图 2 – 36 螺纹套零件图

2. 工件的装夹方式有哪些？

3. 确定数控加工工序，填写表 2 – 13。

表 2 – 13　数控加工工序

序号	工步内容	刀具	切削用量		
			背吃刀量/mm	主轴转速/$(r \cdot min^{-1})$	进给速度/$(mm \cdot r^{-1})$

4. 编写数控加工程序，填写表 2 – 14。

表 2 – 14　数控加工程序

程序	说明

5. 安全提示。

（1）工作时应穿工作服、戴袖套。女同学应戴工作帽，将长发塞入帽子里。夏季禁止穿裙子、短裤和凉鞋上机操作。

（2）为防切屑崩碎飞散，有防护外罩的封闭型数控车床必须关闭防护门，半开放式数控车床中的工作人员必须戴防护眼镜。工作时，头不能离工件加工区域太近，以防切屑伤人。

（3）工作时，必须集中精力，注意手、身体和衣服不能靠近正在旋转的机件，如车床主轴、工件、带轮、皮带、齿轮等。

（4）工件和车刀必须装夹牢固，否则会飞出伤人。

（5）在装卸工件、更换刀具、测量加工表面或改变速度时，必须先停机，再行调整。

（6）车床运转时，不得用手去摸刀具及刀具加工区域。严禁用棉纱擦抹转动的工件。

（7）使用专用铁钩清除切屑，绝不允许用手直接清除。

（8）在数控车床上操作时不准戴手套。

（9）不要随意拆装电气设备，以免发生触电事故。

（10）工作中若发现机床、电气设备有故障，要及时申报，由专业人员检修，未修复不得使用。

[总结与评价]

引导问题 1 如何检测自己加工的螺纹套零件？

1. 将检测结果填入表 2 – 15 螺纹套零件评分表中，并进行评分。

表 2 – 15　螺纹套零件评分表

姓名			日期			总配分	100	图号	手工编程四	
主要尺寸评分项						允差	0.003	项配分	85	85
序号	名称	图位	配分	尺寸类型	基本尺寸/mm	上偏差/mm	下偏差/mm	实际测量数值	对 ●	错 ○
										得分
1	直径尺寸	C2	9.4	ϕ	38	0	– 0.02			○
2		C3	9.45	ϕ	24	0.02	0			○
3		C5	9.45	ϕ	39	0	– 0.02			○
4		C7	9.45	ϕ	32	0	– 0.02			○
5		C8	9.45	ϕ	36	– 0.01	– 0.03			○
6	长度尺寸	D6	9.45	L	20	0.05	0			○
7		E5	9.45	L	75	0.03	– 0.03			○
8	螺纹	D4	9.45	M	24					○
9		D4	9.45	M	29					○
									项得分	

主观评分项				项配分		10	10
序号	名称	配分	主观评分内容	裁判打分（0～3分）			得分
				裁判 1	裁判 2	裁判 3	
1	主观评分	2.6	已加工零件倒角、倒圆、倒钝、去毛刺是否符合图纸要求				
2		2.6	已加工零件是否有划伤、碰伤或夹伤				
3		4.8	已加工零件与图纸要求的一致性及其余表面粗糙度是否符合要求				
						项得分	

更换添加毛坯评分项				项配分	5	5
序号	名称	配分	内容	是/否	对 ● / 错 ○	得分
1	更换添加毛坯	5	是否更换添加毛坯		○	
					奖励得分	
	裁判签字				总得分	

2. 请对螺纹套零件加工不达标尺寸进行分析，填写表2–16。

表2–16　螺纹套零件加工不达标尺寸分析

序号	图位	尺寸类型	基本尺寸	实际测量数值	出错原因	解决方案	
						学生分析	教师分析

引导问题2　能否针对本任务所学的知识进行自我评价与总结？

1. 请对螺纹套零件加工学习效果进行自我评价，填写表2–17。

2–17　螺纹套零件加工学习效果自我评价

序号	学习任务内容	学习效果			备注
		优秀	良好	较差	
1	如何选择定位元件				
2	你加工过内沟槽吗				
3	工件装夹与夹具的设计原则是什么				
4	用什么指令进行钻孔加工				
5	如何编写内螺纹零件数控加工程序				
6	如何编写本任务中螺纹套的数控加工程序				

2. 总结不足与改进的地方。

（1）通过以上检测，分析自己所加工零件的不足及解决的办法。

（2）写出在操作过程中存在的问题和以后需要改进的地方。

小资料及拓展训练

1. 数控编程的数值计算。

根据被加工零件图，按照已经确定的加工路线和允许的编程误差，计算数控系统所需输入的数据，称为数控编程的数值计算。这是编程前的主要准备工作之一，不仅是手工编程必不可少的工作步骤，而且即使采用计算机进行自动编程，也经常需要先对工件的轮廓图形进行数学预处理，才能对有关几何元素进行定义。

2. 数值计算的内容。

在手工编程中，数值计算的内容主要包括基点和节点的计算、刀位轨迹的坐标计算及辅助计算。

（1）基点和节点的计算。

一个零件的轮廓往往由许多不同的几何元素所组成，如直线、圆弧、二次曲线及阿基米德螺旋线等。

基点是各几何元素的连接点，如两直线的交点、直线与圆弧或圆弧与圆弧的交点或切点、圆弧与二次曲线的交点或切点等。对于一般零件，若其轮廓形状仅由直线与圆弧组成，则由于目前一般机床数控系统中都有直线、圆弧插补功能，故计算过程比较简单。手工编程时，仅需要计算基点的坐标及圆弧圆心点坐标，即可编写数控加工程序。

实际加工中，某些零件由于设计上的特殊要求，其局部轮廓可能是由直线或圆弧之外可用方程式表达的某种曲线组成，数控编程中常将这类曲线称为非圆曲线。对于非圆曲线，若机床数控系统具备该类曲线的插补功能，就只需计算基点坐标，使编程计算过程极大简化。若不具备该曲线的插补功能，则必须进行比较复杂的节点坐标计算。所谓节点，是指在满足允许的编程误差条件下，利用数控机床插补器具有的插补功能（如直线或圆弧）对原有曲线进行拟合时所求得的一系列拟合点。图 2 – 37（a）所示为用直线段逼近非圆曲线，图 2 – 37（b）所示为用圆弧段逼近非圆曲线。数控编程时，可按节点划分并分别按直线插补或圆弧插补进行编程，以完成曲线轮廓的加工。

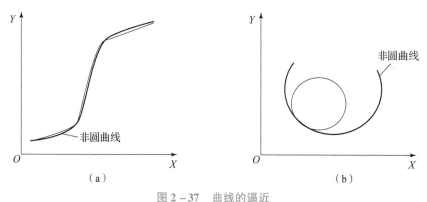

图 2 – 37　曲线的逼近
（a）用直线段逼近非圆曲线；（b）用圆弧段逼近非圆曲线

（2）刀位轨迹的坐标计算。

数控编程中，为了便于描述简单二维或三维加工时刀具相对于工件的运动，给出了刀位点的概念，即刀具上代表刀具在工件坐标系中所在位置的一个点称为刀位点。刀位轨迹即刀位点在工件坐标系中运动时所描述的轨迹，又称刀具路径。

车削加工时，通常用车刀的假想刀尖点作为刀位点。实际加工中，零件的轮廓形状总是由刀具的切削刃部分直接进行切削的，因此大多数情况下，刀位点的运动轨迹并不与零件轮廓完全重合。此时，若不使用机床的刀具半径补偿功能，则必须依据零件轮廓重新计算刀位轨迹上基点或节点的坐标。目前绝大多数机床数控系统都提供了刀具半径补偿功能，由数控系统自动计算出刀具中心偏离工件轮廓的位置。因此，在对零件进行加工时，正确使用刀具半径自动补偿功能，可以减少手工编程时的数值计算工作量。某些简易数控系统，如简易数控车床，只有长度偏移功能而无半径补偿功能，编程时为保证精确加工出零件轮廓，就需要人为地加入偏移补偿。

此外，某些零件在基本外形轮廓的基础上，常常在拐角处采用相切圆弧过渡，而计算切点坐标，首先要计算出圆弧点的坐标。

（3）辅助计算包括增量计算、辅助程序的数值计算等，请回答下面问题。

1）什么是增量计算？

2）增量坐标指的是什么？

3）什么是辅助程序的数值计算？

项目三

铣削基础零件的加工

一、项目情境描述

本项目通过使用 Mastercam 软件和 FANUC 系统机床来进行学习，完成基础零件的加工。在掌握手工编程基础的前提下，本项目主要学习 Mastercam 软件二维绘图及二维铣削加工（平面铣削、外形铣削）的基础知识，并辅助学习金属材料和非金属材料的相关内容，了解软件系统的知识，最终顺利完成基础零件的自动编程加工。

二、学习目标

知识目标

1. 了解 Mastercam 软件的特点。

2. 了解 Mastercam 软件的工作过程。

3. 掌握 Mastercam 软件的基本操作方法。

4. 熟悉常用金属材料和非金属材料的种类、性能、用途与选用。

5. 了解常用金属材料热处理工艺的特点及应用。

6. 了解高分子材料、陶瓷材料、复合材料的种类、性能和用途。

技能目标

1. 能够熟练使用 Mastercam 软件完成二维图形的绘制与编辑。

2. 能够熟练掌握 Mastercam 软件加工模块的知识。

3. 能够正确操作机床完成二维图形的加工。

4. 能够熟练运用测量知识和仪器设备完成基础零件的检测。

素质目标

1. 具有遵守安全操作规范和环境保护法规的能力。

2. 具有良好的表达、沟通和团队合作的能力，能够有效地与相关工作人员和客户进行交流。

3. 具有逻辑思维与发现问题、解决问题的能力，能够从习惯性思维中解脱出来，并启发学生的创造思维能力。

4. 具有使用信息技术有效收集、查阅、分析、处理工作数据和技术资料的能力。

5. 具备终身学习与可持续发展的能力。

6. 具有爱岗敬业、诚实守信、吃苦耐劳的职业精神与创新设计意识。

三、学习任务

项目零件如图 3 - 1 所示。

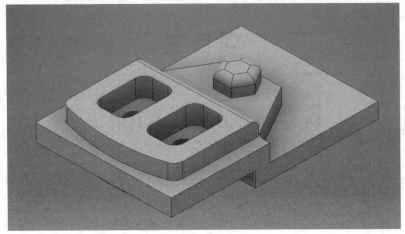

图 3 - 1　项目零件

学习任务　基础零件的加工

任务书

零件名称	基础零件	材料	6061 铝合金	毛坯尺寸	120 mm × 80 mm × 30 mm

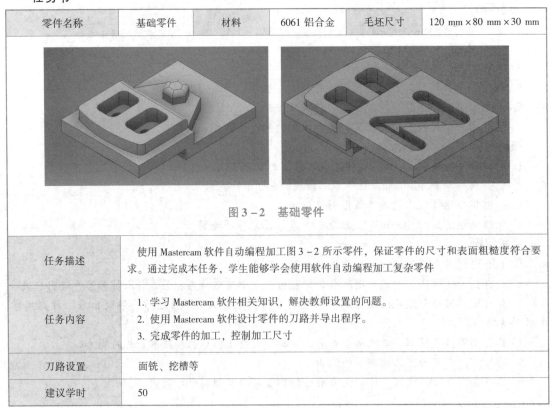

图 3 - 2　基础零件

任务描述	使用 Mastercam 软件自动编程加工图 3 - 2 所示零件，保证零件的尺寸和表面粗糙度符合要求。通过完成本任务，学生能够学会使用软件自动编程加工复杂零件
任务内容	1. 学习 Mastercam 软件相关知识，解决教师设置的问题。 2. 使用 Mastercam 软件设计零件的刀路并导出程序。 3. 完成零件的加工，控制加工尺寸
刀路设置	面铣、挖槽等
建议学时	50

任务图纸

基础零件的加工图纸如图 3 - 3 所示。

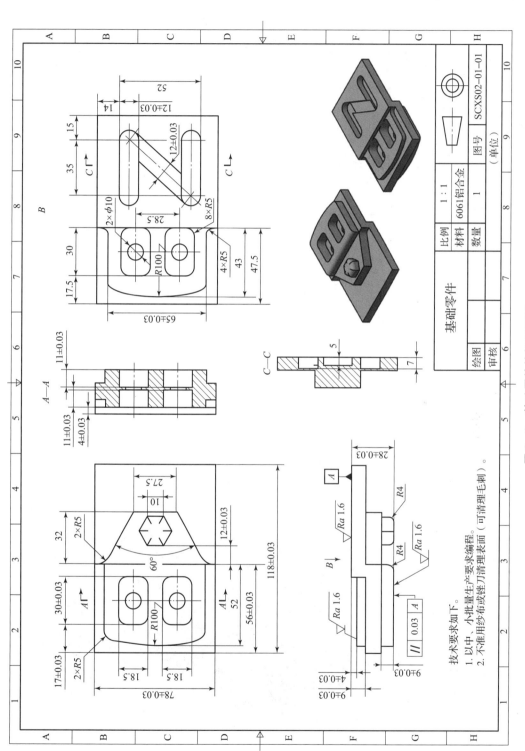

图 3 - 3　基础零件的加工图纸

[学习准备]

引导问题 1　关于 Mastercam 软件的基础知识都有哪些?

1. 写出 Mastercam 软件的主要功能。

(1) _____

(2) _____

(3) _____

2. 写出 Mastercam 软件常用快捷键表示的意思。

Page Up：_____

Page Down：_____

↑（上箭头）：_____

←（左箭头）：_____

→（右箭头）：_____

↓（下箭头）：_____

End：_____

Esc：_____

F1：_____

F2：_____

F3：_____

F5：_____

F9：_____

Alt + S：_____

3. 熟悉 Mastercam 软件的工作界面，如图 3 – 4 所示，分别写出序号所代表的区域名称。

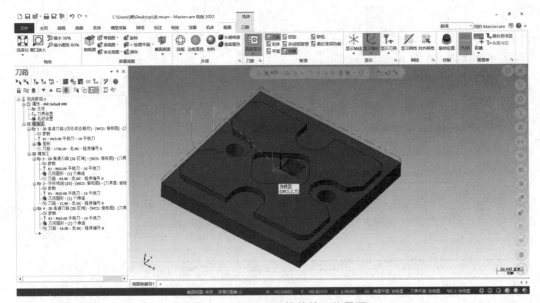

图 3 – 4　Mastercam 软件的工作界面

4. 基本概念。

图素（entity）是指屏幕上能画出来的东西，即构成图形的基本要素。其基本要素有＿＿＿＿＿
＿＿＿＿＿＿＿＿等。图素的属性（attributes）有＿＿＿＿＿＿＿＿＿＿＿＿＿＿＿四种。

5. 如图 3－5 所示，写出图素选择工具栏中序号所代表的各功能名称。

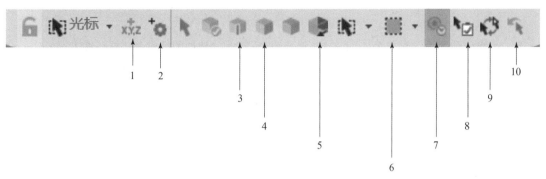

图 3－5　图素的选项工具栏

6. 系统配置设置。

选择"设置"→"系统配置"命令，弹出"系统配置"对话框，如图 3－6 所示。在"系统
配置"对话框中可以设置＿＿＿＿＿＿＿＿、＿＿＿＿＿＿＿＿、＿＿＿＿＿＿＿＿、＿＿＿＿＿＿＿＿、
＿＿＿＿＿＿＿＿、＿＿＿＿＿＿＿＿、＿＿＿＿＿＿＿＿等保证系统正常运行的重要参数。

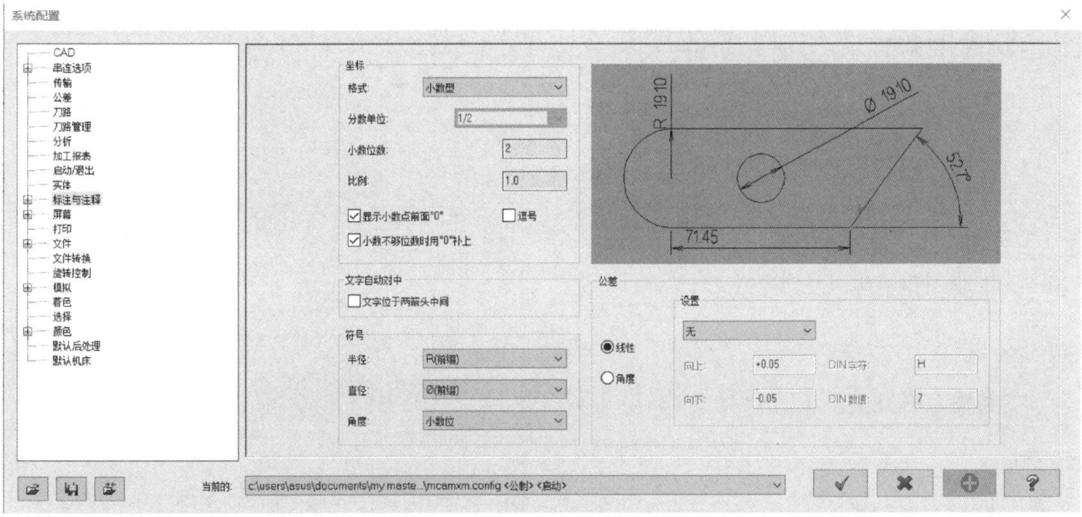

图 3－6　"系统配置"对话框

引导问题 2　关于 Mastercam 软件二维图形绘制的知识都有哪些？

二、做中学，边完成边填写下面问题：

1. 选择"绘图"→"点"→"指定位置"命令，会显示 10 种抓点方式，分别是什么？

2. 选择"绘图"→"直线"命令，会显示 10 种画线方式，分别是什么？

3. 选择"绘图"→"圆弧"命令，会显示 9 种画线方式，分别是什么？

4. 在修剪和删除功能方面，AutoCAD 软件和 Mastercam 软件的操作方法有什么不同？

5. Mastercam 的哪个功能可以方便地分析节点坐标值？

6. Mastercam 软件的工作过程是什么？

| 零件图样和加工
工艺分析 | ⇨ | _____ | ⇨ | 刀具路径的
计算生成 | ⇨ | _____ | ⇨ | 程序输出 |

引导问题 3 关于机械工程材料的知识都有哪些？

1. 常用的金属材料有 _____、_____、铸铁、_____、_____。

2. 金属材料的力学性能包括哪些？

3. 金属材料的工艺性能包括哪些？

4. 工业用钢有哪几大类？

5. 铸铁有哪几类？

6. 铝合金是工业中应用_____的一类_____材料，在_____、_____、汽车、_____、_____及_____中已大量应用。

7. 铜合金是以纯铜为基体加入_____或_____其他元素所构成的合金。纯铜呈_____，又称_____。纯铜密度为_____，熔点为_____℃，具有优良的_____、_____、延展性和_____。

8. 粉末冶金材料具有传统熔铸工艺所无法获得的独特的_____和_____性能，如材料的_____、_____和_____等。

9. 热处理是对_____或_____采用适当方式_____、_____和_____，以获得所需要的组织结构与性能的加工方法。

10. 热处理的类别有哪些？

1. 金属晶体知识

（1）了解晶体、晶格和晶胞，如图3-7所示，在图形下方填写正确的名字。

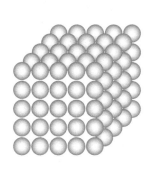 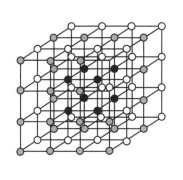 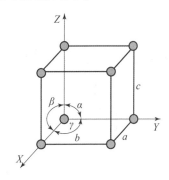

_____ _____ _____

图3-7 金属晶体结构

（2）典型晶体结构有哪些？

[计划与实施]

1. 几何对象的修整包括哪些功能？

2. "修剪""延伸""打断"命令的子菜单包括哪几项内容？

3. AutoCAD软件和Mastercam软件使用"修剪""延伸""打断"的操作方法有什么不同？

4. "连接"命令用于将选择的_____连接成一个_____。要连接的两个图素必须是_____的图素，即都为直线、圆弧或样条曲线才可以进行连接。

5. 在什么情况下使用"连接"命令？

6. 菜单栏中的"转换"命令有哪些功能？

7. 在什么情况下使用"延伸"命令？

8. 编辑 NURBS 曲线控制点命令改变 NURBS 曲线的 _____，从而改变 NURBS 曲线的 _____。

9. "参数曲线转变为 NURBS 曲线"命令将指定的 _____、_____ 或 _____ 转换为 NURBS 曲线，从而通过调整 NURBS 曲线的 _____，变更它的 _____。

10. "曲线变弧"命令可以把外形类似于圆弧的曲线转变为圆弧。在下方空白处写出该命令的操作步骤。

练一练：运用 Mastercam 软件完成图 3-8～图 3-15 的绘制。

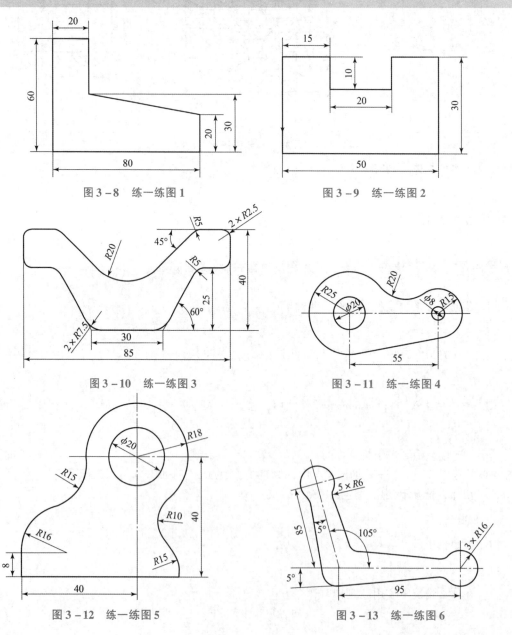

图 3-8　练一练图 1

图 3-9　练一练图 2

图 3-10　练一练图 3

图 3-11　练一练图 4

图 3-12　练一练图 5

图 3-13　练一练图 6

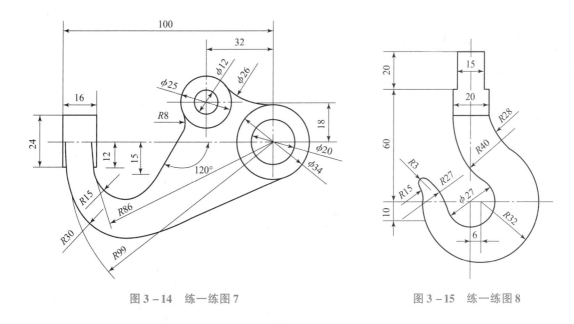

图 3 – 14　练一练图 7

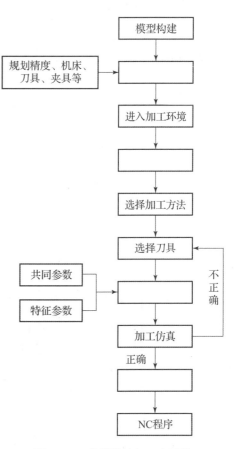

图 3 – 15　练一练图 8

引导问题 2　关于 Mastercam 软件数控加工的基础知识都有哪些？

1. Mastercam 软件能够模拟数控加工的全过程，如图 3 – 16 所示，请将流程图填写完整。

2. 工件设置：工件也称毛坯，它是加工零件的坯料。工件设置包括工件_____、工件_____和工件_____。

3. 刀具设置：在 Mastercam 软件生成刀具路径之前，需要选择在加工过程中所使用的刀具。写出打开"刀具管理器"的方法和"刀具管理器"主要包括的参数。

4. 加工仿真是用实体切削的方式来模拟_____。对于已生成刀具路径的操作，可在模拟加工界面中以_____形式或_____形式模拟刀具路径，让用户在图形方式下很直接地观察到_____，以验证各操作定义的_____。

5. 后置处理：刀具路径生成并确定其检验无误后，就可以进行后置处理操作。后置处理是由_____文件转换成_____文件，而_____文件是可以在机床上实现自动加工的一种途径。

```
模型构建
   ↓
规划精度、机床、    → [      ]
刀具、夹具等
   ↓
进入加工环境
   ↓
[      ]
   ↓
选择加工方法
   ↓
选择刀具 ←────┐
   ↓          不
共同参数 → [   ] 正
特征参数          确
   ↓          │
加工仿真 ──────┘
   ↓ 正确
[      ]
   ↓
NC程序
```

图 3 – 16　模拟数控加工全过程

引导问题 3　关于 Mastercam 软件二维铣削加工的知识都有哪些?

1. 平面铣削。

（1）平面铣削是对工件的_____进行加工，"2D 刀路 – 平面铣削"对话框如图 3 – 17 所示。用户可以选择封闭的一个或多个_____进行平面加工。

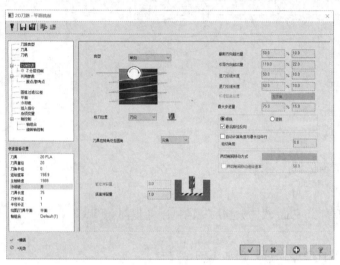

图 3 – 17　"2D 刀路 – 平面铣削"对话框

（2）切削方式：填写图 3 – 18 中各切削方式的名称。

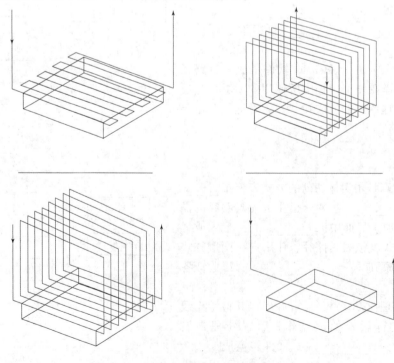

图 3 – 18　切削方式

（3）刀具移动方式：填写图 3 - 19 中各刀具移动方式的名称。

图 3 - 19　刀具移动方式

2. 外形铣削。

（1）外形铣削是指沿工件的_____生成切削加工路径，常用于_____或_____外形轮廓，有时也可以用于加工_____的轮廓。

（2）外形铣削形式有哪几种？

（3）外形铣削中刀具补正形式有哪几种？

（4）在加工转角时，系统提供了哪几种转角设置方式？

引导问题 4　关于工具系统的知识有哪些？

1. 工具系统是指机床主轴和刀具的_____系统。它主要由两部分组成：一是_____部分；二是_____、_____和_____等装夹工具部分。

2. 镗铣类工具系统按照结构不同，可分为_____（TSG 工具系统）和_____（TMG 工具系统）两大类。

3. 根据整体式工具系统（TSG 工具系统）的知识，了解图 3 - 20 中代号的含义，并完成填写。

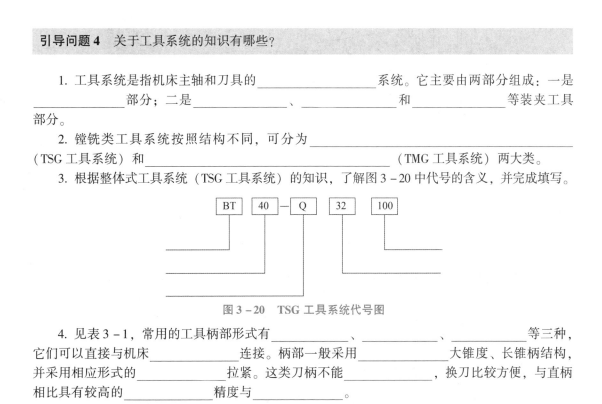

图 3 - 20　TSG 工具系统代号图

4. 见表 3 - 1，常用的工具柄部形式有_____、_____、_____等三种，它们可以直接与机床_____连接。柄部一般采用_____大锥度、长锥柄结构，并采用相应形式的_____拉紧。这类刀柄不能_____，换刀比较方便，与直柄相比具有较高的_____精度与_____。

表 3 - 1　常用的工具柄部形式

代号	柄部形式	类别	标准	柄部特征
JT	加工中心用锥柄，带机械手夹持槽	刀柄	GB/T 10944—2006	ISO 锥度号 7:24
BT	加工中心用锥柄，带机械手夹持槽	刀柄	JIS B6339	ISO 锥度号 7:24
XT	一般镗铣床用工具柄	刀柄	GB/T 3837—2001	ISO 锥度号 7:24
ST	数控机床用锥柄，无机械手夹持槽	刀柄	GB/T 3837—2001	ISO 锥度号 7:24
MT	带扁尾莫氏圆锥工具柄	接杆	GB/T 1443—1996	莫氏锥度号
MW	不带扁尾莫氏圆锥工具柄	接杆	GB/T 1443—1996	莫氏锥度号
XH	7:24 锥度的锥柄连接杆	接杆	JB/GQ 5010—1996	锥柄锥度号
ZB	直柄工具柄	接杆	GB/T 6131—2006	直径尺寸

5. 目前国内机床以 BT 系列使用较多。根据机床大小，BT 系列可分为＿＿＿＿＿＿＿＿＿、＿＿＿＿＿＿＿＿＿、＿＿＿＿＿＿＿＿＿等，如图 3 - 21 所示；根据不同的需求，BT 系列具体刀柄又可分为＿＿＿＿＿＿＿＿＿、＿＿＿＿＿＿＿＿＿、＿＿＿＿＿＿＿＿＿、＿＿＿＿＿＿＿＿＿、＿＿＿＿＿＿＿＿＿、＿＿＿＿＿＿＿＿＿、＿＿＿＿＿＿＿＿＿、＿＿＿＿＿＿＿＿＿。

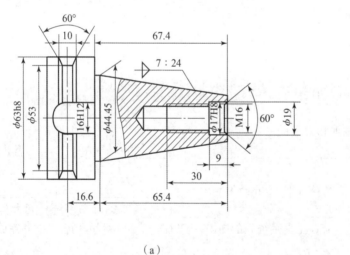

（a）　　　　　　　　　　　　　（b）

图 3 - 21　BT40 锥柄

（a）锥柄结构图；（b）锥柄实物图

6. 简述 BT/ER 刀柄（即弹性刀柄）的特点及应用。

7. 见表 3 - 2，填写 ER 弹簧筒夹的夹持范围值。

表 3 – 2　ER 弹簧筒夹

序号	筒夹规格	夹持范围	序号	筒夹规格	夹持范围
1	ER16		4	ER32	
2	ER20		5	ER40	
3	ER25		6	ER50	

引导问题 5　如何制订本零件的加工工艺？

1. 各小组分析、讨论并制订加工计划。

（1）根据加工要求，考虑现场的实际条件，小组成员共同分析、讨论并制订合理的基础零件加工计划，完成表 3 – 3。

表 3 – 3　基础零件加工计划

序号	加工内容	尺寸精度	刀具规格/mm	主轴转速/$(r \cdot min^{-1})$	进给量/$(mm \cdot r^{-1})$	切削深度/mm	备注

（2）组内及组间对加工计划的评价及改进建议。

（3）指导教师的评价与结论。

2. 各小组根据加工计划，完成工量刃具、设备和材料的准备工作，并填写表 3 – 4。

表 3 – 4　工量刃具、设备和材料的准备

序号	工量刃具、设备和材料的名称	要求	数量

引导问题6 基础零件的刀路设计加工参数如何设置？

1. 基础零件的刀路设计见表3－5。

表3－5 基础零件的刀路设计

序号	加工图示	编程图示	仿真图示	加工参数设置
1		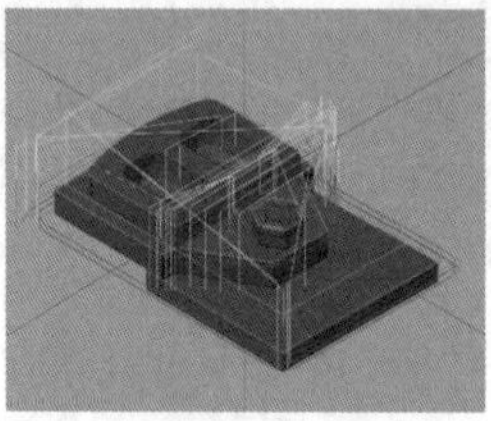		加工刀路：挖槽粗加工 余量：0.2 mm 刀具：φ12 mm 转速：4 000 r/min 切削速度（F）：1 500 mm/r
2		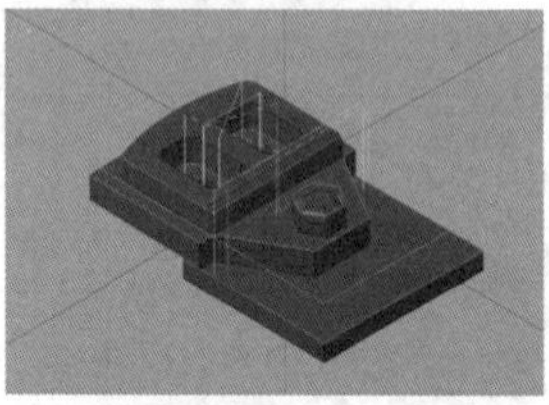		加工刀路：小刀清根 余量：0.2 mm 刀具：φ10 mm 转速：4 000 r/min 切削速度（F）：1 000 mm/r
3		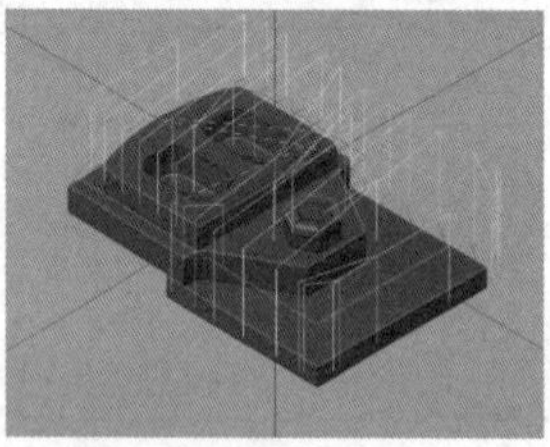		加工刀路：底部精加工 刀具：φ10 mm 转速：4 000 r/min 切削速度（F）：600 mm/r 精加工刀次：1
4		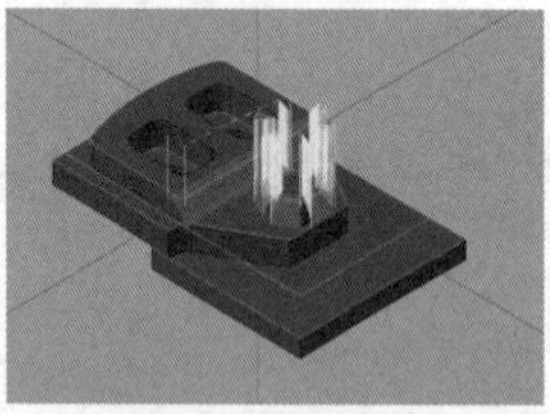		加工刀路：曲面精加工 刀具：R4 mm 转速：5 000 r/min 切削速度（F）：100 mm/r 精加工刀次：1
5				加工刀路：侧壁精加工 刀具：φ10 mm 转速：6 500 r/min 切削速度（F）：1 500 mm/r 精加工刀次：1
6		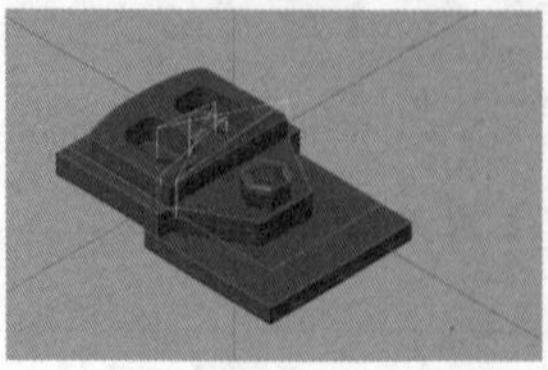		加工刀路：倒角 刀具：φ6 mm 转速：4 000 r/min 切削速度（F）：600 mm/r

序号	加工图示	编程图示	仿真图示	加工参数设置
7		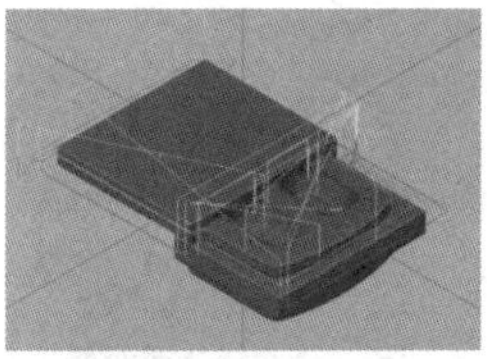		加工刀路：挖槽粗加工 余量：0.2 mm 刀具：ϕ12 mm 转速：4 000 r/min 切削速度（F）：1 500 mm/r
8		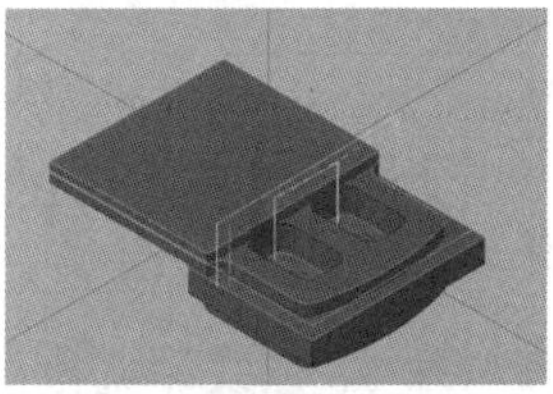	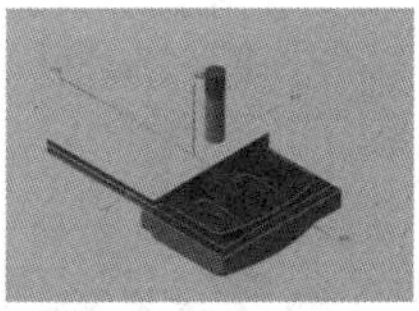	加工刀路：小刀清根 余量：0.2 mm 刀具：ϕ10 mm 转速：4 000 r/min 切削速度（F）：1 000 mm/r
9		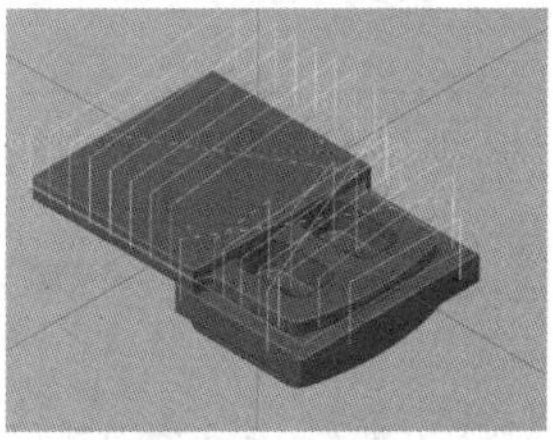		加工刀路：底部精加工 刀具：ϕ10 mm 转速：4 000 r/min 切削速度（F）：600 mm/r 精加工刀次：1
10		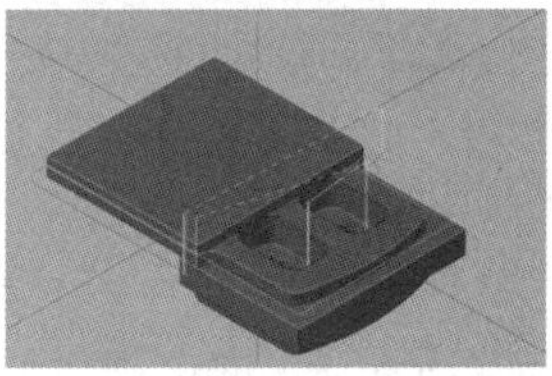	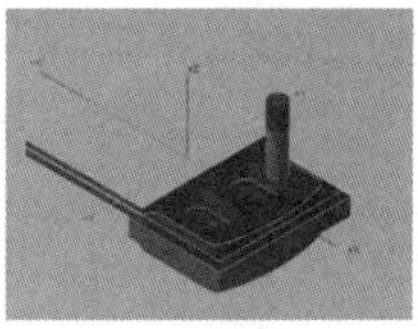	加工刀路：外形精加工 刀具：ϕ10 mm 转速：4 000 r/min 切削速度（F）：600 mm/r 精加工刀次：1
11		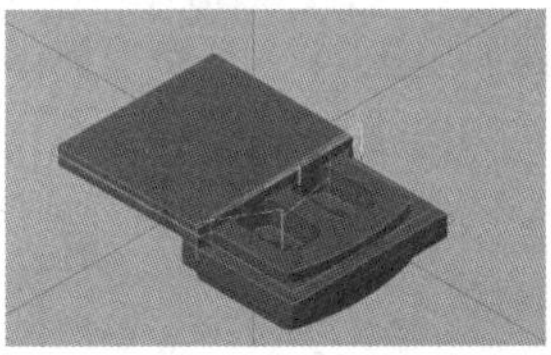		加工刀路：倒角 刀具：ϕ6 mm 转速：4 000 r/min 切削速度（F）：600 mm/r
12		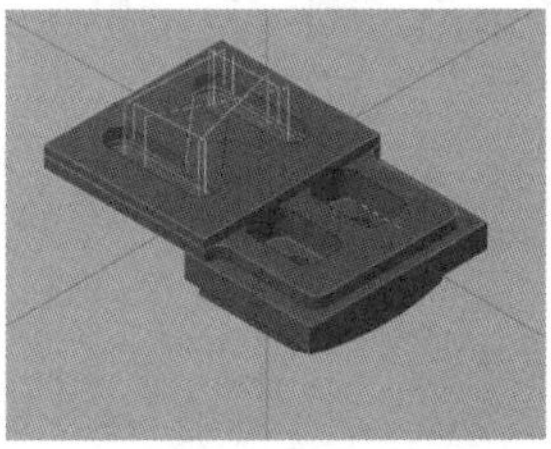		加工刀路：挖槽粗加工 余量：0.2 mm 刀具：ϕ8 mm 转速：4 000 r/min 切削速度（F）：1 500 mm/r
13		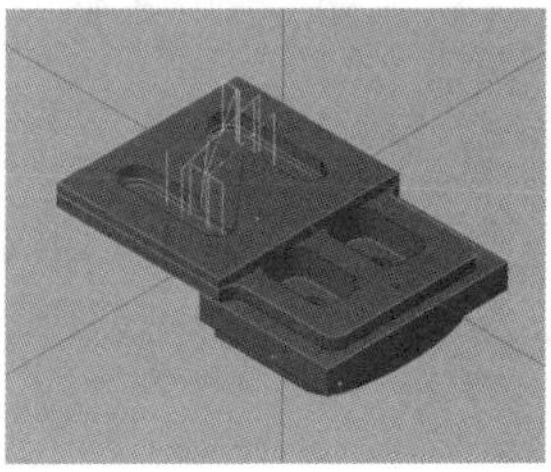		加工刀路：底部精加工 刀具：ϕ8 mm 转速：4 000 r/min 切削速度（F）：600 mm/r 精加工刀次：1

序号	加工图示	编程图示	仿真图示	加工参数设置
14		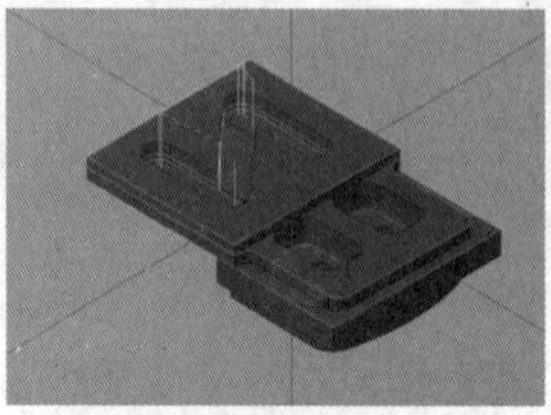	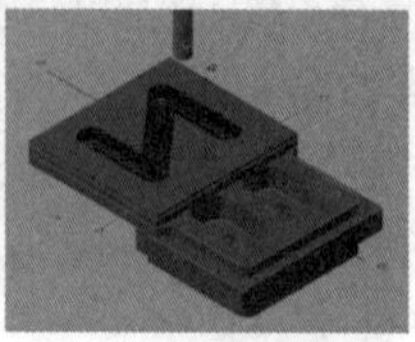	加工刀路：外形精加工 刀具：$\phi 8$ mm 转速：4 000 r/min 切削速度（F）：600 mm/r 精加工刀次：1
15				加工刀路：倒角 刀具：$\phi 6$ mm 转速：4 000 r/min 切削速度（F）：600 mm/r

2. 安全提示。

（1）工作时应穿工作服、戴袖套。女同学应戴工作帽，将长发塞入帽子里。夏季禁止穿裙子、短裤和凉鞋上机操作。

（2）为防切屑崩碎飞散，有防护外罩的封闭型数控铣床必须关闭防护门，半开放式数控铣床中的工作人员必须戴防护眼镜。工作时，头不能离工件加工区域太近，以防切屑伤人。

（3）工作时，必须集中精力，注意手、身体和衣服不能靠近正在旋转的机件，如铣床主轴、工件、带轮、皮带、齿轮等。

（4）工件和铣刀必须装夹牢固，否则会飞出伤人。

（5）在装卸工件、更换刀具、测量加工表面或改变速度时，必须先停机，再行调整。

（6）铣床运转时，不得用手去摸刀具及刀具加工区域。严禁用棉纱擦抹转动的铣削刀具。

（7）使用专用铁钩清除切屑，绝不允许用手直接清除。

（8）在数控铣床上操作时不准戴手套。

（9）不要随意拆装电气设备，以免发生触电事故。

（10）工作中若发现机床、电气设备有故障，要及时申报，由专业人员检修，未修复不得使用。

引导问题 7 实施过程中要注意哪些问题？

1. 加工仿真应注意什么问题？

2. 后置处理应注意什么问题？

小资料及拓展训练

1. 陶瓷材料。

陶瓷材料是用天然或合成化合物经过成形和高温烧结制成的一类无机非金属材料。它具有高熔点、高硬度、高耐磨性、耐氧化等优点，可用作结构材料、刀具材料。由于陶瓷还具有某些特殊的性能，因此又可作为功能材料。

陶瓷材料分为普通陶瓷材料和特种陶瓷材料两大类，见表 3 – 6。

表 3 – 6　常用陶瓷材料性能介绍

类别	材料名称	性能介绍	应用举例
普通陶瓷材料	日用陶瓷	日用陶瓷的主要成分是黏土、氧化铝，高岭土等，其硬度较高，但可塑性较差，除了在食器、装饰的使用上，在科学、技术的发展中也扮演重要角色。日用陶瓷的原料是地球原有的大量资源黏土经过淬取而成	陶瓷茶具
	建筑陶瓷	建筑陶瓷按制品材质分为粗陶、精陶，半瓷和瓷质四类；按坯体烧结程度分为多孔性、致密性及带釉，不带釉制品。其共同特点是强度高、防潮、防火、耐酸、耐碱、不褪色、易清洁、美观等	陶瓷马桶
	电绝缘陶瓷	电绝缘陶瓷又称装置陶瓷，是在电子设备中作为安装、固定、支承、保护、绝缘、隔离的陶瓷材料。它具有良好的导热性，耐腐蚀，不变形，可在 – 55 ℃ ~ + 860 ℃ 温度范围内使用；同时它也具有良好的机械性能	陶瓷热水器
	化工陶瓷	化工陶瓷具有优异的耐腐蚀性（除氢氟酸和浓热碱外），在所有无机酸和有机酸等介质中，其耐腐蚀性、耐磨性、不污染介质等性能远非耐酸不锈钢所能及	陶瓷抗腐蚀管道
特种陶瓷材料	结构陶瓷	结构陶瓷耐高温、耐腐蚀、高强度，其强度为普通陶瓷的 2~3 倍，高者可达 5~6 倍。其缺点是脆性大，不能受突然的环境温度变化。它用途极为广泛，可用作坩埚，发动机火花塞、高温耐火材料、阀门等	陶瓷阀芯
	工具陶瓷	工具陶瓷主要以立方氮化硼（CBN）为代表，具有立方晶体结构，其硬度高，仅次于金刚石，热稳定性和化学稳定性比金刚石好，可用于淬火钢、耐磨铸铁、热喷涂材料等材料的切削加工	陶瓷砂轮

续表

类别	材料名称	性能介绍	应用举例
特种陶瓷材料	功能陶瓷	功能陶瓷通常具有特殊的物理性能，如热点性、压电性、强介电性、高透明度、电发色效应、硬磁性、阻抗温度变化效应、热电子放射效应等	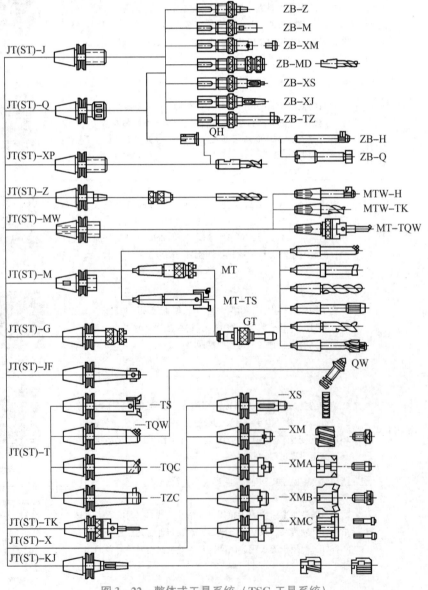 陶瓷摩擦片

2. 整体式工具系统（TSG 工具系统）与模块式工具系统（TMG 工具系统）如图 3 – 22、图 3 – 23 所示。

图 3 – 22　整体式工具系统（TSG 工具系统）

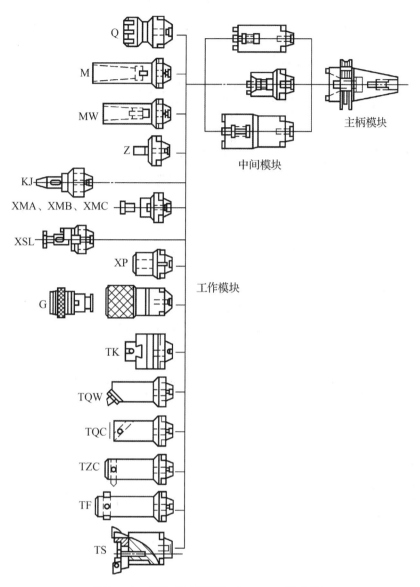

图 3 – 23　模块式工具系统（TMG 工具系统）

[总结与评价]

引导问题 1　你能够使用合适的量具检测基础零件的加工质量吗？

1. 将检测结果填入表 3 – 7 基础零件评分表中，并进行评分。

表 3 – 7 基础零件评分表

评分表											
姓名				编码			总成绩				
项目		基础零件加工		试题图号	SXXS02 – 01 – 01		总时间				
序号	配分	图位	尺寸类型	基本尺寸/mm	上偏差/mm	下偏差/mm	上极限尺寸/mm	下极限尺寸/mm	实际尺寸/mm	得分	修正值
A – 主要尺寸											
1	4	A2	L	17	0.03	– 0.03	17.03	16.97			
2	4	A3	L	30	0.03	– 0.03	30.03	29.97			
3	4	C2	L	78	0.03	– 0.03	78.03	77.97			
4	4	D3	L	12	0.03	– 0.03	12.03	11.97			
5	4	E3	L	118	0.03	– 0.03	118.03	117.97			
6	3	D2	L	56	0.03	– 0.03	56.03	55.97			
7	3	B5	D	11	0.03	– 0.03	11.03	10.97			
8	3	B5	D	4	0.03	– 0.03	4.03	3.97			
9	3	B6	D	11	0.03	– 0.03	11.03	10.97			
10	3	C6	L	65	0.03	– 0.03	65.03	64.97			
11	3	C9	L	12	0.03	– 0.03	12.03	11.97			
12	3	F1	D	9	0.03	– 0.03	9.03	8.97			
13	3	F2	D	4	0.03	– 0.03	4.03	3.97			
14	3	G2	D	9	0.03	– 0.03	9.03	8.97			
15	3	F5	H	28	0.03	– 0.03	28.03	27.97			
16	3	C9	L	12	0.03	– 0.03	12.03	11.97			
17	3	G2	//	0	0.03	0	0.03	0			
小计	56										
B – 次要尺寸											
1	1	B1	L	18.5	0.05	– 0.05	18.55	18.45			
2	1	C2	R	100	0.05	– 0.05	100.05	99.95			
3	1	B3	L	32	0.05	– 0.05	32.05	31.95			

续表

	评分表
	姓名		编码			总成绩					
	项目	基础零件加工	试题图号	SXXS02 - 01 - 01		总时间					
序号	配分	图位	尺寸类型	基本尺寸/mm	上偏差/mm	下偏差/mm	上极限尺寸/mm	下极限尺寸/mm	实际尺寸/mm	得分	修正值
4	1	C4	L	10	0.05	-0.05	10.05	9.95			
5	1	C4	L	27.5	0.05	-0.05	27.55	27.45			
6	1	D3	L	52	0.05	-0.05	52.05	51.95			
7	1	A7	L	17.5	0.05	-0.05	17.55	17.45			
8	1	A9	L	15	0.05	-0.05	15.05	14.95			
9	1	D7	L	43	0.05	-0.05	43.05	42.95			
10	1	F6	L	5	0.05	-0.05	5.05	4.95			
小计	10										

C - 表面质量

序号	配分	图位	尺寸类型	基本尺寸							
1	2	F2	Ra	1.6 μm							
2	2	F4	Ra	1.6 μm							
小计	4										

D - 主观评判

		主观评分内容	情况记录	得分
1	5	零件加工要素完整度		
2	5	零件损伤（振纹、夹伤、过切等）		
3	5	倒角（一处未加工扣0.3分，一处毛刺锐边扣0.2分）		
小计	15			

E - 职业素养

		规范要求	情况记录	得分
1	2	工具、量具、刀具分区摆放		
2	2	工具摆放整齐、规范、不重叠		

续表

评分表												
姓名				编码			总成绩					
项目		基础零件加工		试题图号	SXXS02 – 01 – 01		总时间					
序号	配分	图位	尺寸类型	基本尺寸/mm	上偏差/mm	下偏差/mm	上极限尺寸/mm	下极限尺寸/mm	实际尺寸/mm		得分	修正值
3	1	量具摆放整齐、规范、不重叠										
4	1	刀具摆放整齐、规范、不重叠										
5	1	防护佩戴规范										
6	1	工作服、工作帽、工作鞋穿戴规范										
7	1	加工后清理现场、清洁及其他										
8	1	现场表现										
小计	10											
F – 增加毛坯												
1	5	是否更换增加毛坯										
小计	5											
G – 技术总结												

学生总结		教师评价
存在问题	改进方向	
		日期

2. 请对基础零件加工不达标尺寸进行分析，填写表3–8。

表3–8 基础零件加工不达标尺寸分析

序号	图位	尺寸类型	基本尺寸	实际测量数值	出错原因	解决方案	
						学生分析	教师分析

引导问题2　能否针对本任务所学的知识进行自我评价与总结？

1. 请对基础零件加工学习效果进行自我评价，填写表3-9。

表3-9　基础零件加工学习效果自我评价

序号	学习任务内容	学习效果			备注
		优秀	良好	较差	
1	关于 Mastercam 软件的基础知识都有哪些				
2	关于 Mastercam 软件二维图形绘制的知识都有哪些				
3	关于机械工程材料的知识都有哪些				
4	你了解金属材料的相关知识吗				
5	关于 Mastercam 软件二维图形编辑的知识都有哪些				
6	练一练：运用 Mastercam 软件完成图形的绘制				
7	关于 Mastercam 软件数控加工的基础知识都有哪些				
8	关于 Mastercam 软件二维铣削加工知识都有哪些				
9	关于工具系统的知识有哪些				
10	如何制订本零件的加工工艺				
11	基础零件的刀路设计加工参数如何设置				
12	实施过程中要注意哪些问题				

2. 总结不足与改进的地方。

（1）通过以上检测，分析自己所做零件的不足及解决的办法。

（2）写出在操作过程中存在的问题和以后需要改进的地方。

［任务拓展训练］

任务拓展训练图纸如图3-24所示。

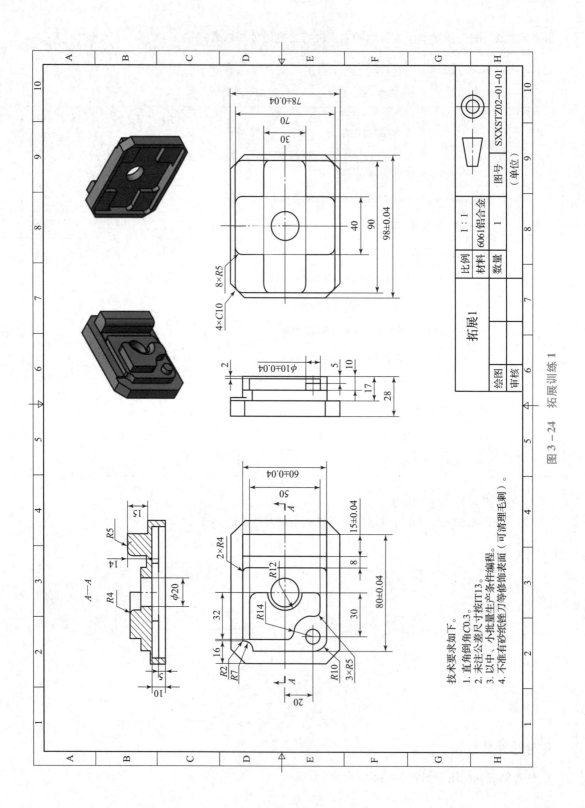

图 3－24 拓展训练 1

引导问题 1　如何制订拓展任务的加工工艺？

查找资料，并根据所学知识，回答下列问题。

（1）各小组分析、讨论并根据加工要求、现场的实际条件，制订合理的加工计划，完成表 3 – 10。

表 3 – 10　加工计划

序号	图示	加工内容	尺寸精度	注意事项	备注

（2）组内及组间对加工计划的评价或改进建议。

（3）指导教师的评价与结论。

（4）各小组根据加工计划，完成工量刃具、设备和材料的准备工作，并填写表 3 – 11。

表 3 – 11　工量刃具、设备和材料的准备

序号	工量刃具、设备和材料的名称	要求	数量

引导问题 2　拓展训练零件的刀路设计加工参数如何设置？

拓展训练零件的刀路设计见表 3 – 12。

表 3-12   拓展训练零件的刀路设计

序号	加工图示	编程图示	仿真图示	加工参数设置
1		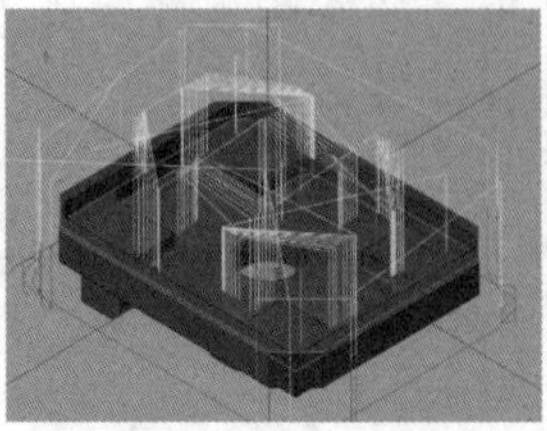	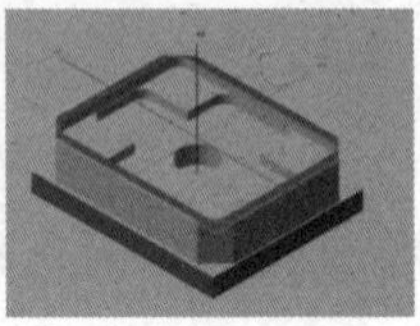	加工刀路：2D 动态铣削 余量：0.25 mm 刀具：φ12 mm 转速：4 500 r/min 切削速度（F）：2 000 mm/r
2		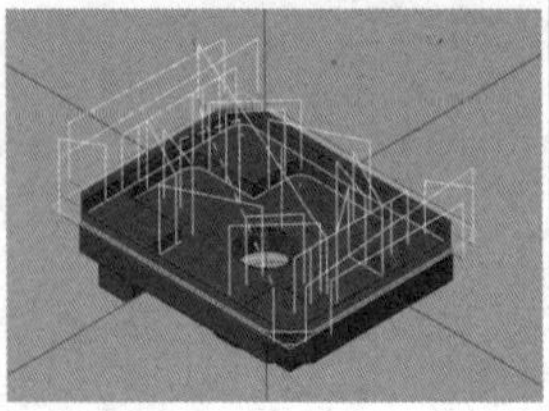	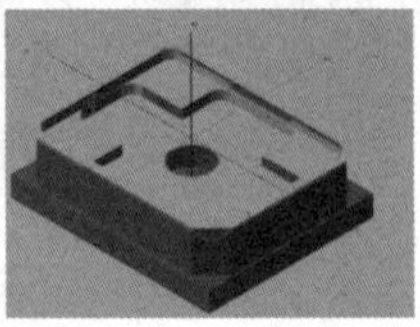	加工刀路：区域精加工 刀具：φ12 mm 转速：5 000 r/min 切削速度（F）：1 000 mm/r 精加工刀次：1
3		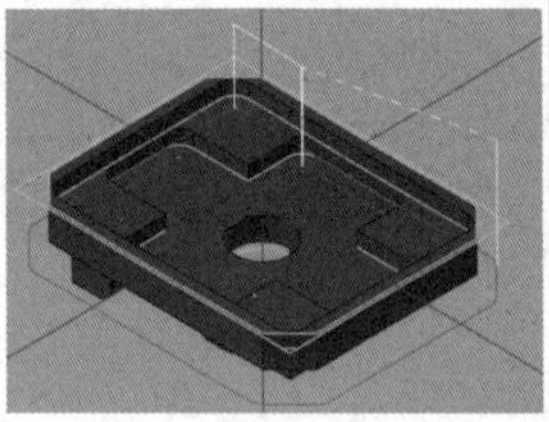		加工刀路：外形精加工 刀具：φ12 mm 转速：5 000 r/min 切削速度（F）：1 000 mm/r 精加工刀次：3
4		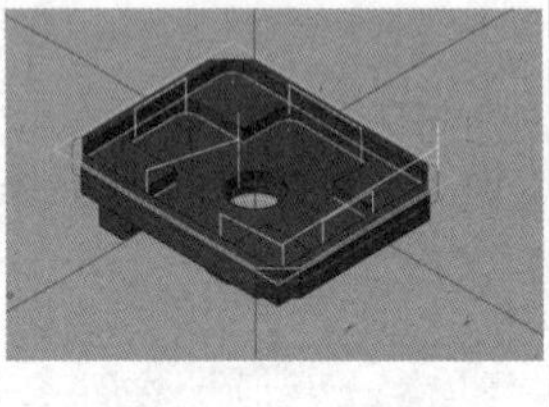		加工刀路：2D 倒角 刀具：φ6 mm 转速：6 000 r/min 切削速度（F）：1 000 mm/r
5		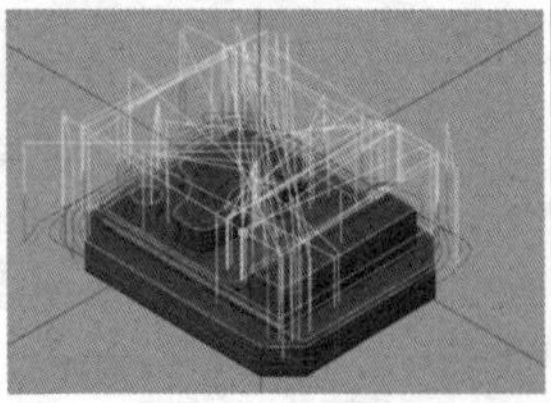		加工刀路：2D 动态铣削 余量：0.25 mm 刀具：φ12 mm 转速：4 500 r/min 切削速度（F）：2 000 mm/r
6		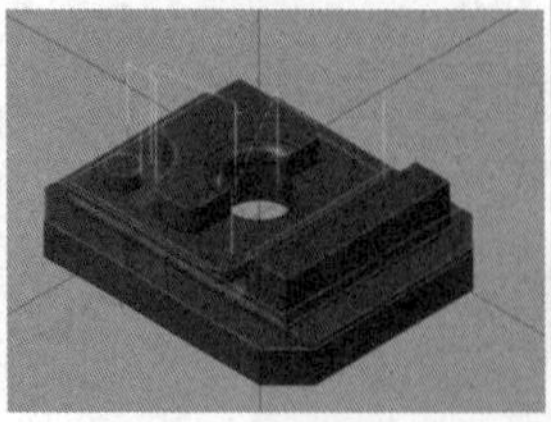		加工刀路：2D 动态铣削 余量：0.25mm 刀具：φ12 mm 转速：4 500 r/min 切削速度（F）：2 000 mm/r

序号	加工图示	编程图示	仿真图示	加工参数设置
7		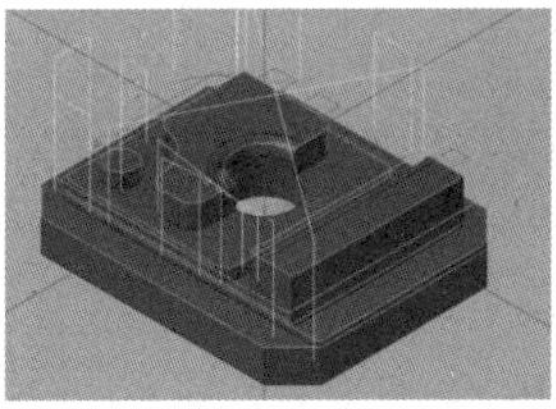		加工刀路：2D 动态铣削 余量：0.25 mm 刀具：ϕ12 mm 转速：4 500 r/min 切削速度（F）：2 000 mm/r
8				加工刀路：区域精加工 刀具：ϕ12 mm 转速：5 000 r/min 切削速度（F）：1 000 mm/r 精加工刀次：1
9				加工刀路：区域精加工 刀具：ϕ6 mm 转速：5 000 r/min 切削速度（F）：800 mm/r 精加工刀次：1
10				加工刀路：外形精加工 刀具：ϕ6 mm 转速：5 000 r/min 切削速度（F）：800 mm/r 精加工刀次：3
11				加工刀路：流线曲面刀路 刀具：ϕ8 mm 转速：6 000 r/min 切削速度（F）：1 000 mm/r
12				加工刀路：2D 倒角 刀具：ϕ6 mm 转速：6 000 r/min 切削速度（F）：1 000 mm/r

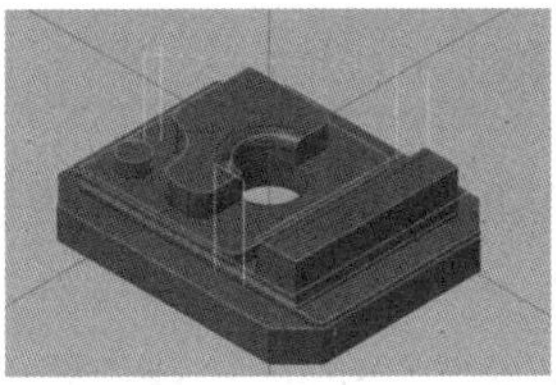

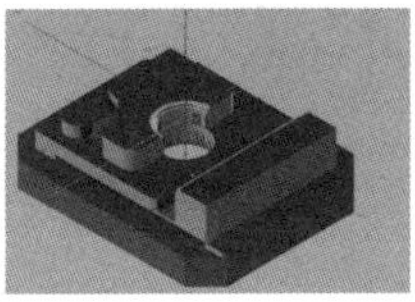

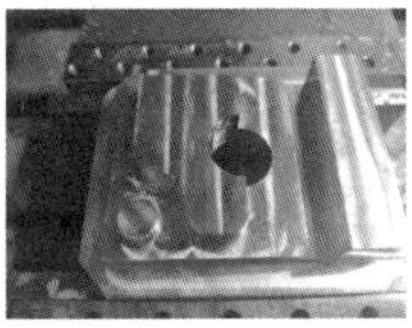

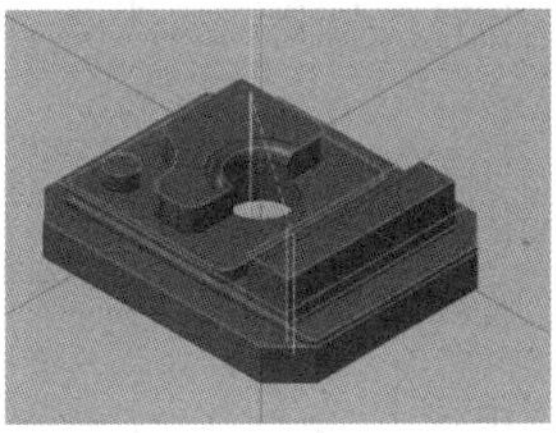

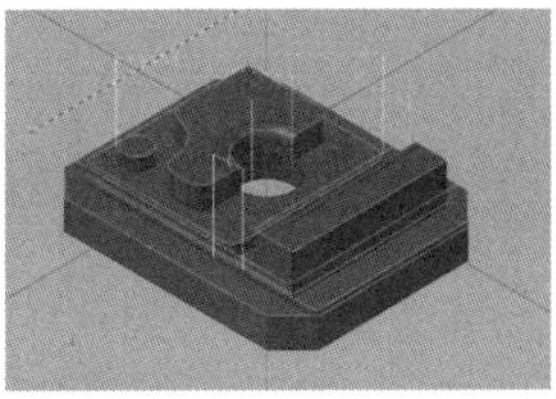

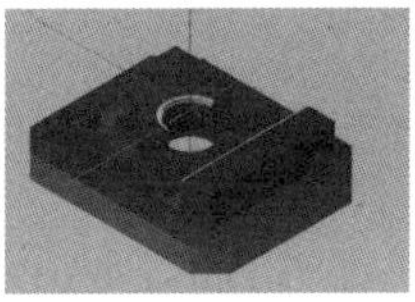

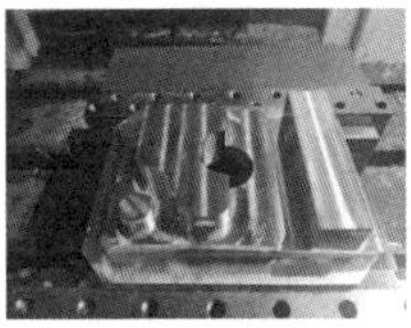

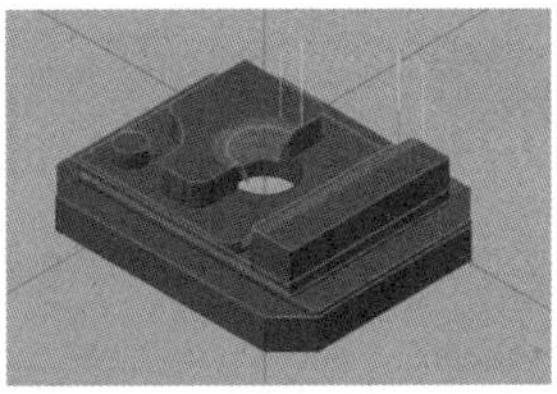

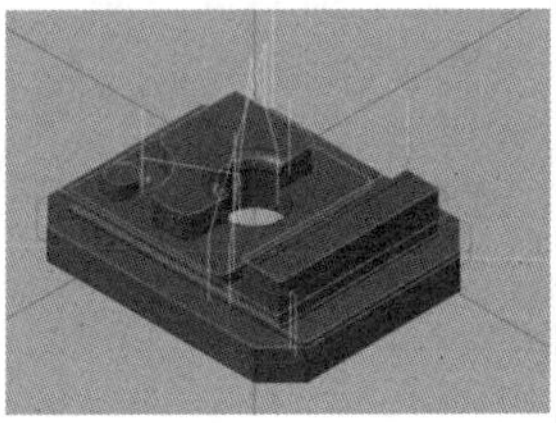

引导问题 3　如何检测拓展训练零件的加工质量？

1. 请对加工完成的拓展训练零件进行评分，填写表 3 – 13。

表 3 – 13　拓展训练零件评分表

评分表											
姓名			编码			总成绩					
项目		拓展训练零件	试题图号	SXXSTZ02 – 01 – 01		总时间					
序号	配分	图位	尺寸类型	基本尺寸/mm	上偏差/mm	下偏差/mm	上极限尺寸/mm	下极限尺寸/mm	实际尺寸/mm	得分	修正值
A – 主要尺寸											
1	6	F3	L	80	0.04	−0.04	80.04	79.96			
2	6	F4	L	15	0.04	−0.04	15.04	14.96			
3	6	E5	L	60	0.04	−0.04	60.04	59.96			
4	6	E6	ϕ	10	0.04	−0.04	10.04	9.96			
5	6	F8	L	98	0.04	−0.04	98.04	97.96			
6	6	E10	L	78	0.04	−0.04	78.04	77.96			
小计	36										
B – 次要尺寸											
1	3.5	B2	D	10	0.05	−0.05	10.05	9.95			
2	3.5	B2	D	5	0.05	−0.05	5.05	4.95			
3	3.5	C3	ϕ	20	0.05	−0.05	20.05	19.95			
4	3.5	B4	D	15	0.05	−0.05	15.05	14.95			
5	3.5	D2	L	16	0.05	−0.05	16.05	15.95			
6	3.5	F3	L	30	0.05	−0.05	30.05	29.95			
7	3.5	F3	L	8	0.05	−0.05	8.05	7.95			
8	3.5	D6	D	2	0.05	−0.05	2.05	1.95			
9	3	F8	L	90	0.05	−0.05	90.05	89.95			
10	3	D10	L	70	0.05	−0.05	70.05	69.95			
小计	34										
C – 表面质量											
小计	0										

续表

				评分表							
姓名				编码		总成绩					
项目		拓展训练零件		试题图号	SXXSTZ02 - 01 - 01	总时间					
序号	配分	图位	尺寸类型	基本尺寸/mm	上偏差/mm	下偏差/mm	上极限尺寸/mm	下极限尺寸/mm	实际尺寸/mm	得分	修正值

D – 主观评判

		主观评分内容			情况记录		得分	
1	5	零件加工要素完整度						
2	5	零件损伤（振纹、夹伤、过切等）						
3	5	倒角（一处未加工扣 0.3 分，一处毛刺锐边扣 0.2 分）						
小计	15							

E – 职业素养

		规范要求			情况记录		得分	
1	2	工具、量具、刀具分区摆放						
2	2	工具摆放整齐、规范、不重叠						
3	1	量具摆放整齐、规范、不重叠						
4	1	刀具摆放整齐、规范、不重叠						
5	1	防护佩戴规范						
6	1	工作服、工作帽、工作鞋穿戴规范						
7	1	加工后清理现场、清洁及其他						
8	1	现场表现						
小计	10							

F – 增加毛坯

1	5	是否更换增加毛坯						
小计	5							

G – 技术总结

学生总结		教师评价
存在问题	改进方向	
	日期	

2. 请对拓展零件加工不达标尺寸进行分析，填写表3-14。

表3-14 拓展零件加工不达标尺寸分析

序号	图位	尺寸类型	基本尺寸	实际测量数值	出错原因	解决方案	
						学生分析	教师分析

3. 总结不足与改进的地方。

（1）通过以上检测，分析自己所做零件的不足及解决的办法。

（2）写出在操作过程中存在的问题和以后需要改进的地方。

项目四

起重机的制作

一、项目情境描述

本项目通过使用 Mastercam 软件和 FANUC 系统机床来进行学习，完成起重机的制作。在掌握手工编程基础的前提下，本项目主要学习使用 Mastercam 软件进行二维、三维图形的绘制及二维、三维铣削加工的基础知识，并辅助学习平面机构等机械基础的内容，最终顺利完成起重机的制作任务。

二、学习目标

知识目标

1. 了解平面连杆机构、间歇机构、凸轮机构和螺旋机构的组成、分类及应用。
2. 了解轮系的基本类型及轮系功用，能正确识别轮系的类型。
3. 了解用图解法设计对心直动从动件盘形凸轮轮廓。
4. 熟练掌握 Mastercam 软件加工模块（二维、三维）的知识。
5. 熟练运用测量知识和仪器设备完成起重机的检测。

技能目标

1. 能够熟练使用 Mastercam 软件完成二维图形的绘制与编辑。
2. 能够熟练使用 Mastercam 软件完成三维图形的绘制与编辑。
3. 能够熟练使用 Mastercam 软件完成三维实体造型的绘制与编辑。
4. 能够熟练使用 Mastercam 软件完成三维实体造型的绘制与编辑。
5. 能够正确操作机床完成起重机的制作。

素质目标

1. 培养规范操作、文明使用、安全生产等职业素养及责任意识。
2. 培养爱国、自信、竞争意识和创新精神。

三、学习任务

1. 起重臂的加工（50 学时）。
2. 转台的加工（50 学时）。
3. 车身的加工（50 学时）。
4. 车头的加工（50 学时）。
5. 车轮的加工（50 学时）。

起重机各零件如图 4 - 1～图 4 - 3 所示。

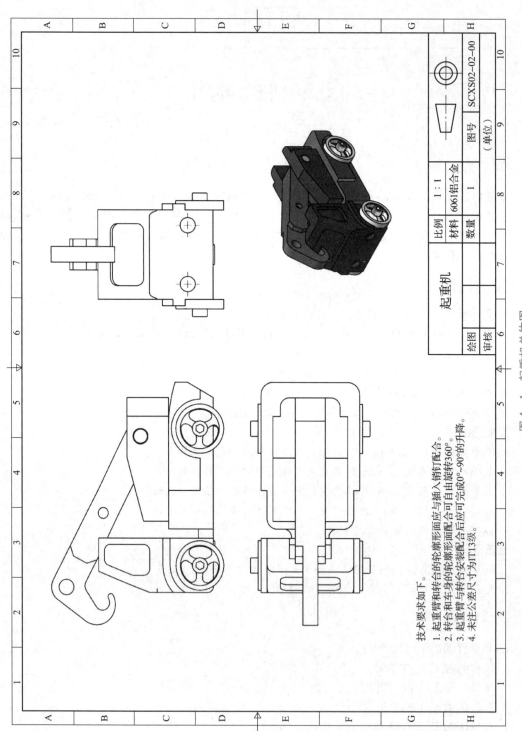

技术要求如下。
1. 起重臂和转台的轮廓形面应与插入销钉配合。
2. 转台和车身的轮廓形面配合可自由旋转360°。
3. 起重臂与转台安装配合后应可完成0°~90°的升降。
4. 未注公差尺寸为IT13级。

图4-1　起重机总体图

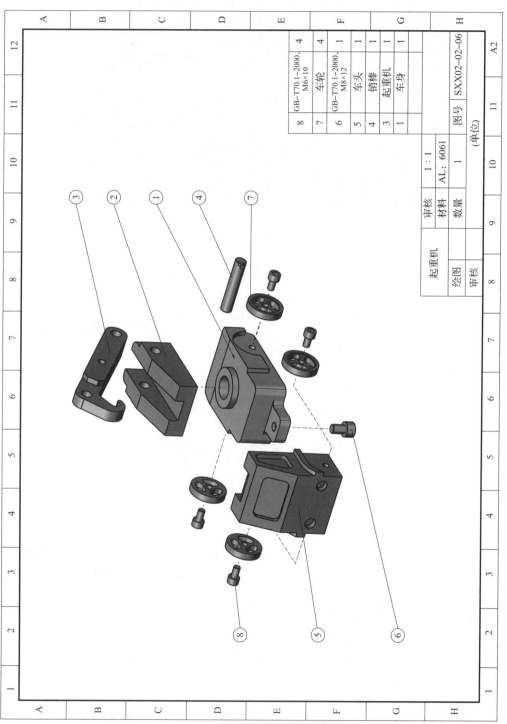

图 4 – 2　起重机爆炸图

8	GB-T70.1-2000,M6×10	4
7	车轮	4
6	GB-T70.1-2000,M8×12	1
5	车头	1
4	销棒	1
3	起重机	1
1	车身	1

起重机			审核		1:1	图号	SXX02-02-06
	绘图		材料	AL: 6061			A2
	审核		数量	1		(单位)	

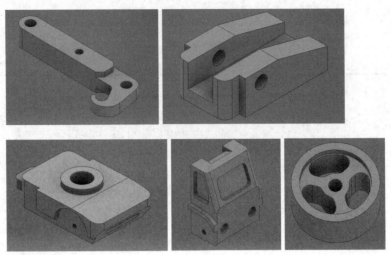

图 4 – 3　项目零件

学习任务一　起重臂的加工

任务书

零件名称	起重臂	材料	6061 铝合金	毛坯尺寸	150 mm×25 mm×55 mm

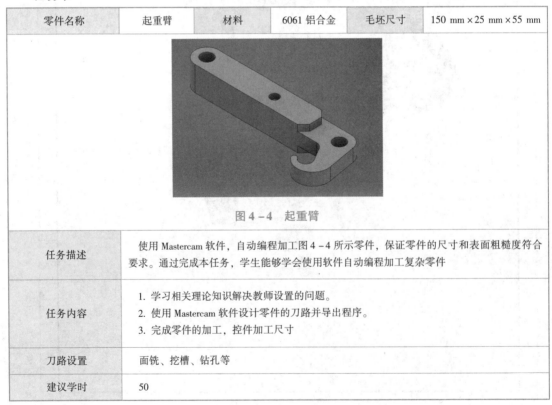

图 4 – 4　起重臂

任务描述	使用 Mastercam 软件，自动编程加工图 4 – 4 所示零件，保证零件的尺寸和表面粗糙度符合要求。通过完成本任务，学生能够学会使用软件自动编程加工复杂零件
任务内容	1. 学习相关理论知识解决教师设置的问题。 2. 使用 Mastercam 软件设计零件的刀路并导出程序。 3. 完成零件的加工，控件加工尺寸
刀路设置	面铣、挖槽、钻孔等
建议学时	50

任务图纸

起重臂的加工图纸如图 4 – 5 所示。

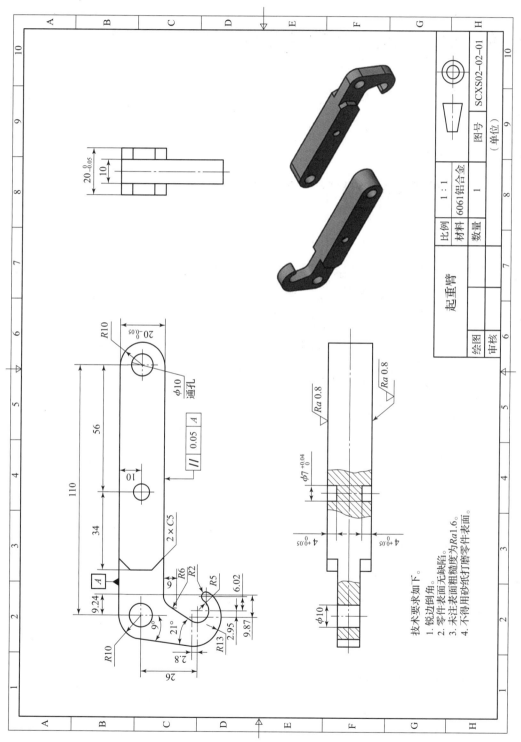

技术要求如下。
1. 锐边倒角。
2. 零件表面无缺陷。
3. 未注表面粗糙度为Ra1.6。
4. 不得用砂纸打磨零件表面。

图 4 − 5 起重臂的加工图纸

[学习准备]

1. 绘制矩形。

"矩形"命令,可以绘制指定＿＿＿＿＿＿和＿＿＿＿＿＿的直角平行四边形,也可以指定＿＿＿＿＿＿来创建。

2. 运用＿＿＿＿＿＿功能,可以通过设置"矩形形状选项"对话框中的参数,创建出图4-6所示的特色矩形。

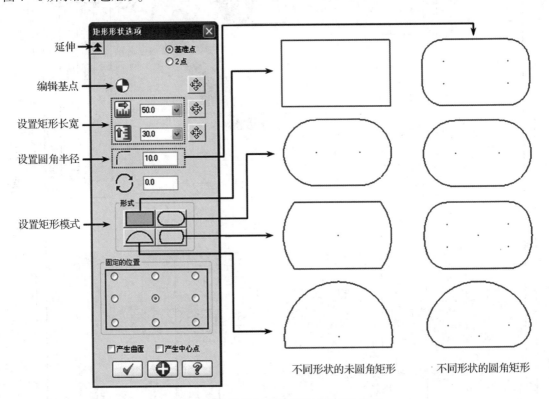

图4-6 通过设置矩形参数创建特色矩形

3. "多边形"命令参数有哪些?

4. "椭圆"命令参数有哪些?

引导问题 2　你了解平面连杆机构吗？

1. 名词解释。
（1）构件的自由度：
（2）运动副：
（3）约束：
（4）低副：
（5）高副：
（6）机构中的构件可分为以下三类。
　　①固定件：
　　②原动件：
　　③从动件：

2. 简述平面机构运动简图绘制的一般步骤。

3. 机构的自由度包括哪些？

4. 平面机构自由度的计算公式如下，写出公式中各变量的含义。

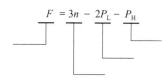

5. 如图 4 – 7 所示，计算各机构的自由度（将答案写在机构的下方）。

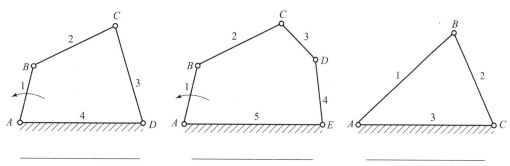

图 4 – 7　机构的自由度

6. 平面机构具有确定相对运动的条件是什么？

7. 绘制表 4 – 1 中各机构的运动简图，并计算自由度数量。

表 4 – 1   各机构的机构运动简图

图例	机构运动简图	自由度数量
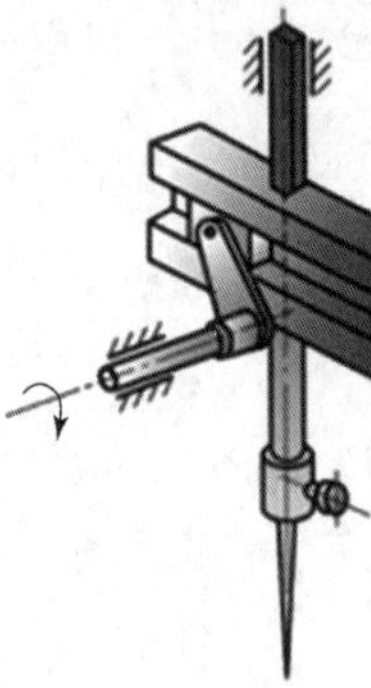 缝纫机下针机构		
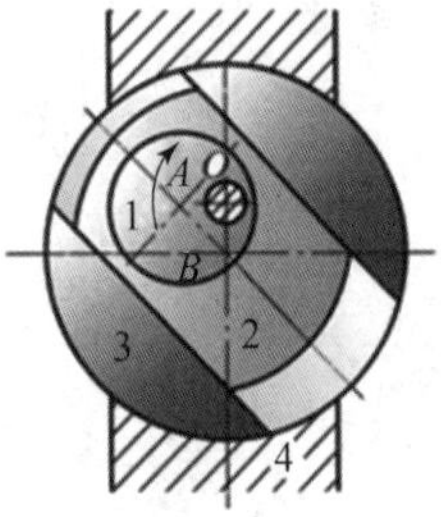 偏心轮机构		
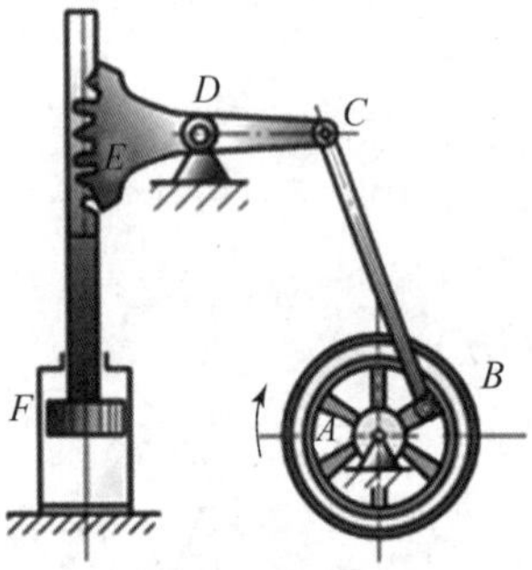 柱塞油泵机构		

[**计 划 与 实 施**]

引导问题 1   Mastercam 软件在二维图形编辑中（几何对象转换）的功能有哪些？

1. 几何对象转换包括哪几项功能？

2. "平移" 功能，就是将选择的图素进行＿＿＿＿＿＿、＿＿＿＿＿＿或＿＿＿＿＿＿操作。

3. "旋转" 功能，就是以某一点作为＿＿＿＿＿＿＿＿，然后输入旋转的＿＿＿＿＿＿＿＿

及_____，从而所生成的新图形。

4. "镜像"功能，就是通过某一_____或_____作为参考，将几何图素进行_____的操作。其镜像轴的形式主要有 5 种，即_____轴、_____轴、_____轴、_____轴和_____轴。

5. "比例缩放"功能，就是以某一点作为_____的中心点，然后输入缩放的_____及_____，从而所生成的新图形。如果没有指定缩放中心点，则系统会以_____作为图素的缩放中心点。

6. "补正"功能，在 Mastercam 软件中指偏移，就是根据指定的_____、_____及_____所移动或复制一段简单的线、圆弧或聚合线。

7. "投影"功能，就是将原有的_____投影到指定的_____或_____上。

8. "阵列"功能，就是在指定复制的_____、_____及_____等后，按照_____的方式进行实体复制。

9. "拖拽"功能，就是在将指定的图素拖拽到指定的位置，包括有_____、_____与_____。

练一练：运用 Mastercam 软件完成图 4-8~图 4-15 的绘制。

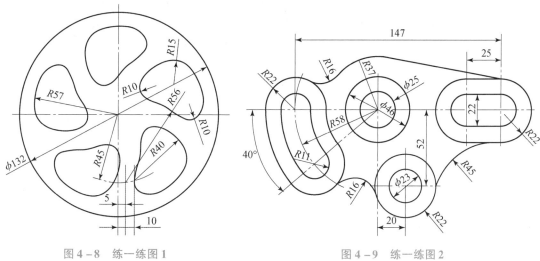

图 4-8　练一练图 1　　　　　　　　图 4-9　练一练图 2

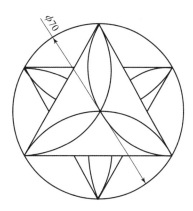

图 4-10　练一练图 3　　　　　　　　图 4-11　练一练图 4

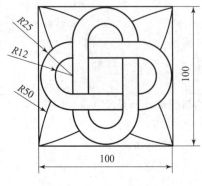

图 4 – 12　练一练图 5

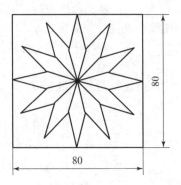

图 4 – 13　练一练图 6

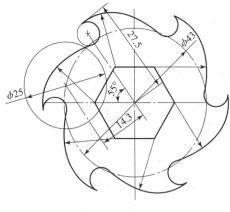

图 4 – 14　练一练图 7

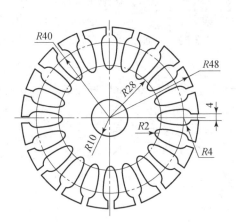

图 4 – 15　练一练图 8

引导问题 2　关于 Mastercam 软件二维铣削的加工知识都有哪些？

1. 挖槽加工。

（1）挖槽切削加工模块主要用来切削_____或切除_____所包围的材料。在操作过程中，用户定义外形的串连可以是_____串连，也可以是_____串连，但是每个串连必须为_____串连且_____构图面。

（2）挖槽类型有哪几种？

（3）挖槽加工的注意事项有哪些？

2. 钻孔加工。

（1）钻孔加工主要用于_____、_____、_____、_____等加工，其常用的刀具有_____、_____、_____、_____、_____等刀具。

（2）在钻孔时选取定位点作为孔的圆心，可以是绘图区中的_____，

也可以构建 _____。

（3）钻孔加工的注意事项有哪些?

引导问题3 平面连杆机构的知识有哪些?

1. 名词解释。
（1）连杆机构:
（2）平面连杆机构:
（3）四杆机构:
（4）铰链四杆机构:
（5）机架:
（6）连架杆:
（7）曲柄:
（8）摇杆:
（9）连杆:

2. 铰链四杆机构按是否存在曲柄可分为哪三类?

3. 判断表4-2中各机构的名称，并填写其功能。

表4-2 机构简图的名称和功能

机构简图	名称	功能
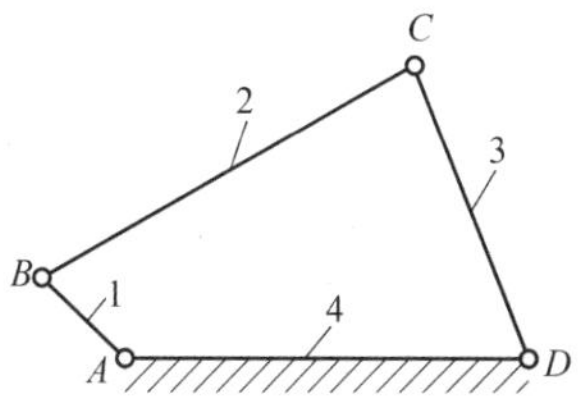		
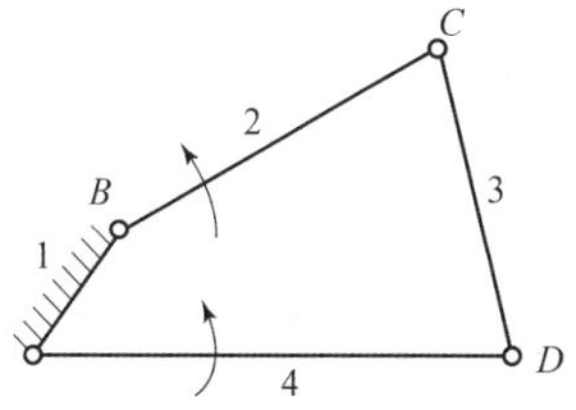		
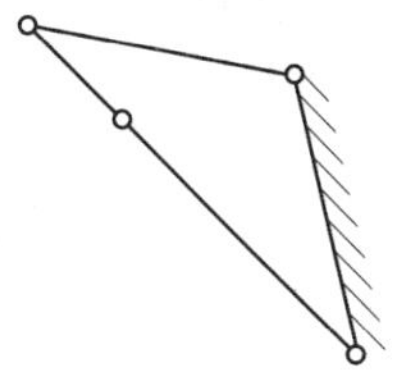		

4. 如图 4-16 所示，判断各机构属于哪类铰链四杆机构？

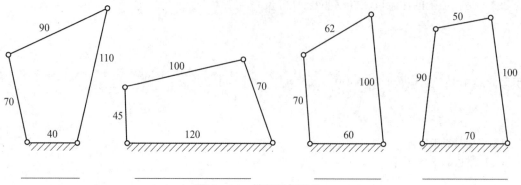

图 4-16　铰链四杆机构

5. 平面四杆机构的工作特点有哪些？

引导问题 4　金属的切削过程是如何实现的？

1. 金属切削过程的实质是金属切削层在＿＿＿＿＿＿的挤压作用下，产生＿＿＿＿＿＿＿＿的过程。如图 4-17 所示，金属切削过程的塑性变形通常可以划分三个变形区，填写各变形区的名称。

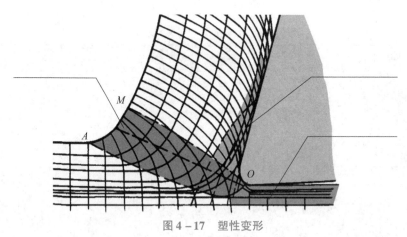

图 4-17　塑性变形

2. 简述三个变形区的主要特征。

3. 用＿＿＿＿＿＿的切削速度切削＿＿＿＿＿＿材料时，有时会发现一小块呈＿＿＿＿＿＿形状或＿＿＿＿＿＿状的金属块牢固地黏附在刀具的＿＿＿＿＿＿面上，这一小块金属就是积屑瘤，如图 4-18 所示。

4. 简述积屑瘤形成的原因。

5. 积屑瘤对加工有哪些方面的影响?

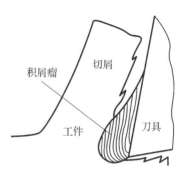

图 4 - 18　积屑瘤现象

6. 防止积屑瘤产生的主要措施有哪些?

7. 影响切削温度的因素有哪些?

8. 如图 4 - 19 所示,刀具磨损的形式可分为＿＿＿＿＿＿、＿＿＿＿＿＿和＿＿＿＿＿＿三种。

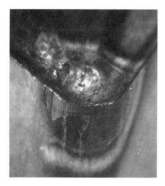  

图 4 - 19　刀具磨损的形式

9. 刀具磨损的原因有哪些?

10. 影响刀具耐用度的主要因素有哪些?

11. 切削液的作用包括＿＿＿＿＿＿、＿＿＿＿＿＿、＿＿＿＿＿＿和＿＿＿＿＿＿。

12. 常见切削液添加剂有＿＿＿＿＿＿＿＿＿＿、＿＿＿＿＿＿＿＿＿＿、＿＿＿＿＿＿＿＿＿＿、＿＿＿＿＿＿＿＿＿＿等。

13. 切削液可分为＿＿＿＿＿＿＿＿＿＿和＿＿＿＿＿＿＿＿＿＿。其中,水基切削液包括＿＿＿＿＿＿＿、＿＿＿＿＿＿和＿＿＿＿＿＿;油基切削液包括＿＿＿＿＿＿＿、＿＿＿＿＿＿和＿＿＿＿＿＿＿＿＿＿＿＿＿＿＿＿。

引导问题 5　如何制订本零件的加工工艺?

1. 各小组分析、讨论并制订加工计划。

(1) 根据加工要求,考虑现场的实际条件,小组成员共同分析、讨论并制订合理的起重臂加工计划,完成表 4 - 3。

表 4-3 起重臂加工计划

序号	图示	加工内容	尺寸精度	注意事项	备注

（2）组内及组间对加工计划的评价及改进建议。

（3）指导教师的评价与结论。

2. 各小组根据加工计划，完成工量刃具、设备和材料的准备工作，并填写表 4-4。

表 4-4 工量刃具、设备和材料的准备

序号	工量刃具、设备和材料的名称	要求	数量

引导问题 6 起重臂的刀路设计加工参数如何设置？

起重臂的刀路设计见表 4-5。

表 4-5 起重臂的刀路设计

序号	加工图示	编程图示	仿真图示	加工参数设置
1		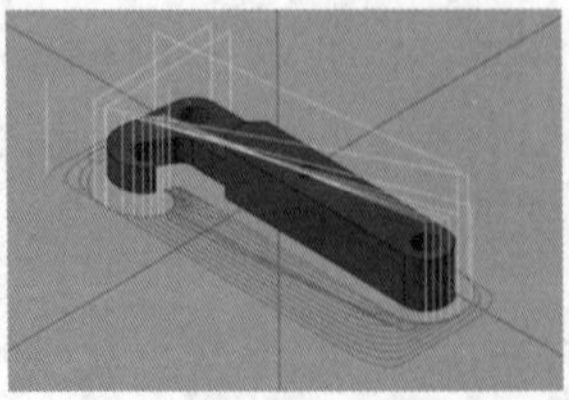	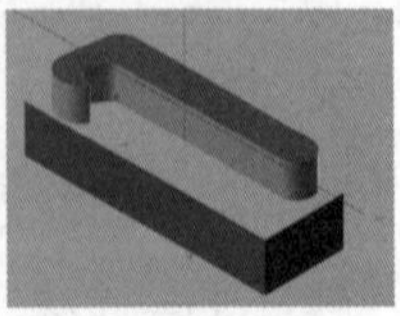	加工刀路：动态铣削 余量：0.2 mm 刀具：ϕ10 mm 转速：4 500 r/min 切削速度（F）：2 000 mm/r

序号	加工图示	编程图示	仿真图示	加工参数设置
2		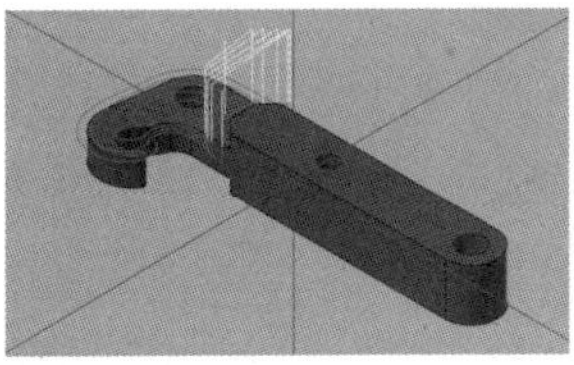		加工刀路：动态铣削 余量：0.2 mm 刀具：ϕ10 mm 转速：4 500 r/min 切削速度（F）：2 000 mm/r
3				加工刀路：动态铣削 余量：0.2 mm 刀具：ϕ8 mm 转速：4 500 r/min 切削速度（F）：1 500 mm/r
4				加工刀路：动态铣削 余量：0.2 mm 刀具：ϕ6 mm 转速：4 500 r/min 切削速度（F）：1 500 mm/r
5				加工刀路：平面铣 刀具：ϕ10 mm 转速：5 000 r/min 切削速度（F）：800 mm/r 精加工刀次：1
6				加工刀路：区域铣削 余量：0.2 mm 刀具：ϕ10 mm 转速：5 000 r/min 切削速度（F）：800 mm/r
7				加工刀路：外形铣削 刀具：ϕ10 mm 转速：5 000 r/min 切削速度（F）：800 mm/r 精加工刀次：1
8				加工刀路：外形铣削 刀具：ϕ8 mm 转速：4 500 r/min 切削速度（F）：800 mm/r 精加工刀次：1

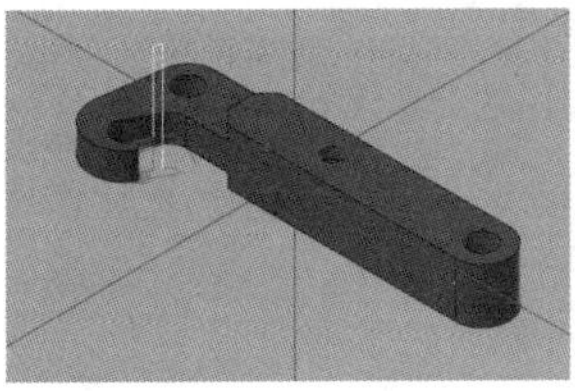

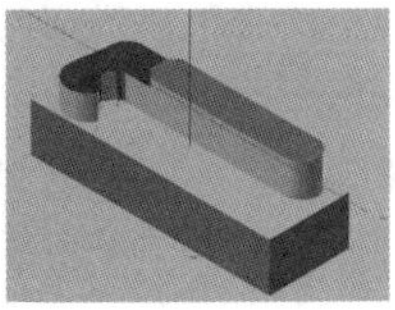

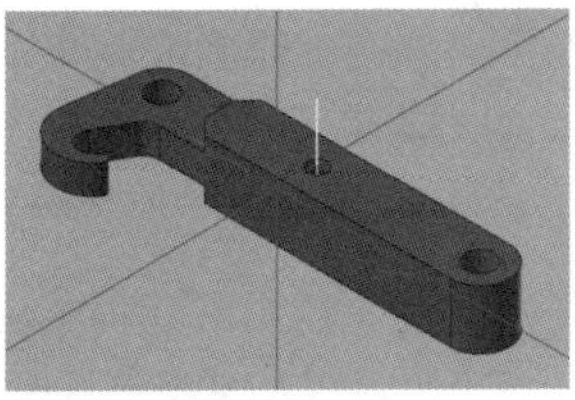

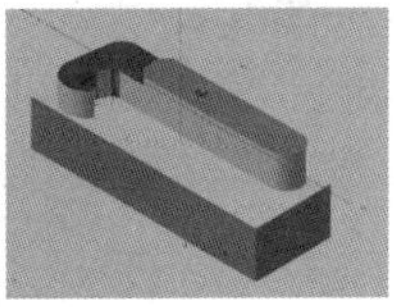

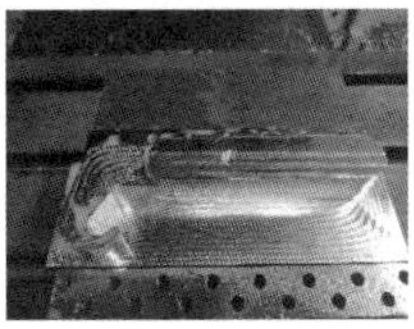

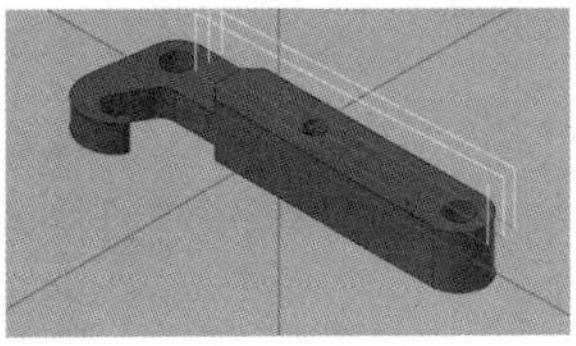

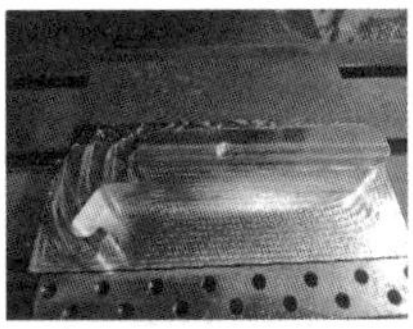

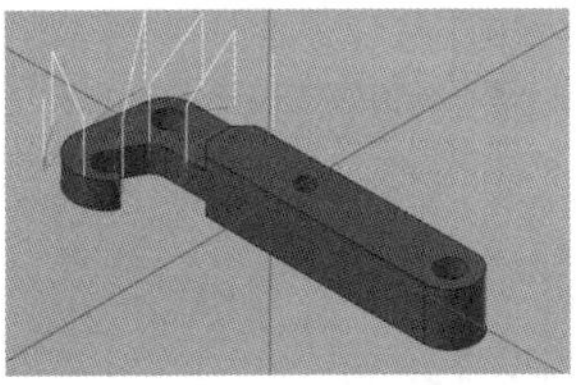

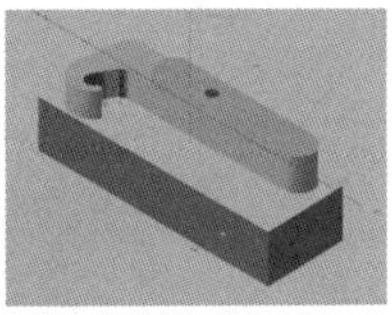

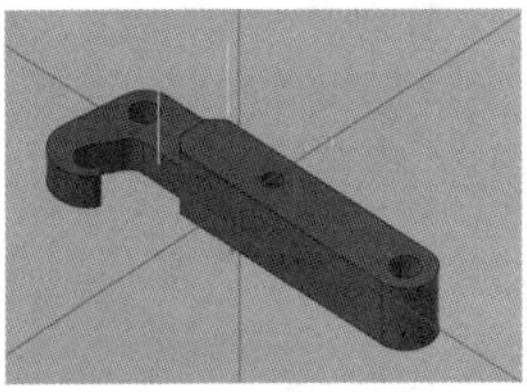

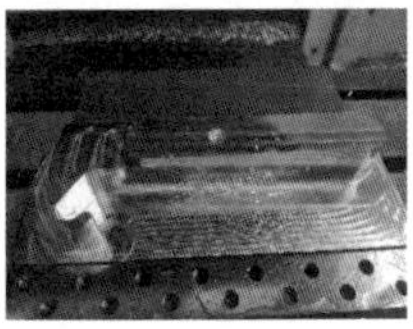

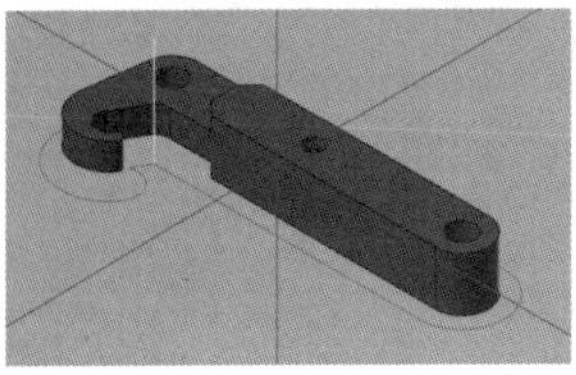

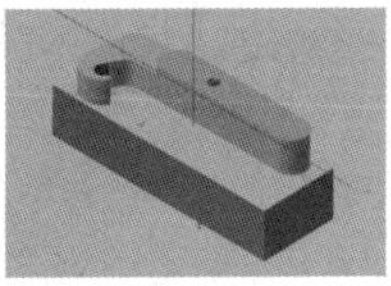

序号	加工图示	编程图示	仿真图示	加工参数设置
9	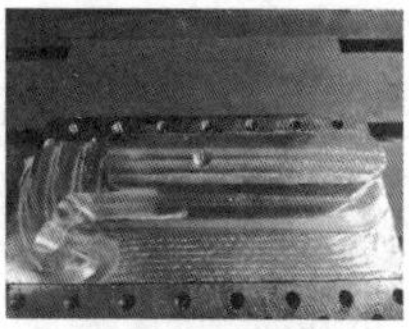	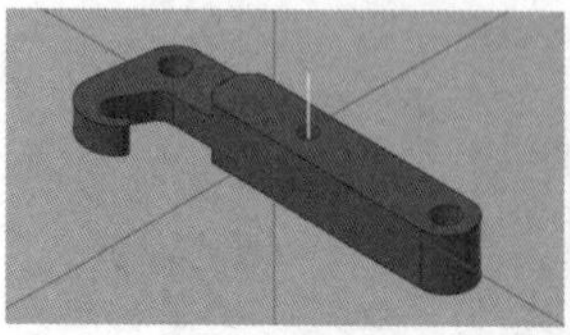	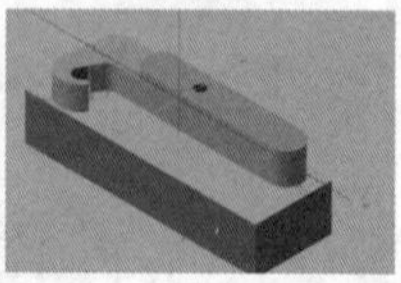	加工刀路：区域铣削 刀具：ϕ4 mm 转速：4 500 r/min 切削速度（F）：800 mm/r 精加工刀次：1
10	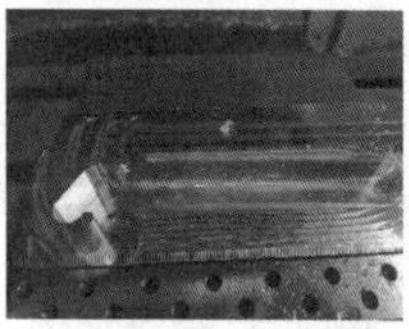	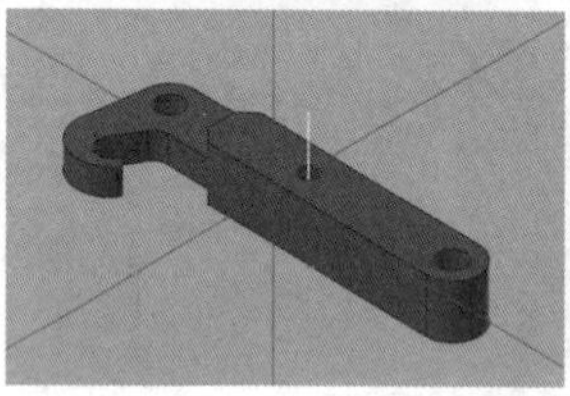		加工刀路：外形铣削 刀具：ϕ4 mm 转速：4 500 r/min 切削速度（F）：800 mm/r 精加工刀次：2
11		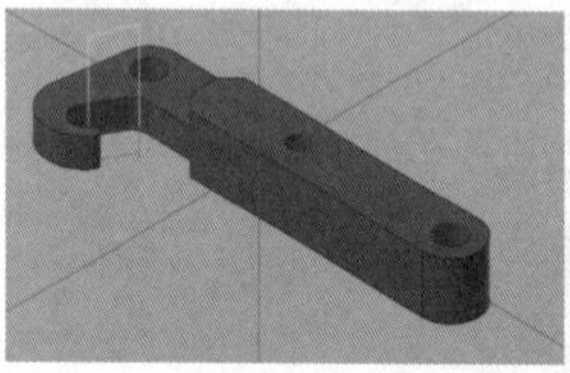	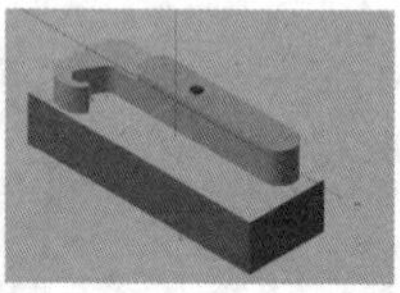	加工刀路：外形铣削 刀具：ϕ8 mm 转速：4 500 r/min 切削速度（F）：800 mm/r 精加工刀次：2
12	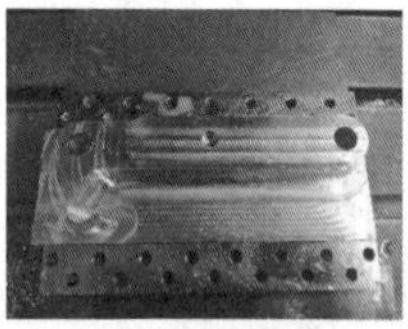	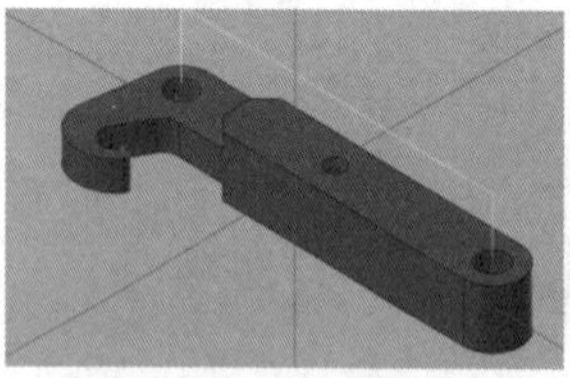	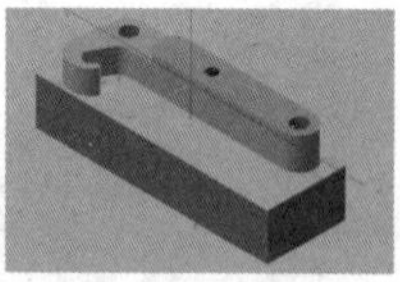	加工刀路：钻孔 刀具：ϕ9.5 mm 转速：1 000 r/min 切削速度（F）：100 mm/r
13	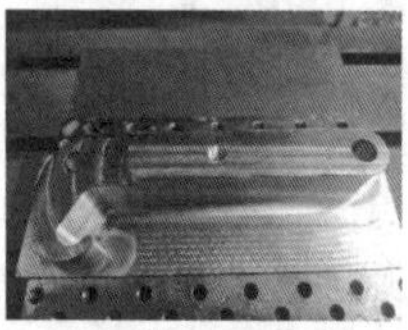		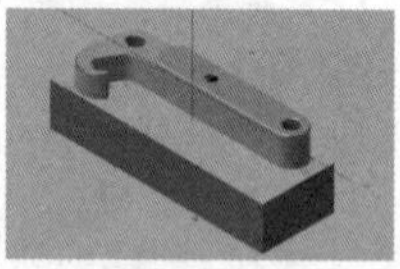	加工刀路：2D 倒角 刀具：ϕ6 mm 转速：4 500 r/min 切削速度（F）：800 mm/r
14		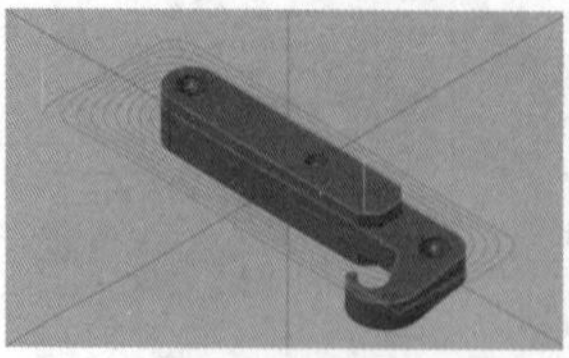		加工刀路：动态铣削 刀具：ϕ10 mm 余量：0.2 mm 转速：4 500 r/min 切削速度（F）：2 000 mm/r
15	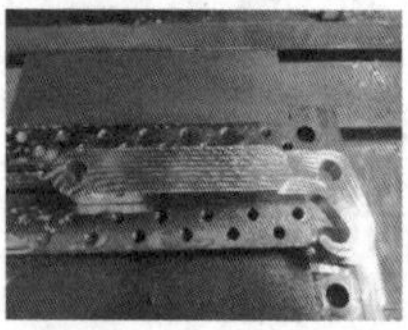			加工刀路：动态铣削 刀具：ϕ10 mm 转速：4 500 r/min 切削速度（F）：800 mm/r

续表

序号	加工图示	编程图示	仿真图示	加工参数设置
16		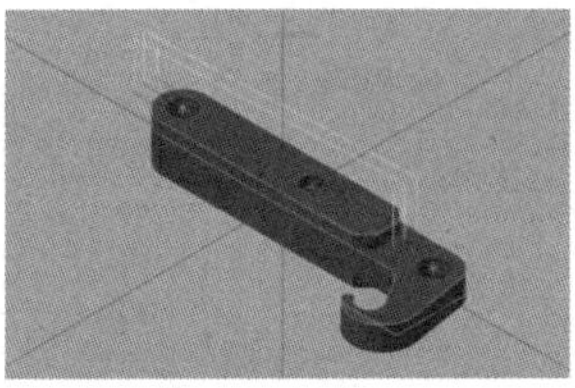		加工刀路：平面铣 刀具：ϕ10 mm 转速：4 500 r/min 切削速度（F）800 mm/r 精加工刀次：1
17				加工刀路：区域铣削 刀具：ϕ10 mm 转速：5 000 r/min 切削速度（F）800 mm/r 精加工刀次：1
18				加工刀路：外形铣削 刀具：ϕ10 mm 转速：5 000 r/min 切削速度（F）：800 mm/r 精加工刀次：1
19				加工刀路：外形铣削 刀具：ϕ6 mm 转速：5 000 r/min 切削速度（F）：800 mm/r 精加工刀次：1
20				加工刀路：2D 倒角 刀具：ϕ6 mm 转速：5 500 r/min 切削速度（F）：800 mm/r

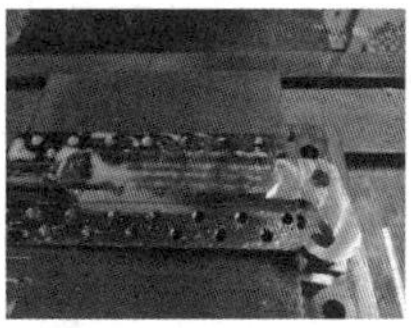

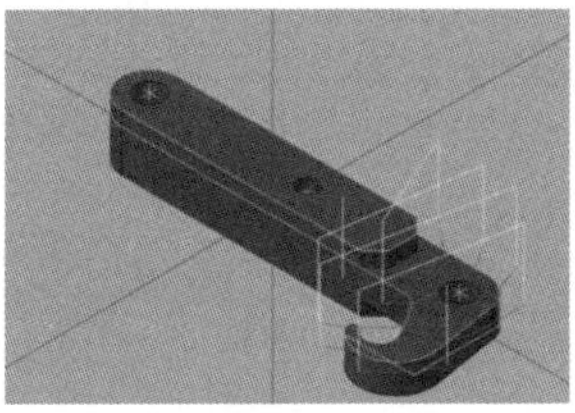

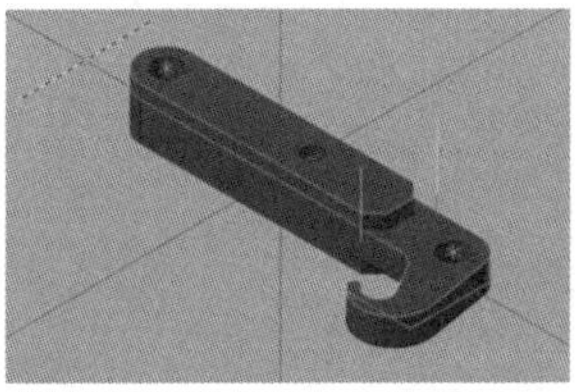

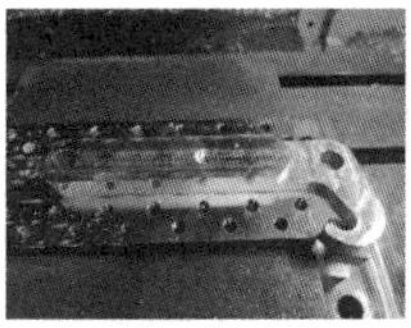

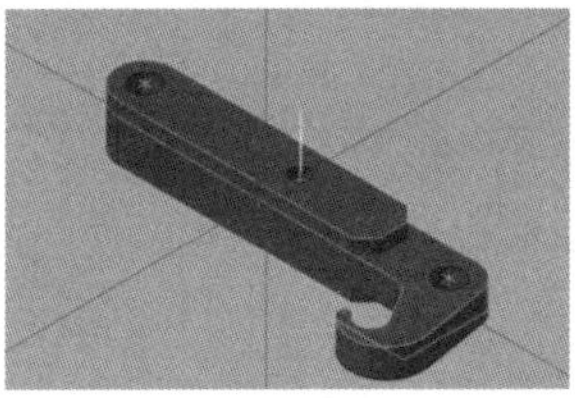

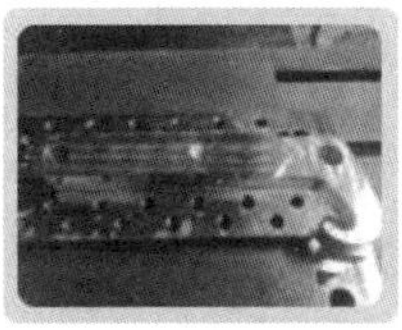

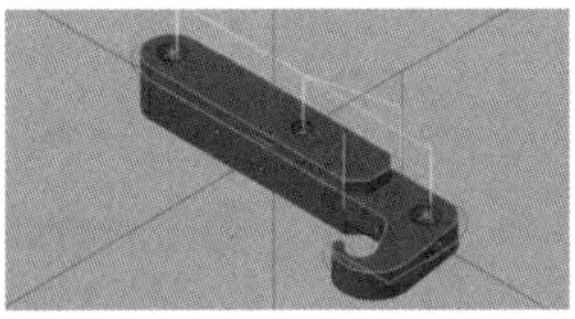

引导问题 7 实施过程中要注意哪些问题？

1. 加工仿真应注意什么问题？

2. 后置处理应注意什么问题？

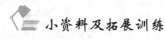 小资料及拓展训练

1. 切削用量推荐值见表 4 – 6。

表 4 – 6 切削用量推荐值

刀具材料	工件材料	粗加工			精加工		
		切削速度/ $(m \cdot min^{-1})$	进给量/ $(mm \cdot r^{-1})$	背吃刀量/ mm	切削速度/ $(m \cdot min^{-1})$	进给量/ $(mm \cdot r^{-1})$	背吃刀量/ mm
硬质合金 或 涂层硬质 合金	碳钢	220	0.2	3	260	0.1	0.4
	低合金钢	180	0.2	3	220	0.1	0.4
	高合金钢	120	0.2	3	160	0.1	0.4
	铸铁	80	0.2	3	140	0.1	0.4
	不锈钢	80	0.2	2	120	0.1	0.4
	钛合金	40	0.3	1.5	60	0.1	0.4
	灰铸铁	120	0.3	2	150	0.15	0.5
	球墨铸铁	100	0.2	2	120	0.15	0.5
	铝合金	1 600	0.2	1.5	1 600	0.1	0.5

2. 切屑类型特点比较见表 4 – 7。切屑的形状如图 4 – 20 所示。

表 4 – 7 切屑类型特点比较

项目 切屑类型	工件材料	刀具前角	切削 速度	进给量 切削深度	切削力	表面质量
带状切屑	塑性好	大	高	小	较平稳 波动小	光洁
节状切屑	中等硬度 （中碳钢）	小	较低	较大	有波动	粗糙
粒状切屑	中等硬度 （中碳钢）	再减小	再降低	最大	波动较大	更粗糙
崩碎切屑	脆性材料 （铸铁）				波动大、振动	

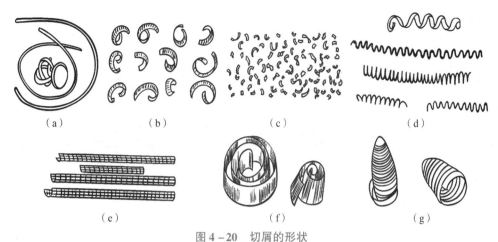

图 4 - 20 切屑的形状

（a）带状屑；（b）C 形屑；（c）崩碎屑；（d）螺卷屑；（e）长紧卷屑；（f）发条状卷屑；（g）宝塔状卷屑

[总结与评价]

引导问题 1 如何使用合适的量具检测起重臂零件的加工质量？

1. 请对加工完成的起重臂零件进行评分，填写表 4 - 8。

表 4 - 8 起重臂零件评分表

评分表											
姓名			编码			总成绩					
项目		起重臂	试题图号		SXXS02 - 02 - 01	总时间					
序号	配分	图位	尺寸类型	基本尺寸/ mm	上偏差/ mm	下偏差/ mm	上极限尺寸/ mm	下极限尺寸/ mm	实际尺寸/ mm	得分	修正值
A - 主要尺寸											
1	6	C6	L	20	0	- 0.05	20	19.95			
2	6	C8	D	20	0	- 0.05	20	19.95			
3	6	E4	ϕ	7	0.04	0	7.04	7			
4	6	E3	D	4	0.05	0	4.05	4			
5	6	F3	D	4	0.05	0	4.05	4			
6	6	C4	$//$	0	0.05	0	0.05	0			
小计	36										
B - 次要尺寸											
1	3	B2	L	9.24	0.05	- 0.05	9.29	9.19			
2	3	C1	L	26	0.05	- 0.05	26.05	25.95			

续表

评分表											
姓名			编码			总成绩					
项目		起重臂	试题图号	SXXS02 - 02 - 01		总时间					
序号	配分	图位	尺寸类型	基本尺寸/mm	上偏差/mm	下偏差/mm	上极限尺寸/mm	下极限尺寸/mm	实际尺寸/mm	得分	修正值
B - 次要尺寸											
3	3	D2	L	2.95	0.05	-0.05	3	2.9			
4	3	D2	L	9.87	0.05	-0.05	9.92	9.82			
5	3	D2	L	6.02	0.05	-0.05	6.07	5.97			
6	3	C5	ϕ	10	0.05	-0.05	10.05	9.95			
7	3	C3	L	6	0.05	-0.05	6.05	5.95			
8	3	B8	D	10	0.05	-0.05	10.05	9.95			
9	3	B6	R	10	0.05	-0.05	10.05	9.95			
10	3	B5	L	56	0.05	-0.05	56.05	55.95			
小计	30										
C - 表面质量											
1	2	E5	Ra	0.8 μm							
2	2	F5	Ra	0.8 μm							
小计	4										

D - 主观评判

		主观评价内容	情况记录	得分
1	5	零件加工要素完整度		
2	5	零件损伤（振纹、夹伤、过切等）		
3	5	倒角（一处未加工扣 0.3 分，一处毛刺锐边扣 0.2 分）		
小计	15			

E - 职业素养

		规范要求	情况记录	得分
1	2	工具、量具、刀具分区摆放		
2	2	工具摆放整齐、规范、不重叠		
3	1	量具摆放整齐、规范、不重叠		
4	1	刀具摆放整齐、规范、不重叠		

评分表											
姓名			编码			总成绩					
项目		起重臂	试题图号	SXXS02 – 02 – 01		总时间					
序号	配分	图位	尺寸类型	基本尺寸/mm	上偏差/mm	下偏差/mm	上极限尺寸/mm	下极限尺寸/mm	实际尺寸/mm	得分	修正值
E – 职业素养											
			规范要求			情况记录				得分	
5	1	防护佩戴规范									
6	1	工作服、工作帽、工作鞋穿戴规范									
7	1	加工后清理现场、清洁及其他									
8	1	现场表现									
小计	10										
F – 增加毛坯											
1	5	是否更换增加毛坯									
小计	5										
G – 技术总结											
学生总结					教师评价						
存在问题		改进方向									
				日期							

2. 请对起重臂零件加工不达标尺寸进行分析,填写表 4 –9。

表 4 –9　起重臂零件加工不达标尺寸分析

序号	图位	尺寸类型	基本尺寸	实际测量数值	出错原因	解决方案	
						学生分析	教师分析

引导问题2 能否针对本任务所学的知识进行自我评价与总结？

1. 请对起重臂零件加工学习效果进行自我评价，填写表4-10。

表4-10　起重臂零件加工学习效果自我评价

序号	学习任务内容	学习效果			备注
		优秀	良好	较差	
1	关于 Mastercam 软件二维图形绘制的知识都有哪些				
2	你了解平面连杆机构吗				
3	Mastercam 软件在二维图形编辑中（几何对象转换）的功能有哪些				
4	练一练：运用 Mastercam 软件完成图形的绘制				
5	关于 Mastercam 软件二维铣削加工的知识都有哪些				
6	平面连杆机构的知识有哪些				
7	金属的切削过程是如何实现的				
8	如何制订本零件的加工工艺				
9	起重臂的刀路设计加工参数如何设置				
10	实施过程中要注意哪些问题				

2. 总结不足与改进的地方。

（1）通过以上检测，分析自己所做零件的不足及解决的办法。

（2）写出在操作过程中存在的问题和以后需要改进的地方。

[任务拓展训练]

任务拓展训练图纸如图4-21所示。

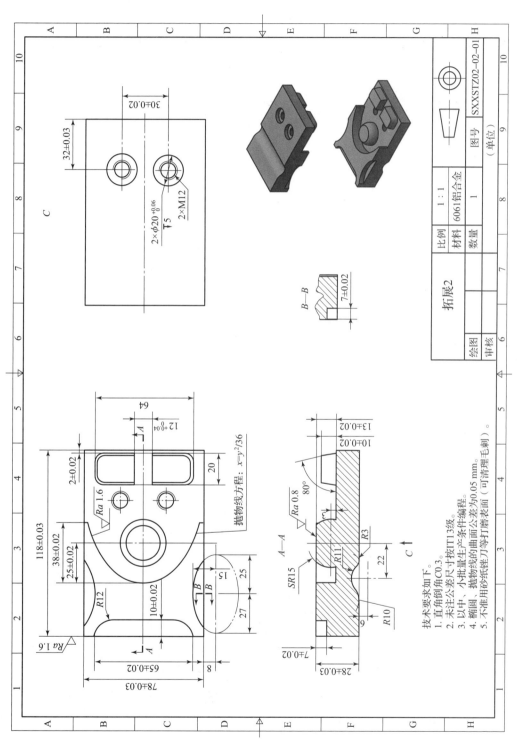

图 4 - 21 拓展训练 2

引导问题 1 如何制订拓展任务的加工工艺？

查找资料，并根据所学知识，回答下列问题。

（1）各小组分析、讨论并根据加工要求、现场的实际条件，制订合理的加工计划，完成表 4－11。

表 4－11 加工计划

序号	图示	加工内容	尺寸精度	注意事项	备注

（2）组内及组间对加工计划的评价或改进建议。

（3）指导教师的评价与结论。

（4）各小组根据加工计划，完成工量刃具、设备和材料的准备工作，并填写表 4－12。

表 4－12 工量刃具、设备和材料的准备

序号	工量刃具、设备和材料的名称	要求	数量

引导问题2 拓展训练零件的刀路设计加工参数如何设置?

拓展训练零件的刀路设计见表4-13。

表4-13 拓展训练零件的刀路设计

序号	加工图示	编程图示	仿真图示	加工参数设置
1		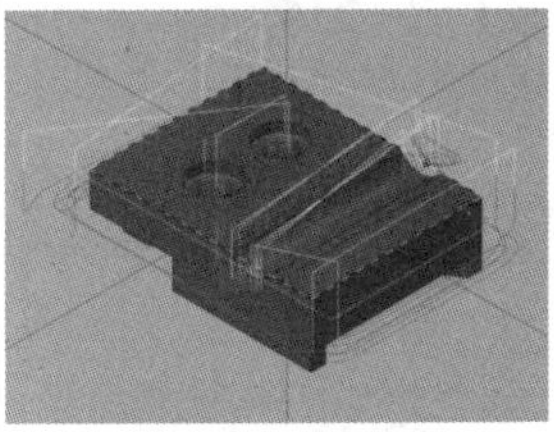	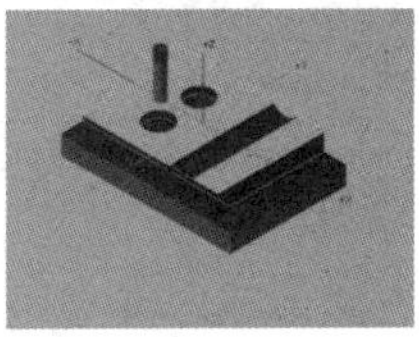	加工刀路:挖槽粗加工 余量:0.2 mm 刀具:φ12 mm 转速:4 000 r/min 切削速度(F):1 500 mm/r
2				加工刀路:小刀清根 余量:0.2 mm 刀具:φ8 mm 转速:4 000 r/min 切削速度(F):1 000 mm/r
3		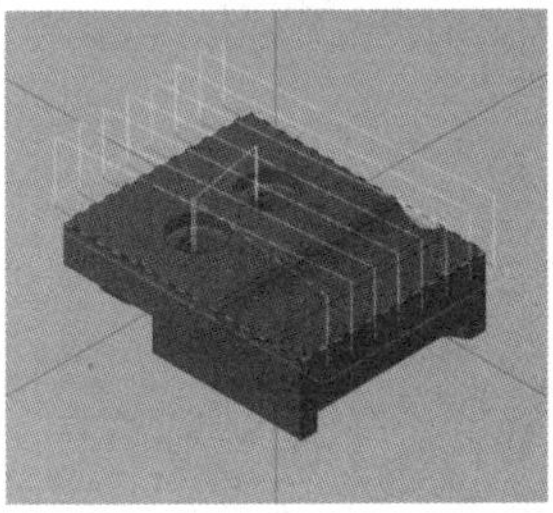		加工刀路:底部精加工 刀具:φ12 mm 转速:4 000 r/min 切削速度(F):600 mm/r 精加工刀次:1
4		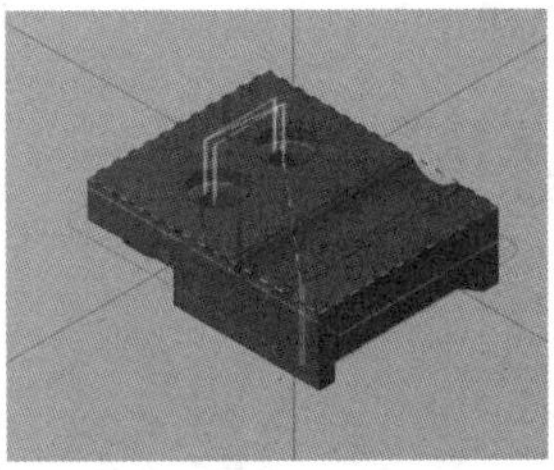	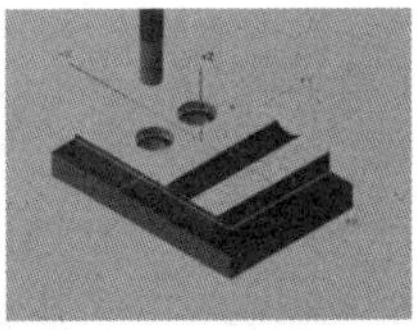	加工刀路:侧壁精加工 刀具:φ12 mm 转速:5 000 r/min 切削速度(F):1 000 mm/r 精加工刀次:1
5		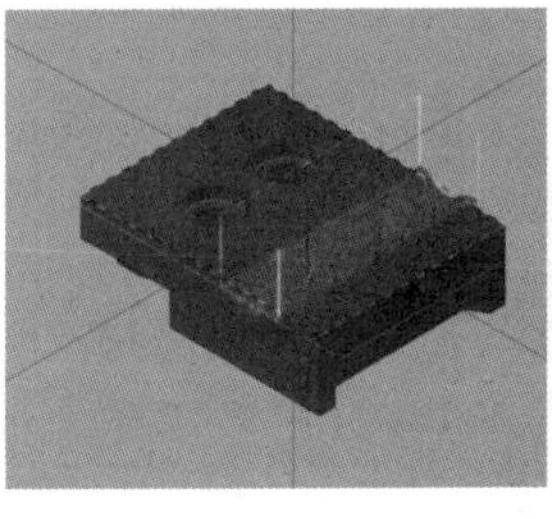		加工刀路:曲面精加工 刀具:R4 mm 转速:5 000 r/min 切削速度(F):100 mm/r 精加工刀次:1

序号	加工图示	编程图示	仿真图示	加工参数设置
6		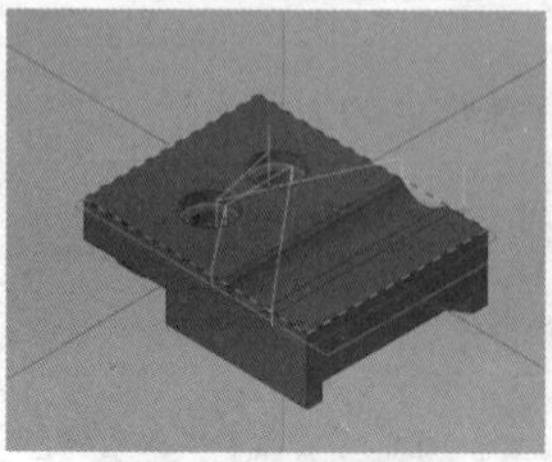	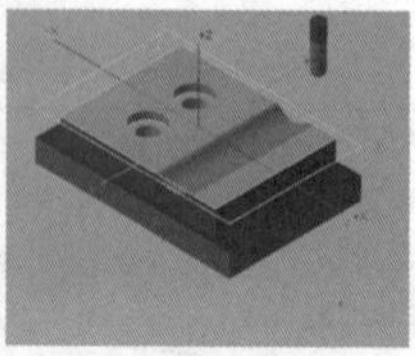	加工刀路：倒角 刀具：ϕ6 mm 转速：4 000 r/min 切削速度（F）：600 mm/r
7		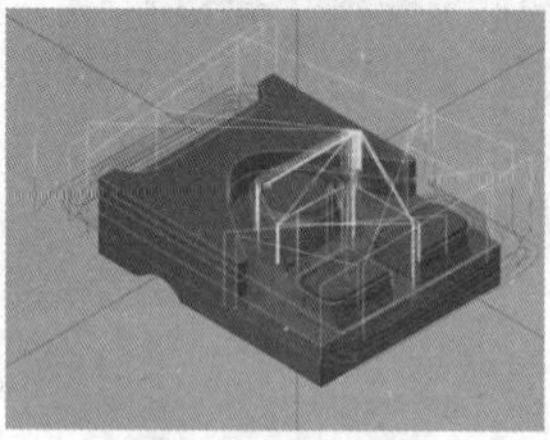	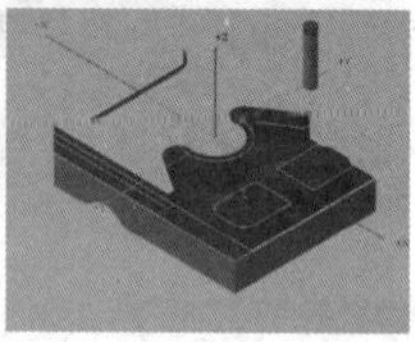	加工刀路：挖槽粗加工 余量：0.2 mm 刀具：ϕ12 mm 转速：4 000 r/min 切削速度（F）：1 500 mm/r
8		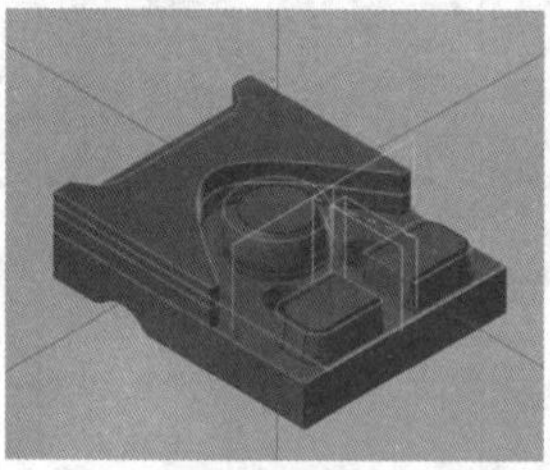	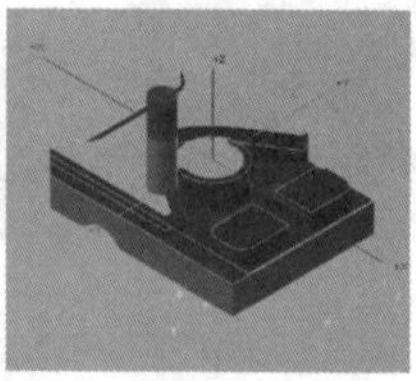	加工刀路：小刀清根 余量：0.2 mm 刀具：ϕ6 mm 转速：4 000 r/min 切削速度（F）：1 000 mm/r
9		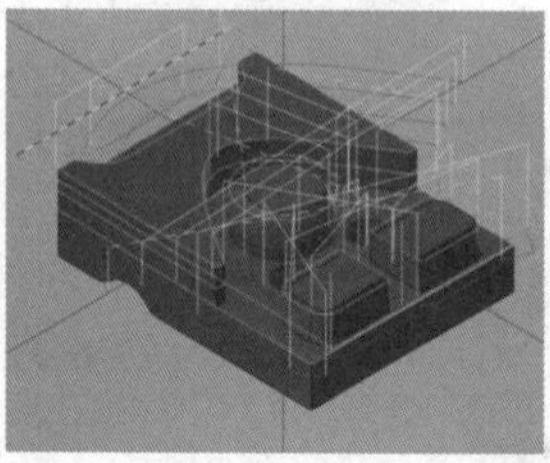	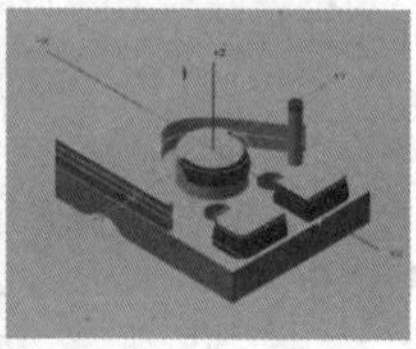	加工刀路：底部精加工 刀具：ϕ12 mm 转速：4 000 r/min 切削速度（F）：600 mm/r 精加工刀次：1
10		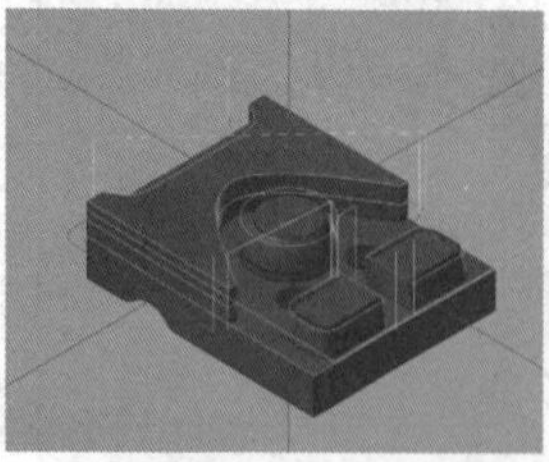	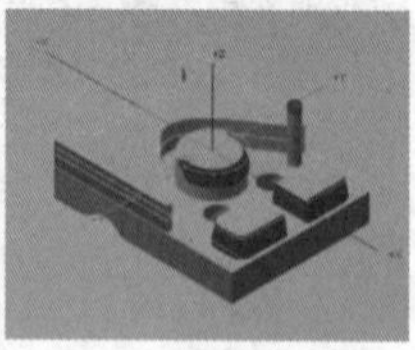	加工刀路：外形精加工 刀具：ϕ12 mm 转速：4 000 r/min 切削速度（F）：600 mm/r 精加工刀次：1
11		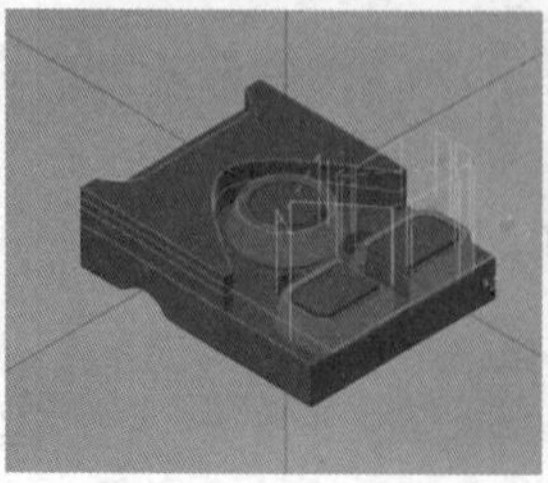	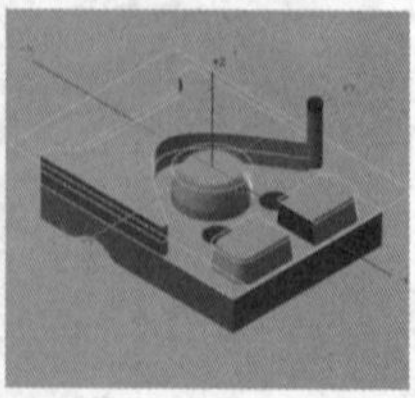	加工刀路：曲面精加工 刀具：R4 mm 转速：5 000 r/min 切削速度（F）：100 mm/r 精加工刀次：1

续表

序号	加工图示	编程图示	仿真图示	加工参数设置
12		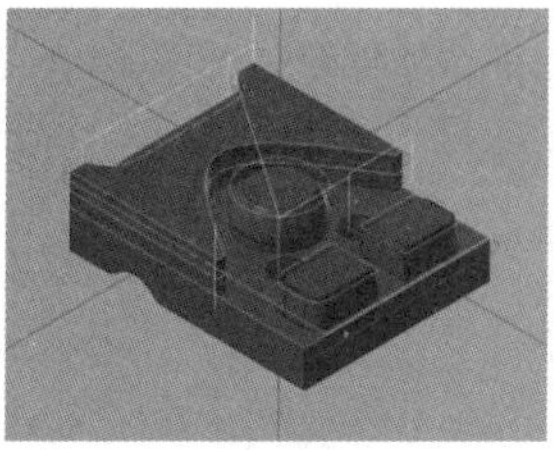		加工刀路：倒角 刀具：$\phi6$ mm 转速：4 000 r/min 切削速度（F）：600 mm/r
13		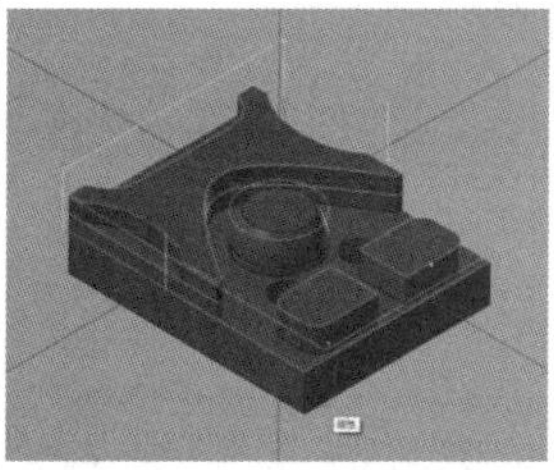		加工刀路：小刀清根 余量：0.2 mm 刀具：$\phi10$ mm 转速：4 000 r/min 切削速度（F）：1 000 mm/r
14		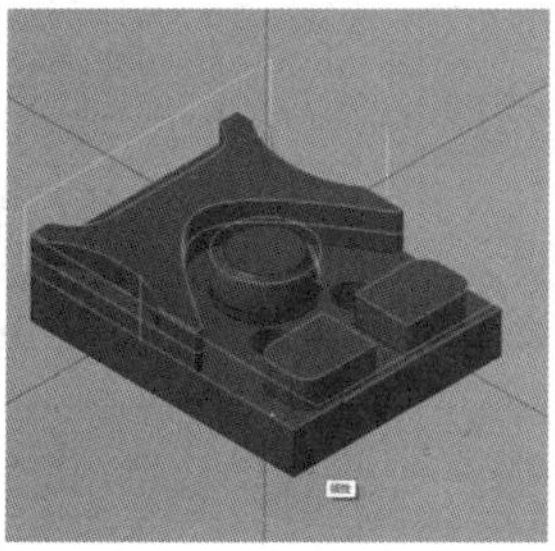		加工刀路：底部精加工 刀具：$\phi10$ mm 转速：4 000 r/min 切削速度（F）：600 mm/r 精加工刀次：1
15		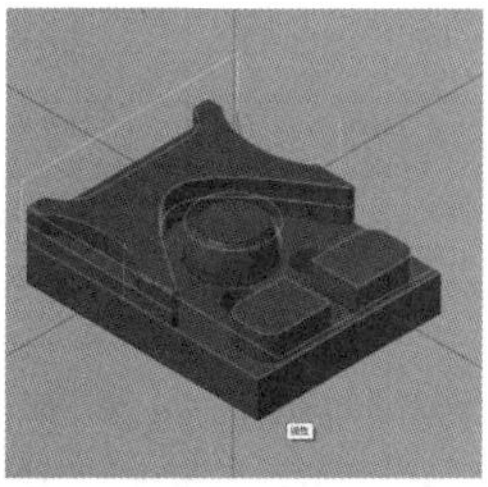		加工刀路：外形精加工 刀具：$\phi10$ mm 转速：4 000 r/min 切削速度（F）：600 mm/r 精加工刀次：1
16		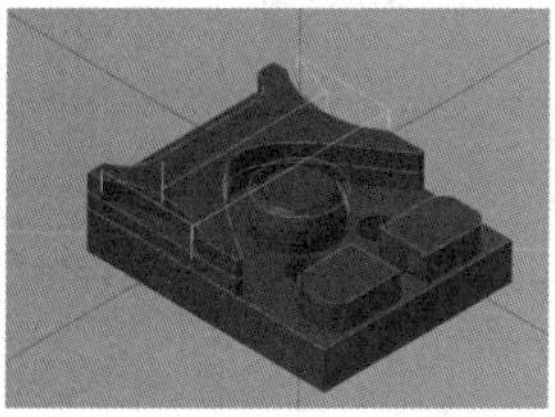		加工刀路：倒角 刀具：$\phi6$ mm 转速：4 000 r/min 切削速度（F）：600 mm/r

引导问题 3　如何检测拓展训练零件的加工质量？

1. 请对加工完成的拓展训练零件进行评分，填写表 4 – 14。

表 4 – 14　拓展训练零件评分表

评分表											
姓名			编码			总成绩					
项目		拓展训练零件		试题图号	SXXSTZ02 – 02 – 01		总时间				
序号	配分	图位	尺寸类型	基本尺寸/mm	上偏差/mm	下偏差/mm	上极限尺寸/mm	下极限尺寸/mm	实际尺寸/mm	得分	修正值
A – 主要尺寸											
1	3	C1	L	78	0.03	– 0.03	78.03	77.97			
2	3	C1	L	65	0.02	– 0.02	65.02	64.98			
3	3	A3	L	118	0.03	– 0.03	118.03	117.97			
4	3	A3	L	38	0.02	– 0.02	38.02	37.98			
5	3	B3	L	25	0.02	– 0.02	25.02	24.98			
6	3	C2	L	10	0.02	– 0.02	10.02	9.98			
7	3	C5	L	12	0.04	0	12.04	12			
8	3	B9	L	32	0.03	– 0.03	32.03	31.97			
9	3	C9	L	30	0.02	– 0.02	30.02	29.98			
10	3	C8	ϕ	20	0.06	0	20.06	20			
11	3	F1	D	28	0.03	– 0.03	28.03	27.97			
12	3	E2	H	7	0.02	– 0.02	7.02	6.98			
13	3	F5	D	10	0.02	– 0.02	10.02	9.98			
14	3	F5	D	13	0.02	– 0.02	13.02	12.98			
15	3	F7	H	7	0.02	– 0.02	7.02	6.98			
16	3	B4	L	2	0.02	– 0.02	2.02	1.98			
小计	48										

续表

				评分表							
姓名				编码			总成绩				
项目		拓展训练零件		试题图号		SXXSTZ02 – 02 – 01	总时间				
序号	配分	图位	尺寸类型	基本尺寸/mm	上偏差/mm	下偏差/mm	上极限尺寸/mm	下极限尺寸/mm	实际尺寸/mm	得分	修正值
B – 次要尺寸											
1	2	C8	M	12							
2	2	D2	L	27	0.05	−0.05	27.05	26.95			
3	2	D1	L	8	0.05	−0.05	8.05	7.95			
4	2	D4	L	20	0.05	−0.05	20.05	19.95			
5	2	C5	L	64	0.05	−0.05	64.05	63.95			
6	2	C8	D	5	0.05	−0.05	5.05	4.95			
7	3	G3	L	22	0.05	−0.05	22.05	21.95			
8	3	F4	D	3	0.05	−0.05	3.05	2.95			
9	3	D3	D	25	0.05	−0.05	25.05	24.95			
小计	21										
C – 表面质量											
1	1	E4	Ra	0.8 μm							
小计	1										
D – 主观评判											
		主观评价内容				情况记录			得分		
1	5	零件加工要素完整度									
2	5	零件损伤（振纹、夹伤、过切等）									
3	5	倒角（一处未加工扣 0.3 分，一处毛刺锐边扣 0.2 分）									
小计	15										

续表

评分表											
姓名				编码			总成绩				
项目		拓展训练零件		试题图号		SXXSTZ02 – 02 – 01	总时间				
序号	配分	图位	尺寸类型	基本尺寸/mm	上偏差/mm	下偏差/mm	上极限尺寸/mm	下极限尺寸/mm	实际尺寸/mm	得分	修正值
E – 职业素养											

		规范要求	情况记录	得分
1	2	工具、量具、刀具分区摆放		
2	2	工具摆放整齐、规范、不重叠		
3	1	量具摆放整齐、规范、不重叠		
4	1	刀具摆放整齐、规范、不重叠		
5	1	防护佩戴规范		
6	1	工作服、工作帽、工作鞋穿戴规范		
7	1	加工后清理现场、清洁及其他		
8	1	现场表现		
小计	10			

F – 增加毛坯

1	5	是否更换增加毛坯		
小计	5			

G – 技术总结

学生总结		教师评价
存在问题	改进方向	
	日期	

2. 请对拓展训练零件加工不达标尺寸进行分析，填写表4－15。

表4－15　拓展训练零件加工不达标尺寸分析

序号	图位	尺寸类型	基本尺寸	实际测量数值	出错原因	解决方案	
						学生分析	教师分析

3. 总结不足与改进的地方。

（1）通过以上检测，分析自己所做零件的不足及解决的办法。

（2）写出在操作过程中存在的问题和以后需要改进的地方。

学习任务二　转台的加工

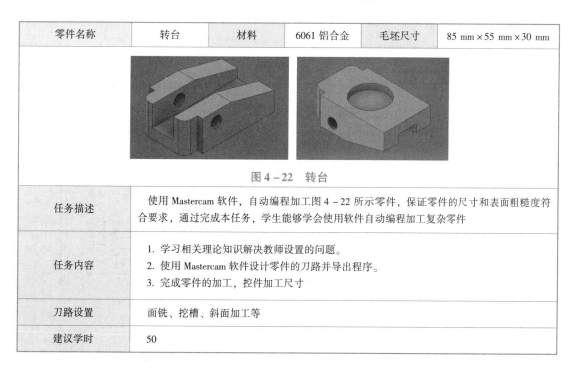

零件名称	转台	材料	6061 铝合金	毛坯尺寸	85 mm×55 mm×30 mm

图4－22　转台

任务描述	使用 Mastercam 软件，自动编程加工图4－22所示零件，保证零件的尺寸和表面粗糙度符合要求，通过完成本任务，学生能够学会使用软件自动编程加工复杂零件
任务内容	1. 学习相关理论知识解决教师设置的问题。 2. 使用 Mastercam 软件设计零件的刀路并导出程序。 3. 完成零件的加工，控件加工尺寸
刀路设置	面铣、挖槽、斜面加工等
建议学时	50

任务图纸

转台的加工图纸如图4－23所示。

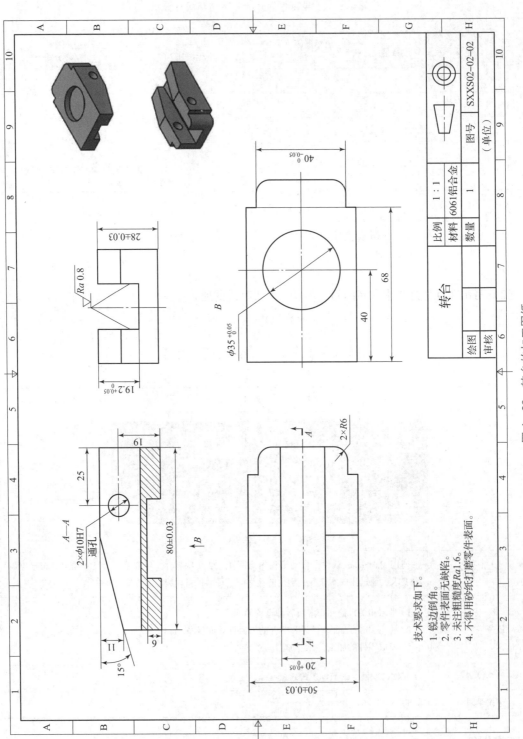

技术要求如下。
1. 锐边倒角。
2. 零件表面无缺陷。
3. 未注粗糙度 Ra1.6。
4. 不得用砂纸打磨零件表面。

图 4 – 23　转台的加工图纸

转台		比例	1：1		SXXS02-02-02
		材料	6061铝合金	图号	
绘图		数量	1		（单位）
审核					

[学习准备]

　关于 Mastercam 软件二维图形绘制的知识都有哪些?

1. "倒角"命令可以在＿＿＿＿＿＿或＿＿＿＿＿＿＿的直线间形成斜角,并自动
＿＿＿＿＿＿或＿＿＿＿＿直线。

2. "倒圆角"命令可以在相邻的两条＿＿＿＿＿＿或＿＿＿＿＿之间插入圆弧,也可以串连选择多个图素一起进行圆角操作。

3. "倒角"命令和"倒圆角"命令有何不同?

4. 绘制文字。

在 Mastercam 软件中,文字是按照图形来处理的,称为＿＿＿＿＿＿＿,它包括＿＿＿＿＿＿、＿＿＿＿＿＿和＿＿＿＿＿＿。

5. 绘制文字的步骤是什么?

6. 如图 4-24、图 4-25 所示,在"边界盒选项"对话框中可以根据所选择图形的＿＿＿＿、＿＿＿＿、＿＿＿＿的尺寸,或者再加一个＿＿＿＿＿来绘制一个包容区域,所绘制的包容区域有＿＿＿＿＿＿和＿＿＿＿＿＿两种。

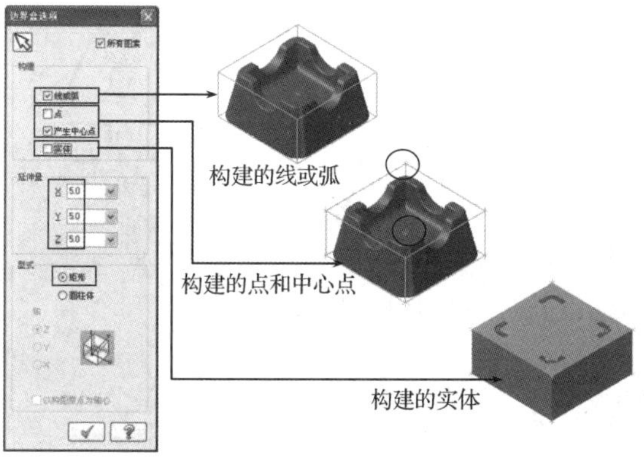

图 4-24　"边界盒选项"对话框1 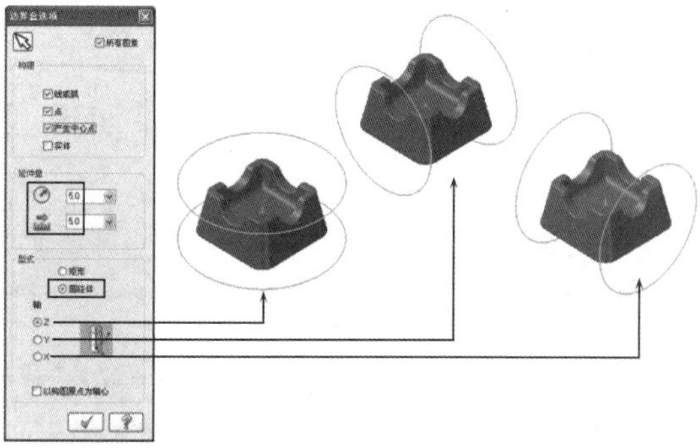　　　图 4-25　"边界盒选项"对话框2

7. 在 Mastercam 软件中有两种类型的曲线:一是＿＿＿＿＿＿＿(parametric 曲线),其形状由＿＿＿＿＿＿决定,曲线通过＿＿＿＿＿＿＿＿＿;另一种是＿＿＿＿＿＿曲线(NURBS 曲线),其形状由＿＿＿＿＿＿决定,它仅通过样条节点的＿＿＿＿＿＿和＿＿＿＿＿＿＿＿。

8. "螺旋线"命令,如图 4-26 所示,就是绘制绕着中心轴线往上旋转的曲线。在绘制螺旋线时,只需确定螺旋线的＿＿＿＿＿、＿＿＿＿＿和＿＿＿＿＿即可绘制。

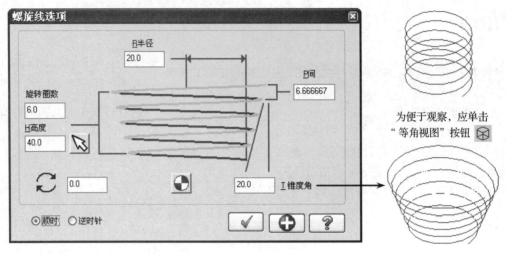

图 4-26 "螺旋线选项" 对话框

9. 如图 4-27 所示, 可以在 "盘旋线选项" 对话框中修改＿＿＿＿＿＿＿＿轴、＿＿＿＿＿＿＿轴和＿＿＿＿＿＿＿＿轴 3 个方向上的各数值, 从而改变螺旋线＿＿＿＿＿＿＿＿＿＿的盘旋线。

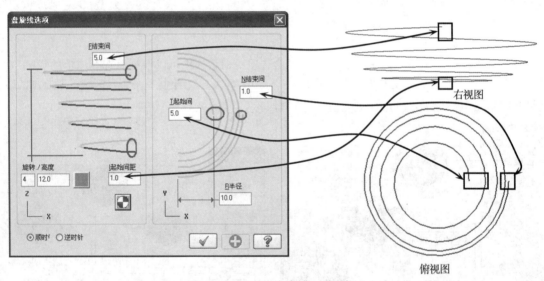

图 4-27 "盘旋线选项" 对话框

引导问题 2 凸轮机构的知识都有哪些?

1. 凸轮机构的工作原理是＿＿＿＿＿＿＿＿＿＿＿＿＿＿＿＿＿＿＿＿＿＿＿＿＿＿＿＿＿。

2. 凸轮机构由＿＿＿＿＿＿＿＿＿、＿＿＿＿＿＿＿＿和＿＿＿＿＿＿＿＿组成。

3. 简述凸轮机构的优缺点。

4. 凸轮机构的分类如下。

（1）按凸轮形状分类：＿＿＿＿＿＿＿＿＿＿、＿＿＿＿＿＿＿＿＿＿、＿＿＿＿＿＿＿＿＿＿。

（2）按从动件结构形状分类：＿＿＿＿＿＿＿＿＿、＿＿＿＿＿＿＿＿＿、＿＿＿＿＿＿＿＿＿。

（3）按从动件运动形式分类：＿＿＿＿＿＿＿＿、＿＿＿＿＿＿＿＿。

5. 根据图 4 – 28，写出各概念（代号）的含义。

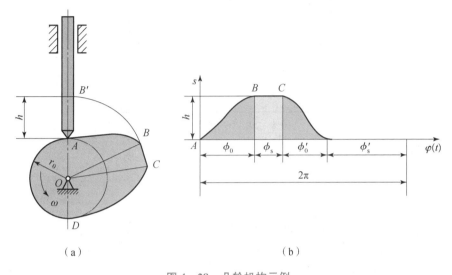

图 4 – 28　凸轮机构示例

（a）凸轮机构工作过程；（b）凸轮的位移曲线图

（1）基圆（r_0）：

（2）推程：

（3）行程（h）：

（4）推程运动角 ϕ_0：

（5）远休止：

（6）远休止角 ϕ_s：

（7）回程：

（8）回程运动角 ϕ_0'：

（9）近休止：

（10）近休止角 ϕ_s'：

［计划与实施］

引导问题 1　Mastercam 软件二维图形尺寸标注与图案填充的相关内容有哪些？

1. 尺寸标注：一个完整的尺寸标注，一般由＿＿＿＿＿＿＿＿、＿＿＿＿＿＿＿＿、＿＿＿＿＿＿＿＿、尺寸箭头、中心标记等部分组成，如图 4 – 29 所示。

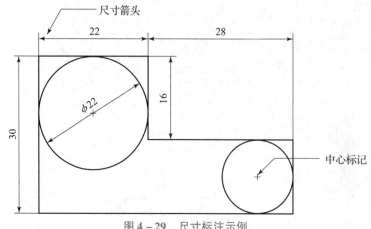

图 4-29 尺寸标注示例

2. 尺寸标注包括哪几种方法？

3. 快速标注。

采用快速标注时，系统能自动判断该图素的_____，从而自动选择合适的_____完成标注。这样最大限度地减少了鼠标_____、提高了_____。

4. 图形注释指的是图形中的文本信息。该功能的打开路径有哪两种？

5. 图案填充（剖面线）：如图 4-30 所示，在机械工程图中，图案填充用于一个_____的区域，而且不同的图案填充表达不同的_____或_____。

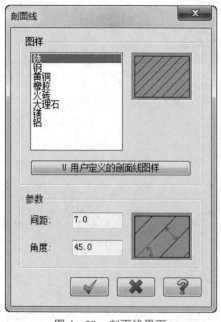

图 4-30 剖面线界面

练一练： 运用 Mastercam 软件完成图 4-31~图 4-38 的绘制。

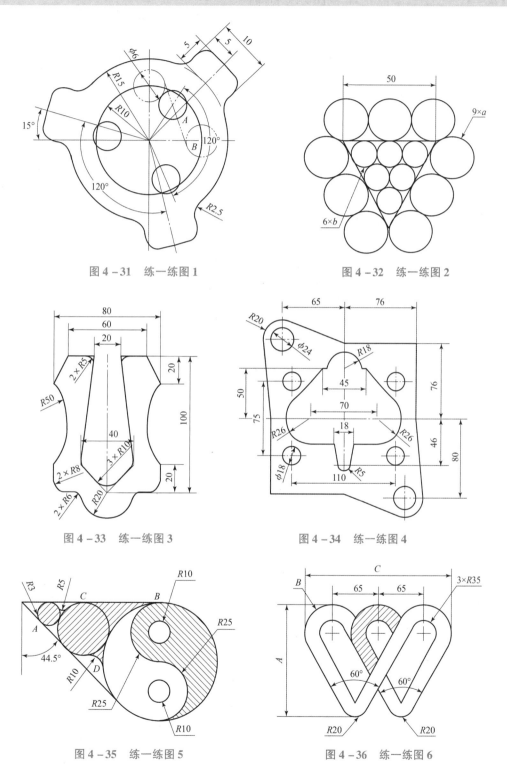

图 4-31 练一练图 1

图 4-32 练一练图 2

图 4-33 练一练图 3

图 4-34 练一练图 4

图 4-35 练一练图 5

图 4-36 练一练图 6

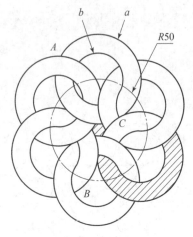

图 4 – 37　练一练图 7

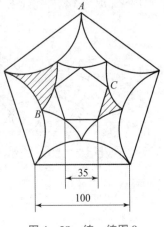

图 4 – 38　练一练图 8

引导问题 2　关于 Mastercam 软件雕刻加工的知识都有哪些？

1. 雕刻加工所加工的图形一般是平面上的各种_____、_____和_____。
2. 雕刻加工常采用哪两种加工方式进行加工？

3. 雕刻加工的注意事项有哪些？

引导问题 3　间歇运动机构的知识有哪些？

1. 棘轮机构是_____。
2. 如图 4 – 39 所示，填写棘轮机构的各组成部分的名称。

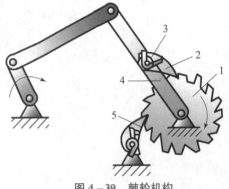

1: _____

2: _____

3: _____

4: _____

5: _____

图 4 – 39　棘轮机构

3. 简述棘轮机构的工作过程。

4. 按工作原理分类，棘轮机构可以分为两类，如图4-40所示，填写它们的名称。

 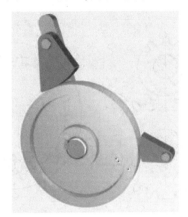

图4-40　棘轮机构的类别

5. 简述棘轮机构的特点及应用。

6. 槽轮机构由＿＿＿＿＿＿＿、＿＿＿＿＿＿和＿＿＿＿＿＿组成。

7. 简述槽轮机构的工作原理。

8. 如图4-41所示，填写槽轮机构的类别名称。

 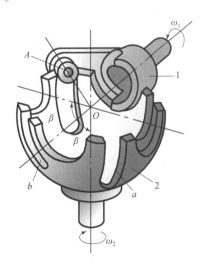

图4-41　槽轮机构的类别

1—主动拨轮；2—从动槽轮

9. 写出槽轮机构的特点和应用场合。

10. 不完全齿轮机构，如图4-42所示，是由＿＿＿＿＿＿＿＿＿＿演变成的间歇机构，它由＿＿＿＿＿＿、＿＿＿＿＿＿和＿＿＿＿＿＿组成。

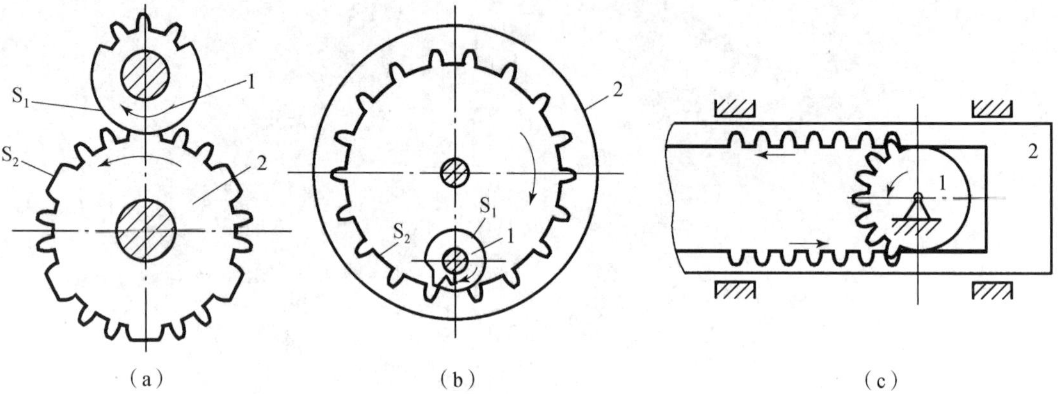

（a）   （b）   （c）

图4-42   不完全齿轮机构

（a）外啮合不完全齿轮机构；（b）内啮合不完全齿轮机构；（c）不完全齿轮齿条机构

11. 不完全齿轮机构结构特点是＿＿＿＿＿＿＿＿＿＿＿＿＿＿＿＿＿＿＿＿＿＿＿＿＿＿。

12. 简述不完全齿轮机构的特点和应用场合。

引导问题4   如何制订本零件的加工工艺？

1. 各小组分析、讨论并制订加工计划。

（1）根据加工要求，考虑现场的实际条件，小组成员共同分析、讨论并制订合理的转台计划，完成表4-16。

表4-16   转台加工计划

序号	图示	加工内容	尺寸精度	注意事项	备注

（2）组内及组间对加工计划的评价及改进建议。

（3）指导教师的评价与结论。

2. 各小组根据加工计划，完成工量刃具、设备和材料的准备工作，并填写表 4 – 17。

表 4 – 17　工量刃具、设备和材料的准备

序号	工量刃具、设备和材料的名称	要求	数量

引导问题 5　转台的刀路设计加工参数如何设置？

1. 转台的刀路设计见表 4 – 18。

表 4 – 18　转台的刀路设计

序号	加工图示	编程图示	仿真图示	加工参数设置
1		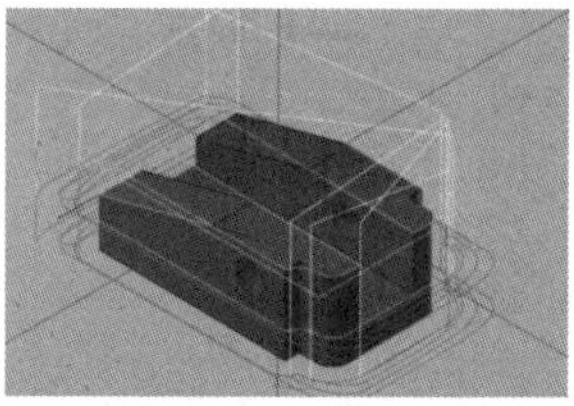		加工刀路：动态铣削 余量：0.2 mm 刀具：ϕ10 mm 转速：4 500 r/min 切削速度（F）：2 000 mm/r
2		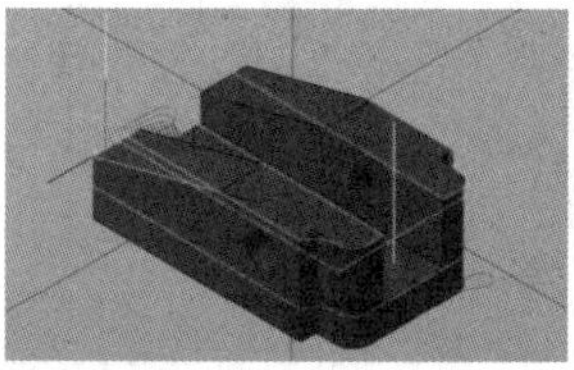	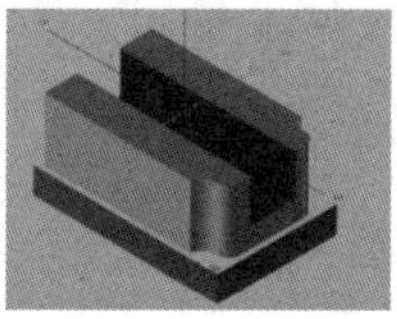	加工刀路：动态 余量：0.2 mm 刀具：ϕ10 mm 转速：5 000 r/min 切削速度（F）：2 000 mm/r
3		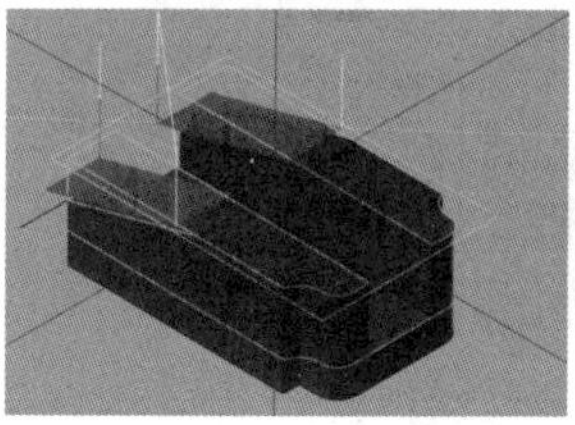		加工刀路：动态铣削 余量：0.2 mm 刀具：ϕ10 mm 转速：4 500 r/min 切削速度（F）：2 000 mm/r

序号	加工图示	编程图示	仿真图示	加工参数设置
4	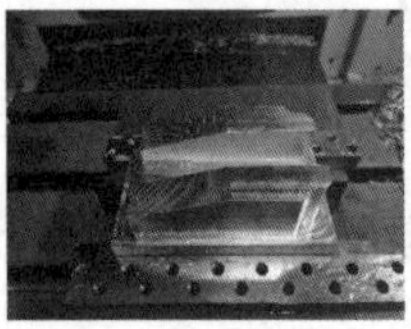	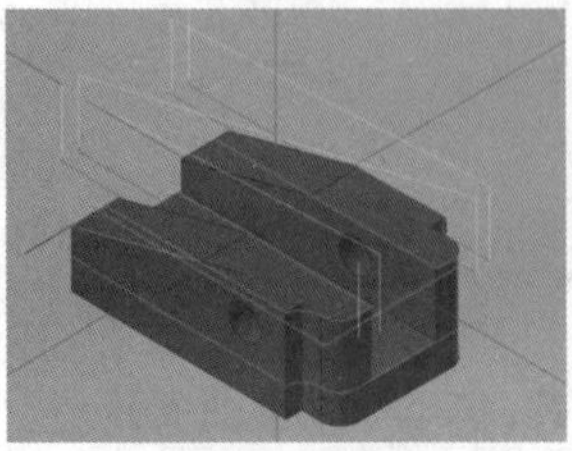	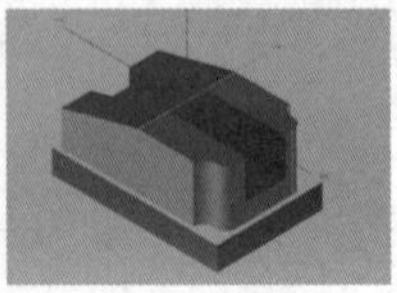	加工刀路：平面铣 刀具：$\phi 10$ mm 转速：5 000 r/min 切削速度（F）：800 mm/r 精加工刀次：2
5	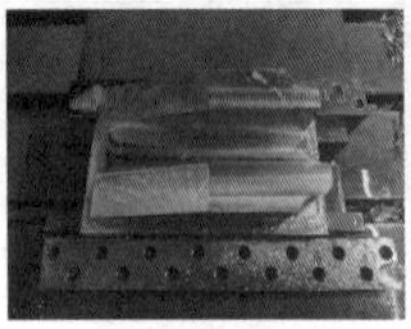	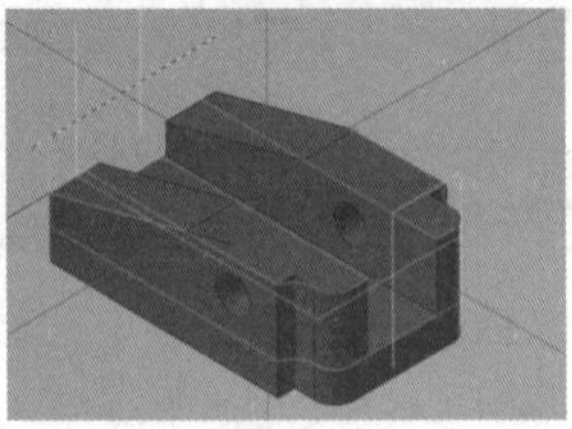	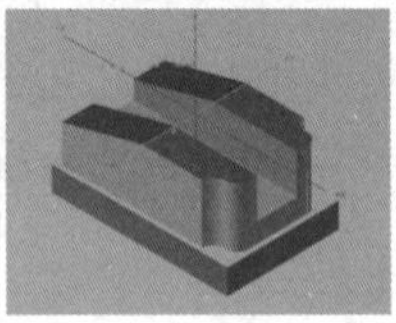	加工刀路：区域铣削 刀具：$\phi 10$ mm 转速：5 000 r/min 切削速度（F）：800 mm/r 精加工刀次：1
6	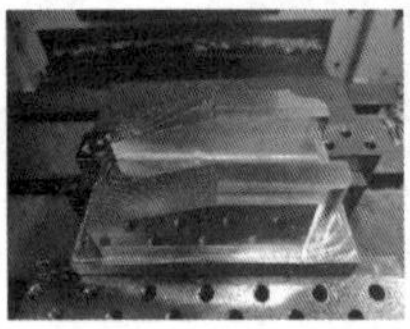	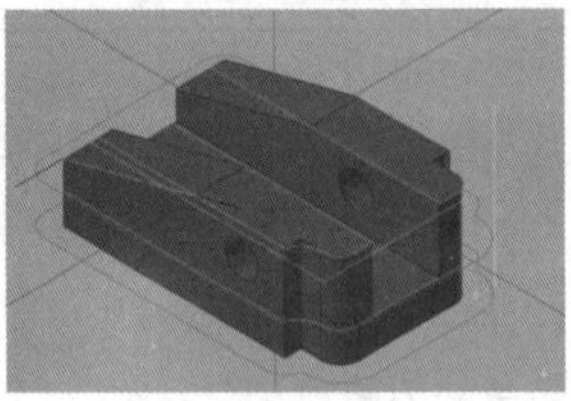	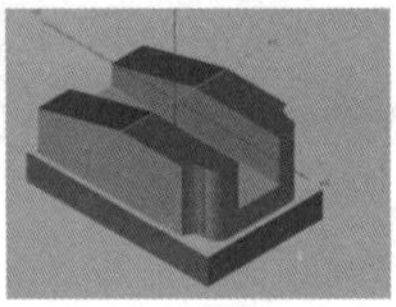	加工刀路：外形铣削 刀具：$\phi 10$ mm 转速：5 000 r/min 切削速度（F）：800 mm/r 精加工刀次：1
7	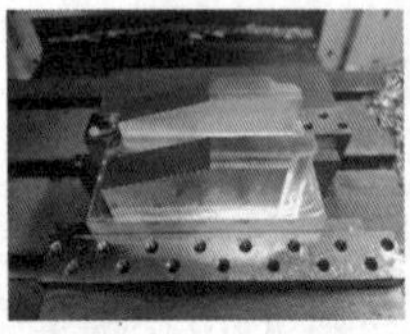	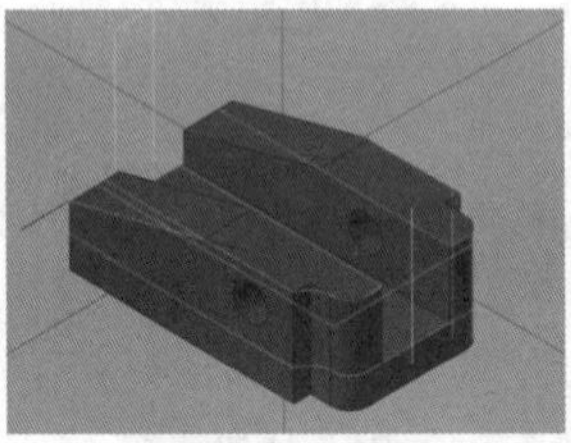	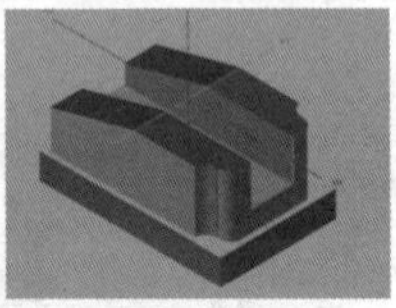	加工刀路：外形铣削 刀具：$\phi 10$ 转速：4 500 r/min 切削速度（F）：800 mm/r 精加工刀次：1
8	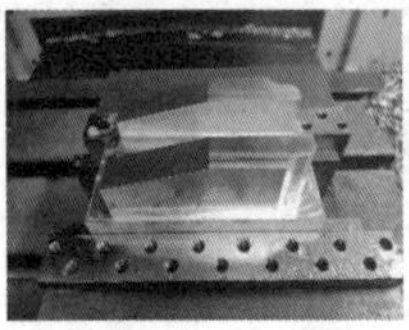	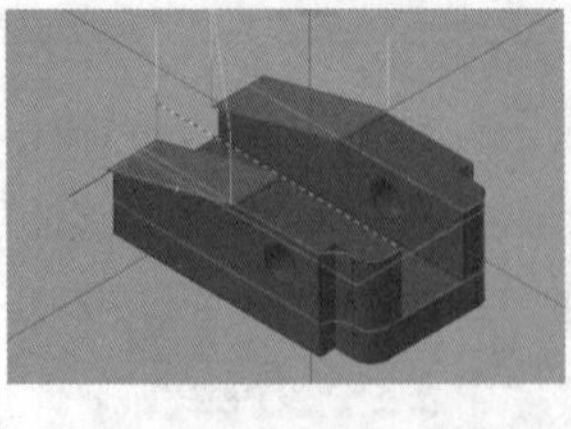	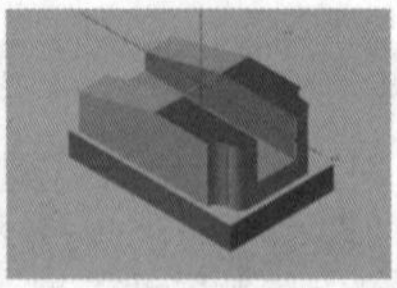	加工刀路：流线铣斜面 刀具：$R4$ mm 转速：4 500 r/min 切削速度（F）：800 mm/r
9		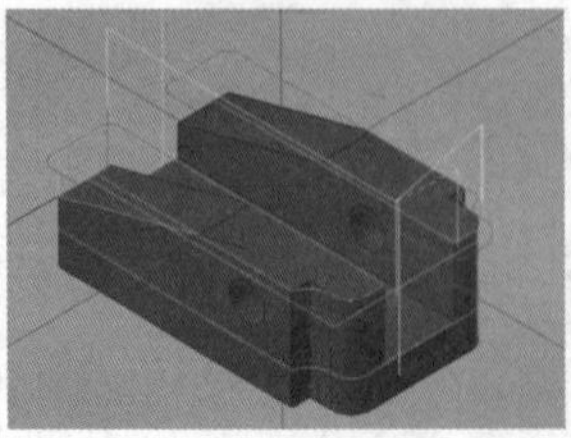		加工刀路：2D 倒角 刀具：$\phi 6$ mm 转速：4 500 r/min 切削速度（F）：800 mm/r 精加工刀次：1

续表

序号	加工图示	编程图示	仿真图示	加工参数设置
10		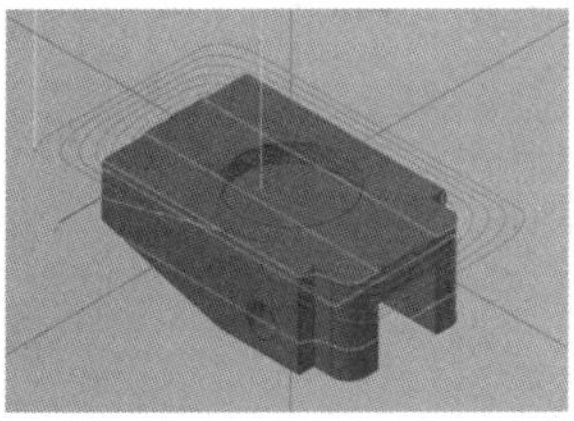	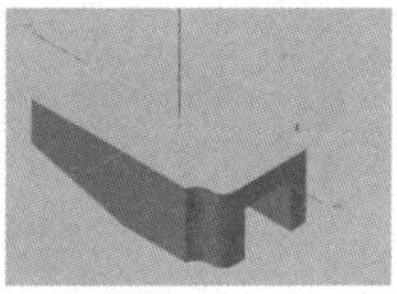	加工刀路：动态铣削 刀具：ϕ10 mm 转速：4 500 r/min 切削速度（F）：2 000 mm/r
11		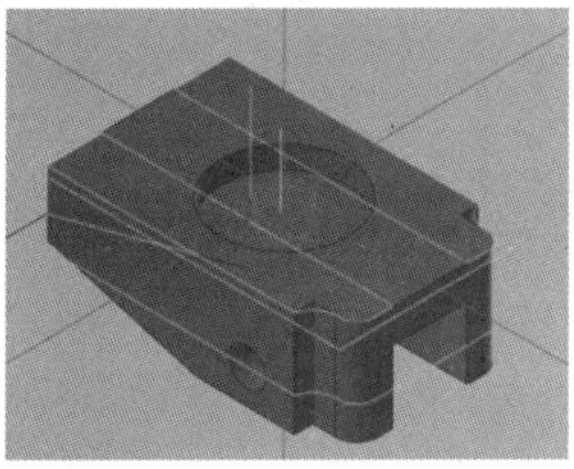	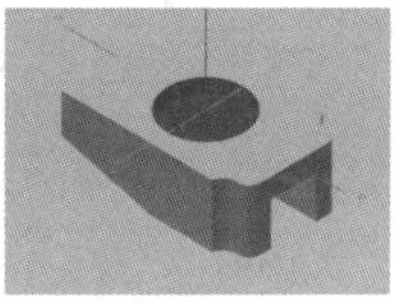	加工刀路：动态铣削 刀具：ϕ10 mm 转速：4 500 r/min 切削速度（F）：2 000 mm/r
12		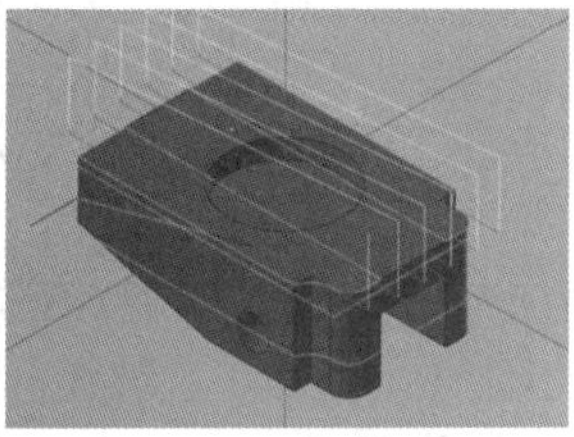		加工刀路：平面铣削 刀具：ϕ10 mm 转速：5 000 r/min 切削速度（F）：800 mm/r 精加工刀次：1
13		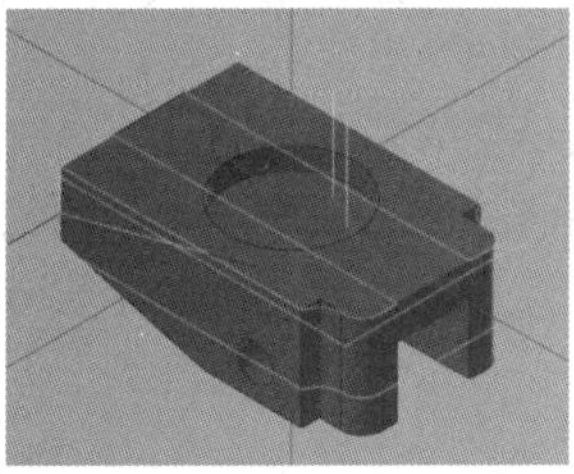		加工刀路：区域铣削 刀具：ϕ10 mm 转速：5 000 r/min 切削速度（F）：800 mm/r 精加工刀次：1
14		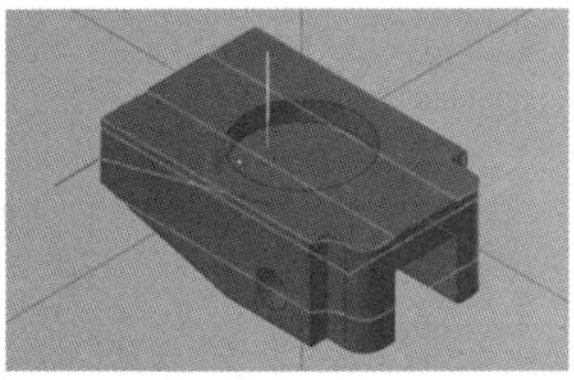		加工刀路：外形铣削 刀具：ϕ10 mm 转速：5 000 r/min 切削速度（F）：2 000 mm/r 精加工刀次：1
15		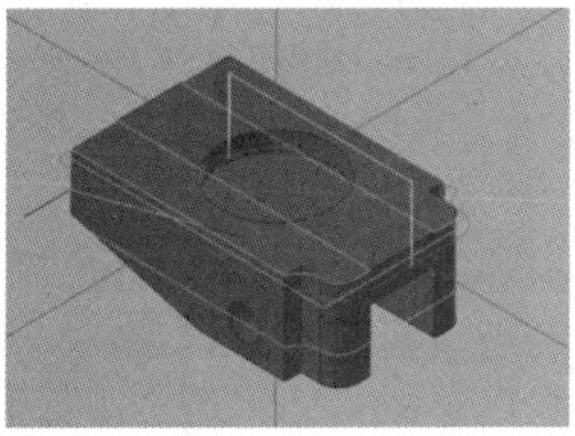	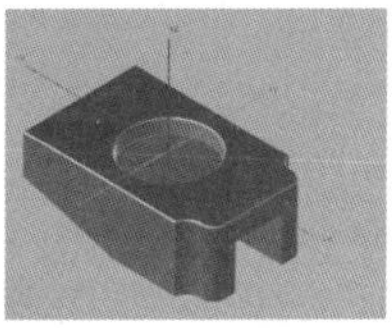	加工刀路：区域铣削 刀具：ϕ10 mm 转速：5 000 r/min 切削速度（F）：800 mm/r 精加工刀次：1

续表

序号	加工图示	编程图示	仿真图示	加工参数设置
16		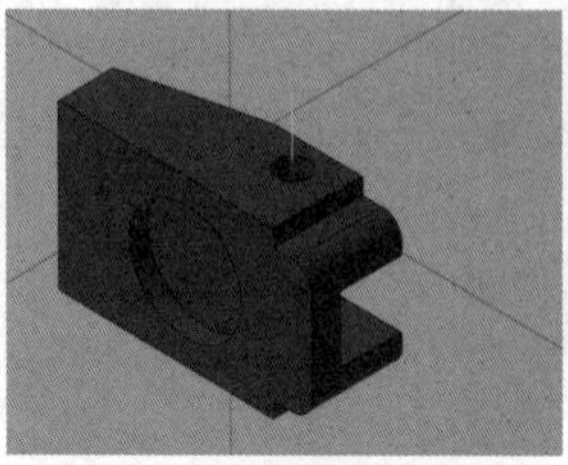		加工刀路：钻孔 刀具：ϕ9.5 mm 转速：1 200 r/min 切削速度（F）100 mm/r
17				加工刀路：外形铣削 刀具：ϕ10 mm 转速：5 000 r/min 切削速度（F）：1 200 mm/r 精加工刀次：1

2. 安全提示。

（1）工作时应穿工作服、戴袖套。女同学应戴工作帽，将长发塞入帽子里。夏季禁止穿裙子、短裤和凉鞋上机操作。

（2）为防切屑崩碎飞散，有防护外罩的封闭型数控铣床必须关闭防护门，半开放式数控铣床中的工作人员必须戴防护眼镜。工作时，头不能离工件加工区域太近，以防切屑伤人。

（3）工作时，必须集中精力，注意手、身体和衣服不能靠近正在旋转的机件，如铣床主轴、工件、带轮、皮带、齿轮等。

（4）工件和铣刀必须装夹牢固，否则会飞出伤人。

（5）在装卸工件、更换刀具、测量加工表面或改变速度时，必须先停机，再行调整。

（6）铣床运转时，不得用手去摸刀具及刀具加工区域。严禁用棉纱擦抹转动的铣削刀具。

（7）使用专用铁钩清除切屑，绝不允许用手直接清除。

（8）在数控铣床上操作时不准戴手套。

（9）不要随意拆装电气设备，以免发生触电事故。

（10）工作中若发现机床、电气设备有故障，要及时申报，由专业人员检修，未修复不得使用。

引导问题 6 实施过程中要注意哪些问题？

1. 加工仿真应注意什么问题？

2. 后置处理应注意什么问题？

[总结与评价]

引导问题1 你能够使用合适的量具检测转台零件的加工质量吗？

1. 请对加工完成的转台零件进行评分，填写表4-19。

表4-19 转台零件评分表

评分表											
姓名			编码			总成绩					
项目		转台	试题图号		SXXS02-02-02	总时间					
序号	配分	图位	尺寸类型	基本尺寸/mm	上偏差/mm	下偏差/mm	上极限尺寸/mm	下极限尺寸/mm	实际尺寸/mm	得分	修正值
A-主要尺寸											
1	6	B3	ϕ	10	0.018	0	10.018	10			
2	6	C3	L	80	0.03	-0.03	80.03	79.97			
3	6	C5	D	19.2	0.05	0	19.25	19.2			
4	6	C8	H	28	0.03	-0.03	28.03	27.97			
5	6	E1	L	50	0.03	-0.03	50.03	49.97			
6	6	E1	L	20	0.05	0	20.05	20			
7	5	D6	ϕ	35	0.05	0	35.05	35			
8	5	E9	L	40	0	-0.05	40	39.95			
小计	46										
B-次要尺寸											
1	5	C2	L	6	0.05	-0.05	6.05	5.95			
2	5	B4	L	35	0.05	-0.05	35.05	34.95			
3	5	C4	L	19	0.05	-0.05	19.05	18.95			
4	4	F6	L	40	0.05	-0.05	40.05	39.95			
5	4	G7	L	68	0.05	-0.05	68.05	67.95			
小计	23										
C-表面质量											
1	1	B7	Ra	0.8 μm							
小计	1										

				评分表							
姓名				编码			总成绩				
项目		转台		试题图号	SXXS02 – 02 – 02		总时间				
序号	配分	图位	尺寸类型	基本尺寸/mm	上偏差/mm	下偏差/mm	上极限尺寸/mm	下极限尺寸/mm	实际尺寸/mm	得分	修正值
D – 主观评判											
				主观评价内容			情况记录			得分	
1	5			零件加工要素完整度							
2	5			零件损伤（振纹、夹伤、过切等）							
3	5			倒角（一处未加工扣0.3分，一处毛刺锐边扣0.2分）							
小计	15										
E – 职业素养											
				规范要求			情况记录			得分	
1	2			工具、量具、刀具分区摆放							
2	2			工具摆放整齐、规范、不重叠							
3	1			量具摆放整齐、规范、不重叠							
4	1			刀具摆放整齐、规范、不重叠							
5	1			防护佩戴规范							
6	1			工作服、工作帽、工作鞋穿戴规范							
7	1			加工后清理现场、清洁及其他							
8	1			现场表现							
小计	10										
F – 增加毛坯											
1	5			是否更换增加毛坯							
小计	5										
G – 技术总结											

学生总结		教师评价
存在问题	改进方向	
	日期	

2. 请对转台零件加工不达标尺寸进行分析，填写表 4 – 20。

表 4 – 20　转台零件加工不达标尺寸分析

序号	图位	尺寸类型	基本尺寸	实际测量数值	出错原因	解决方案	
						学生分析	教师分析

引导问题 2　能否针对本任务所学的知识进行自我评价与总结？

1. 请对转台零件加工学习效果进行自我评价，填写表 4 – 21。

表 4 – 21　转台零件加工学习效果自我评价

序号	学习任务内容	学习效果			备注
		优秀	良好	较差	
1	关于 Mastercam 软件二维图形绘制的知识都有哪些				
2	凸轮机构的知识都有哪些				
3	Mastercam 软件二维图形尺寸标注与图案填充的相关内容有哪些				
4	练一练：运用 Mastercam 软件完成图形的绘制				
5	关于 Mastercam 软件雕刻加工的知识都有哪些				
6	间歇运动机构的知识都有哪些				
7	如何制订本零件的加工工艺				
8	转台的刀路设计加工参数如何设置				
9	实施过程中要注意哪些问题				

2. 总结不足与改进的地方。

（1）通过以上检测，分析自己所做零件的不足及解决的办法。

（2）写出在操作过程中存在的问题和以后需要改进的地方。

［任务拓展训练］

任务拓展训练图纸如图 4 – 43 所示。

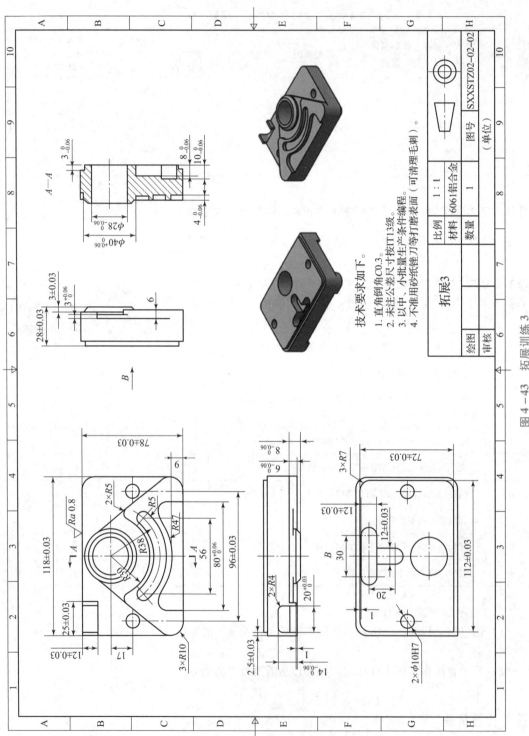

技术要求如下。

1. 直角倒角C0.3。
2. 未注公差尺寸按IT13级。
3. 以中、小批量生产条件编程。
4. 不准用砂纸锉刀等打磨表面（可清理毛刺）。

拓展3	比例	1∶1			
	材料	6061铝合金		图号	SXXSTZ02-02-02
	数量	1		（单位）	
绘图					
审核					

图 4-43 拓展训练 3

引导问题 1 如何制订拓展任务的加工工艺？

查找资料，并根据所学知识，回答下列问题。

（1）各小组分析、讨论并根据加工要求、现场的实际条件，制订合理的加工计划，完成表 4 – 22。

表 4 – 22 加工计划

序号	图示	加工内容	尺寸精度	注意事项	备注

（2）组内及组间对加工计划的评价或改进建议。

（3）指导教师的评价与结论。

（4）各小组根据加工计划，完成工量刃具、设备和材料的准备工作，并填写表 4 – 23。

表 4 – 23 工量刃具、设备和材料的准备

序号	工量刃具、设备和材料的名称	要求	数量

引导问题 2 拓展训练零件的刀路设计加工参数如何设置？

拓展训练零件的刀路设计见表 4 – 24。

表 4-24 拓展训练零件的刀路设计

序号	加工图示	编程图示	仿真图示	加工参数设置
1			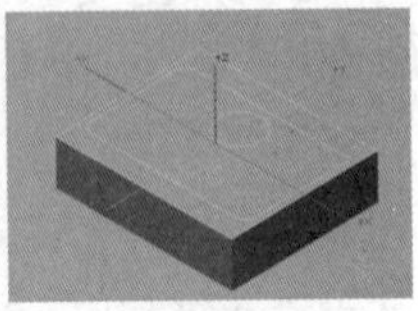	加工刀路：面铣 刀具：φ12 mm 转速：4 500 r/min 切削速度（F）：2 000 mm/r
2		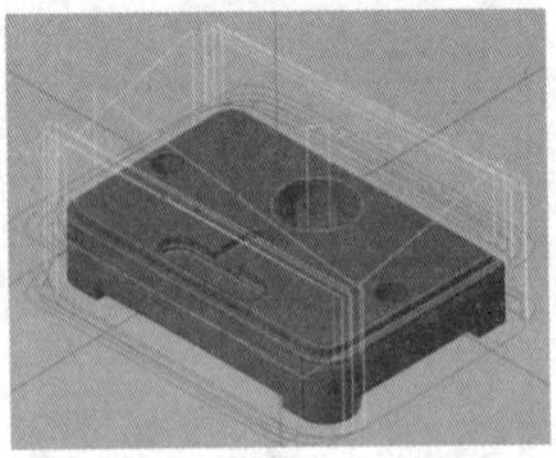		加工刀路：2D 动态铣削 余量：0.25 mm 刀具：φ12 mm 转速：400 r/min 切削速度（F）：800 mm/r
3		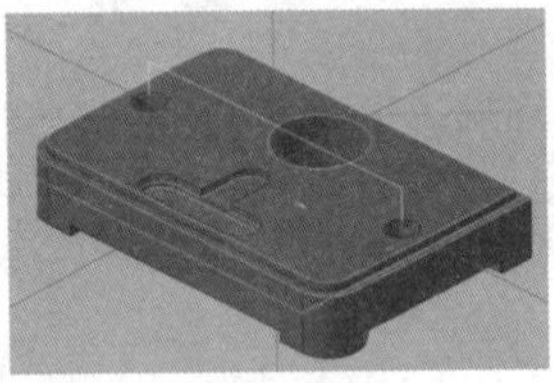		加工刀路：钻孔 刀具：φ9.6 mm 转速：1 000 r/min 切削速度（F）：100 mm/r
4		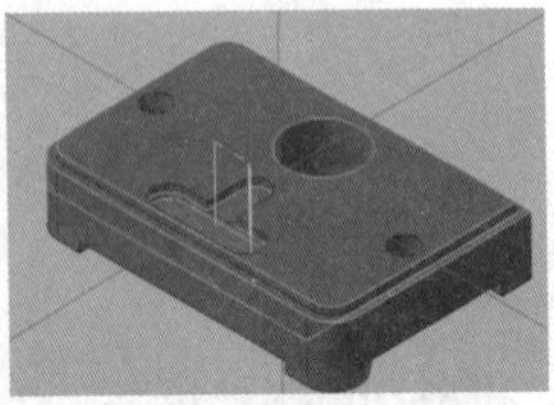		加工刀路：2D 动态铣削 余量：0.25 mm 刀具：φ8 mm 转速：6 000 r/min 切削速度（F）：800 mm/r
5		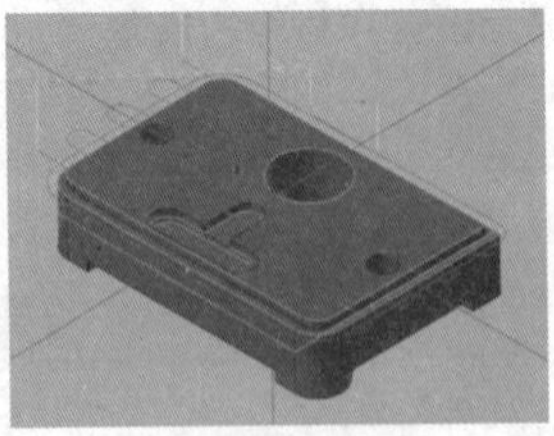		加工刀路：区域精加工 刀具：φ12 mm 转速：500 r/min 切削速度（F）：1 000 mm/r 精加工刀次：1
6		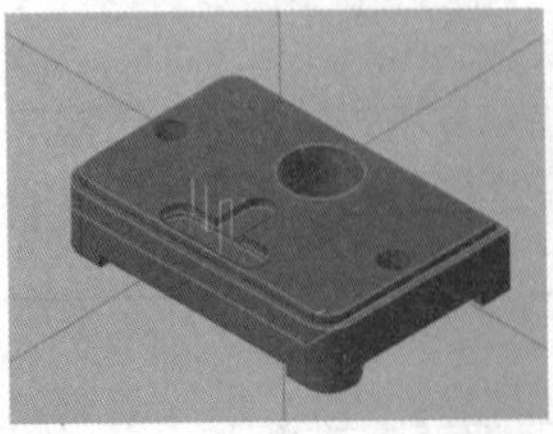		加工刀路：区域精加工 刀具：φ8 mm 转速：5 000 r/min 切削速度（F）：1 000 mm/r 精加工刀次：1

续表

序号	加工图示	编程图示	仿真图示	加工参数设置
7		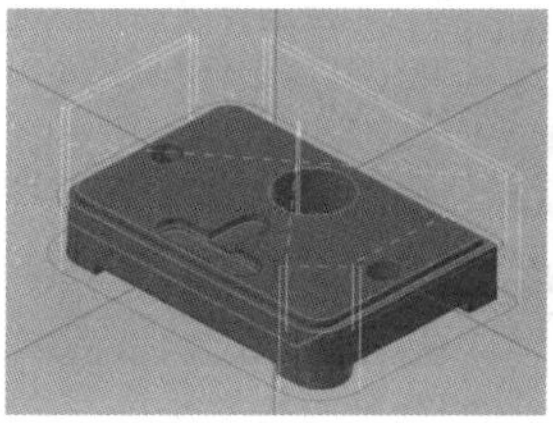		加工刀路：外形精加工 刀具：ϕ12 mm 转速：5 000 r/min 切削速度（F）：800 mm/r 精加工刀次：3
8		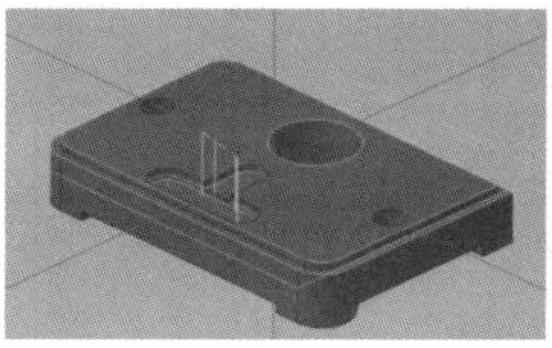		加工刀路：外形精加工 刀具：ϕ8 mm 转速：5 000 r/min 切削速度（F）：800 mm/r 精加工刀次：3
9		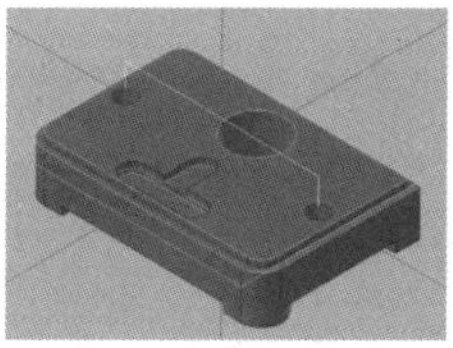	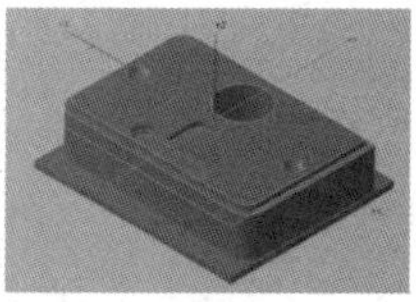	加工刀路：钻孔 刀具：ϕ10 mm 转速：300 r/min 切削速度（F）：60 mm/r
10		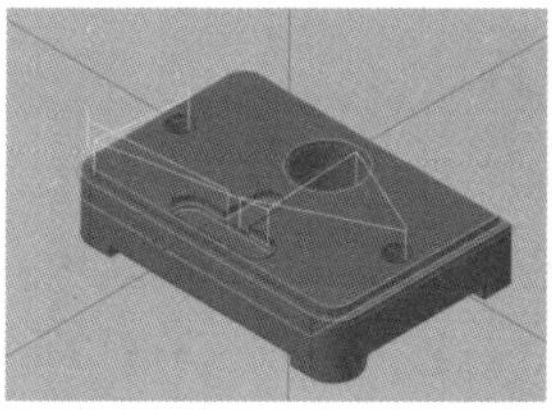	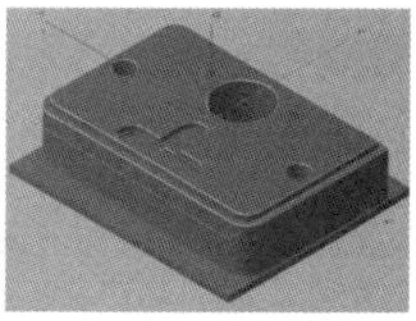	加工刀路：2D 倒角 刀具：ϕ6 mm 转速：6 000 r/min 切削速度（F）：1 000 mm/r
11		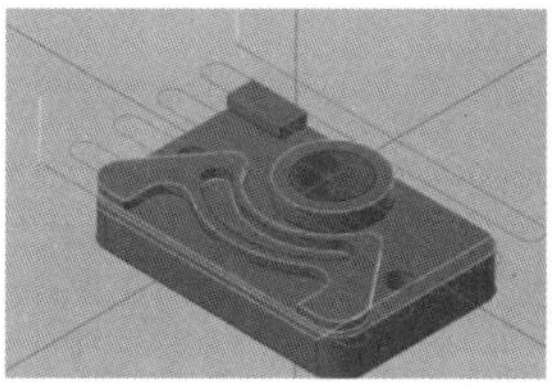	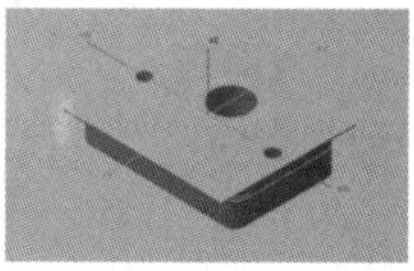	加工刀路：面铣 刀具：ϕ12 mm 转速：4 500 r/min 切削速度（F）：2 000 mm/r
12		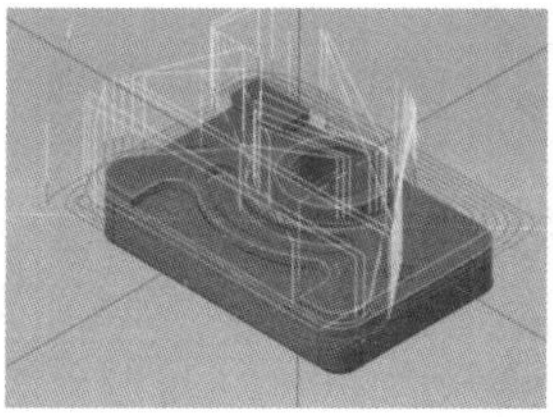	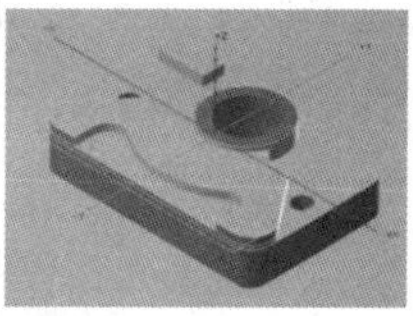	加工刀路：2D 动态铣削 余量：0.25 mm 刀具：ϕ12 mm 转速：4 500 r/min 切削速度（F）：2 000 mm/r

续表

序号	加工图示	编程图示	仿真图示	加工参数设置
13		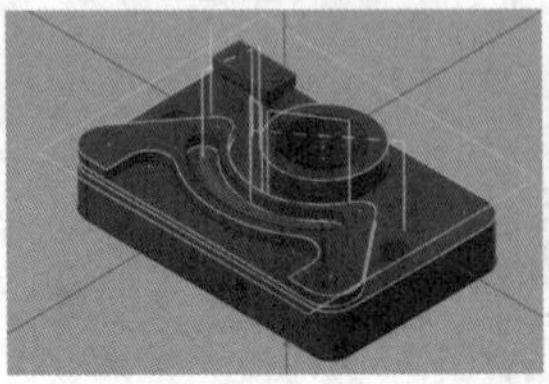		加工刀路：2D 动态铣削 余量：0.25 mm 刀具：ϕ8 mm 转速：6 000 r/min 切削速度（F）：1 000 mm/r
14		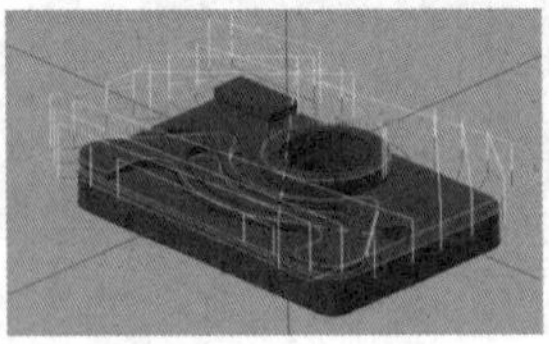		加工刀路：区域精加工 刀具：ϕ12 转速：5 000 r/min 切削速度（F）：800 mm/r 精加工刀次：1
15		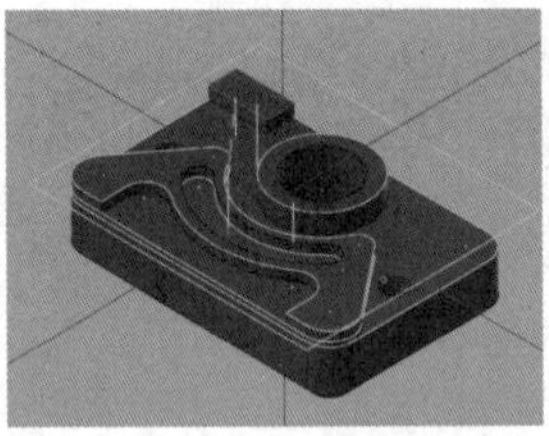		加工刀路：区域精加工 刀具：ϕ8 转速：5 500 r/min 切削速度（F）：800 mm/r 精加工刀次：1
16			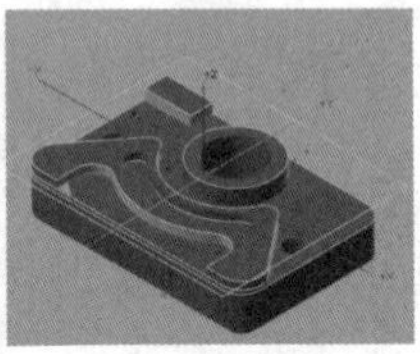	加工刀路：外形精加工 刀具：ϕ12 mm 转速：5 000 r/min 切削速度（F）：800 mm/r 精加工刀次：3
17		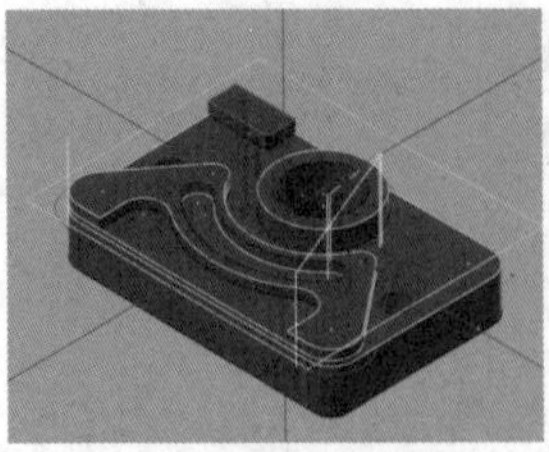		加工刀路：外形精加工 刀具：ϕ8 mm 转速：5 500 r/min 切削速度（F）：800 mm/r 精加工刀次：3
18		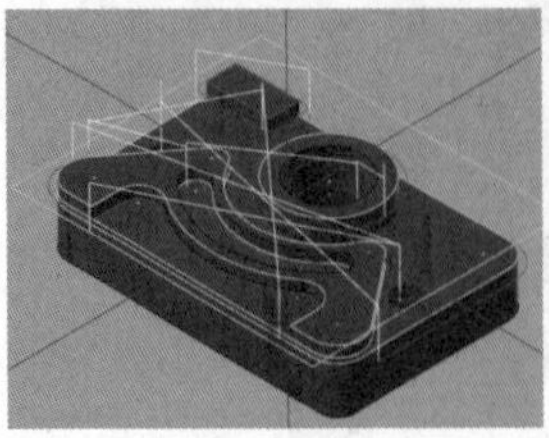		加工刀路：2D 倒角 刀具：ϕ6 mm 转速：6 000 r/min 切削速度（F）：1 000 mm/r

续表

序号	加工图示	编程图示	仿真图示	加工参数设置
19		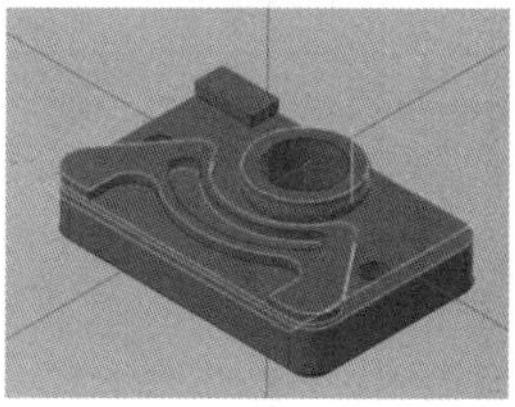		加工刀路：2D 倒角 刀具：ϕ10 mm 转速：5 000 r/min 切削速度（F）：1 000 mm/r
20				加工刀路：外形 刀具：ϕ8 转速：5 000 r/min 切削速度（F）：1 000 mm/r 精加工刀次：3
21				加工刀路：外形精加工 刀具：ϕ12 mm 转速：5 500 r/min 切削速度（F）：800 mm/r 精加工刀次：1
22				加工刀路：外形精加工 刀具：ϕ8 mm 转速：5 500 r/min 切削速度（F）：800 mm/r 精加工刀次：3
23				加工刀路：2D 倒角 刀具：ϕ6 mm 转速：6 000 r/min 切削速度（F）：1 000 mm/r

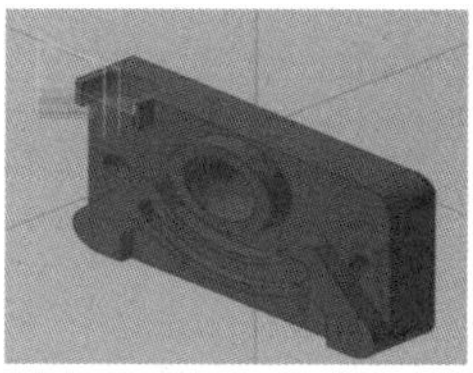

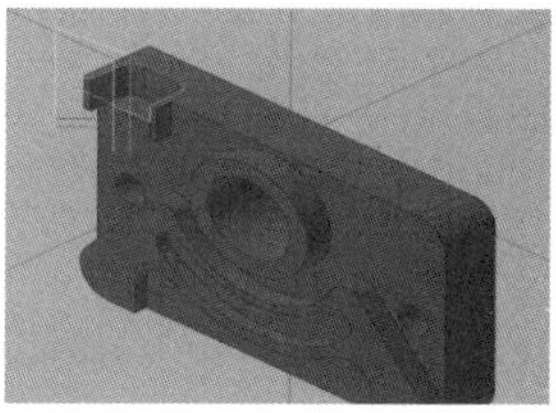

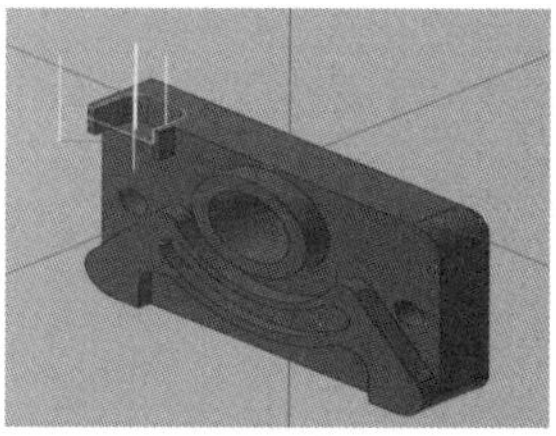

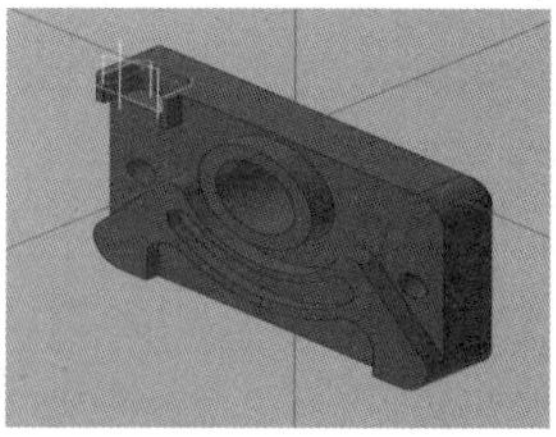

引导问题 3　如何检测拓展训练零件的加工质量？

1. 请对加工完成的拓展训练零件进行评分，填写表 4 – 25。

表 4 –25 拓展训练零件评分表

评分表										
姓名			编码			总成绩				
项目		拓展训练零件	试题图号		SXXSTZ02 –02 – 02	总时间				
序号	配分	图位	尺寸类型	基本尺寸/mm	上偏差/mm	下偏差/mm	上极限尺寸/mm	下极限尺寸/mm	实际尺寸/mm	得分	修正值
A – 主要尺寸										
1	2	A3	L	118	0.03	– 0.03	118. 03	117. 97		
2	2	B2	D	12	0.03	– 0.03	12. 03	11. 97		
3	2	B2	L	25	0.03	– 0.03	25. 03	24. 97		
4	2	C5	L	78	0.03	– 0.03	78. 03	77. 97		
5	2	D3	L	80	0.06	0	80. 06	80		
6	2	D3	L	96	0.03	– 0.03	96. 03	95. 97		
7	2	E2	L	2.5	0.03	– 0.03	2. 53	2. 47		
8	2	F1	L	14	0	– 0.06	14	13. 94		
9	2	F2	L	20	0.03	0	20. 03	20		
10	2	E5	D	8	0	– 0.06	8	7. 94		
11	2	E4	D	6	0	– 0.06	6	5. 94		
12	2	G2	ϕ	10	0.018	0	10. 018	10		
13	2	H3	L	112	0.03	– 0.03	112. 03	111. 97		
14	2	G3	L	12	0.03	– 0.03	12. 03	11. 97		
15	2	F4	L	12	0.03	– 0.03	12. 03	11. 97		
16	2	G4	L	72	0.03	– 0.03	72. 03	71. 97		
17	2	A6	H	28	0.03	– 0.03	28. 03	27. 97		
18	2	B6	D	3	0.03	– 0.03	3. 03	2. 97		
19	2	B6	D	3	0.06	0	3. 06	3		
20	2	B7	ϕ	40	0.06	0	40. 06	40		
21	2. 5	B8	ϕ	28	0	– 0.06	28	27. 94		
22	2. 5	B9	D	3	0	– 0.06	3	2. 94		
23	2. 5	D9	D	8	0	– 0.06	8	7. 94		
24	2. 5	D9	D	10	0	– 0.06	10	9. 94		
25	2. 5	D8	D	4	0	– 0.06	4	3. 94		
小计	52. 5									

续表

评分表											
姓名			编码			总成绩					
项目		拓展训练 零件		试题图号		SXXSTZ02 - 02 - 02		总时间			
序号	配分	图位	尺寸 类型	基本 尺寸/ mm	上偏差/ mm	下偏差/ mm	上极限 尺寸/ mm	下极限 尺寸/ mm	实际 尺寸/ mm	得分	修正值
B - 次要尺寸											
1	3	C4	*L*	9	0.04	-0.04	9.04	8.96			
2	3	E2	*D*	1	0.04	-0.04	1.04	0.96			
3	2	F2	*L*	1	0.04	-0.04	1.04	0.96			
4	2	C6	*D*	6	0.04	-0.04	6.04	5.96			
5	2	F3	*L*	30	0.04	-0.04	30.04	29.96			
6	2	G2	*L*	20	0.04	-0.04	20.04	19.96			
小计	14										
C - 表面质量											
1	3.5	B4	*Ra*	0.8 μm							
小计	3.5										

D - 主观评判

		主观评分内容	情况记录	得分	
1	5	零件加工要素完整度			
2	5	零件损伤（振纹、夹伤、过切等）			
3	5	倒角（一处未加工扣0.3分，一处毛刺锐边扣0.2分）			
小计	15				

E - 职业素养

		规范要求	情况记录	得分	
1	2	工具、量具、刀具分区摆放			
2	2	工具摆放整齐、规范、不重叠			
3	1	量具摆放整齐、规范、不重叠			
4	1	刀具摆放整齐、规范、不重叠			
5	1	防护佩戴规范			

续表

评分表											
姓名			编码			总成绩					
项目		拓展训练零件	试题图号		SXXSTZ02 - 02 - 02	总时间					
序号	配分	图位	尺寸类型	基本尺寸/ mm	上偏差/ mm	下偏差/ mm	上极限尺寸/ mm	下极限尺寸/ mm	实际尺寸/ mm	得分	修正值
6	1	工作服、工作帽、工作鞋穿戴规范									
7	1	加工后清理现场、清洁及其他									
8	1	现场表现									
小计	10										
F - 增加毛坯											
1	5	是否更换增加毛坯									
小计	5										
G - 技术总结											
学生总结						教师评价					
存在问题			改进方向								
						日期					

2. 请对拓展训练零件加工不达标尺寸进行分析,填写表 4 - 26。

表 4 - 26   拓展训练零件加工不达标尺寸分析

序号	图位	尺寸类型	基本尺寸	实际测量数值	出错原因	解决方案	
						学生分析	教师分析

3. 总结不足与改进的地方。

（1）通过以上检测，分析自己所做零件的不足及解决的办法。

（2）写出在操作过程中存在的问题和以后需要改进的地方。

学习任务三 车身的加工

零件名称	车身	材料	6061 铝合金	毛坯尺寸	120 mm×70 mm×35 mm

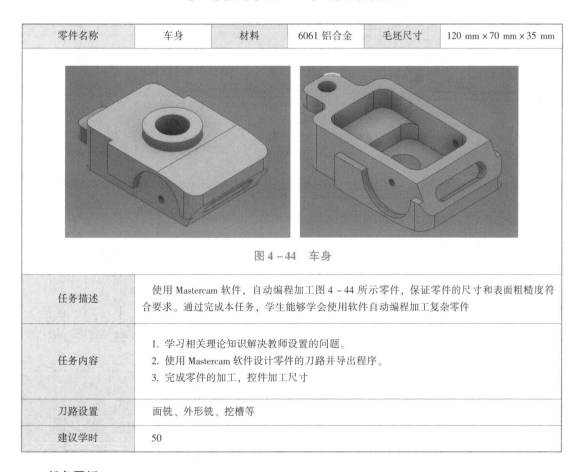

图 4 - 44 车身

任务描述	使用 Mastercam 软件，自动编程加工图 4 - 44 所示零件，保证零件的尺寸和表面粗糙度符合要求。通过完成本任务，学生能够学会使用软件自动编程加工复杂零件
任务内容	1. 学习相关理论知识解决教师设置的问题。 2. 使用 Mastercam 软件设计零件的刀路并导出程序。 3. 完成零件的加工，控件加工尺寸
刀路设置	面铣、外形铣、挖槽等
建议学时	50

任务图纸

车身的加工图纸如图 4 - 45 所示。

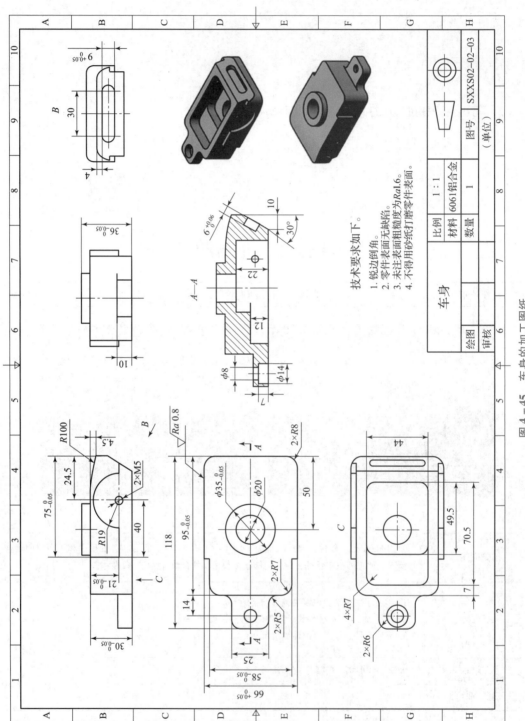

图 4 - 45　车身的加工图纸

[学习准备]

引导问题 1　关于 Mastercam 软件三维造型的基础知识都有哪些？

1. 立体构图的基本概念。

在运用 Mastercam 软件构建________________之前，必须深刻理解视角、构图面、工作深度和坐标系等基本概念。

通过设置视角，可以从不同的角度观察所绘制的图形，构图面是绘制二维图形的____________。可以在________________绘制一些图形进行三维造型。

构图深度则用来设置当前构图面与经过坐标系原点的构图面之间的__________距离，而设置坐标系可以方便地设置构图面，可以运用次菜单区的相应按钮对它们进行设置。

2. 坐标系与构图面。

Mastercam 软件的作图环境有两种坐标系，__________坐标系和__________坐标系。如图 4－46 所示，系统坐标系是________________________的坐标系，遵守右手法则。如图 4－47 所示，工作坐标系是用户在________________时建立的坐标系，又称用户坐标系。

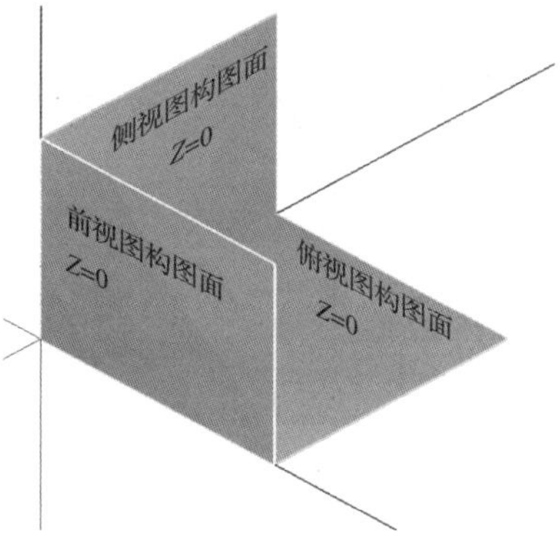

图 4－46　系统坐标系

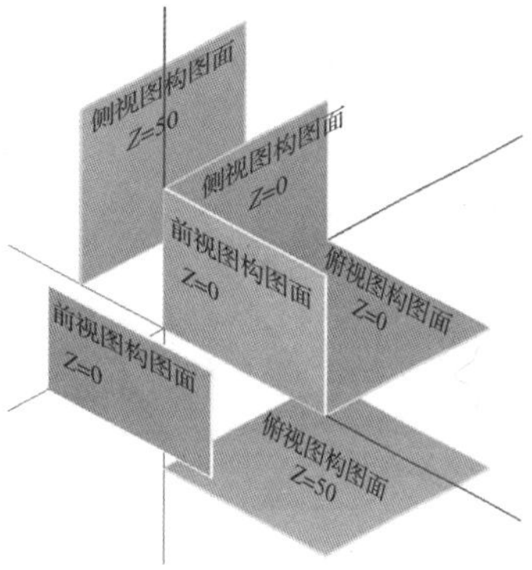

图 4－47　工作坐标系

在工作坐标系中，不管构图面如何设置，总是________轴正方向朝右，________轴正方向朝上，Z 轴正方向________________________。Mastercam 软件界面左下角的三脚架是系统坐标系，而不是工作坐标系。

3. 工作深度。

在 Mastercam 软件中，一旦选择好构图平面，就只能在__________绘制图形。当需要在空间中具体坐标位置绘制图形时，必须通过__________和__________一起确定图形的绘制位置。

练一练: 运用 Mastercam 软件完成图 4–48 ~ 图 4–53 的三维线架绘制。

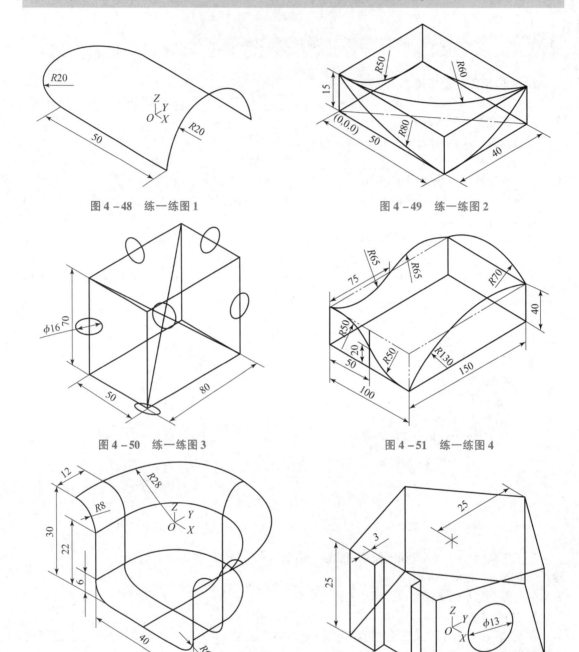

图 4–48　练一练图 1

图 4–49　练一练图 2

图 4–50　练一练图 3

图 4–51　练一练图 4

图 4–52　练一练图 5

图 4–53　练一练图 6

引导问题 2　螺旋机构(见图 4–54)的知识有哪些?

1. 螺旋传动是利用_____和_____组成的_____来实现传动要求的。

它主要用于将＿＿＿＿＿＿＿＿转变为＿＿＿＿＿＿＿＿＿＿＿＿或将＿＿＿＿＿＿＿＿＿＿
＿＿＿＿＿转变为＿＿＿＿＿＿＿＿＿＿＿＿，同时传递＿＿＿＿＿＿＿＿或＿＿＿＿＿＿＿。

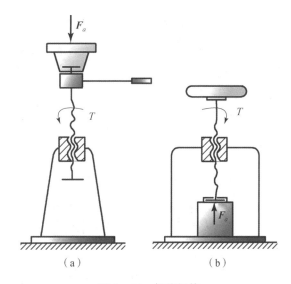

图4-54　螺旋机构

（a）螺旋千斤顶；（b）螺旋压力机

2. 螺旋机构按其运动形式可分为哪两类？

3. 滚动螺旋机构又称滚珠丝杠，是将＿＿＿＿＿＿＿＿转换为＿＿＿＿＿＿＿＿＿＿＿用得最
广泛的一种新型理想传动装置。滚珠丝杠广泛应用于数控机床的＿＿＿＿＿＿＿＿＿＿＿，车辆
＿＿＿＿＿＿＿构等＿＿＿＿＿＿＿、＿＿＿＿＿＿＿＿＿＿＿的机械中。

4. 简述滚动螺旋机构的特点。

[计划与实施]

引导问题1　在 Mastercam 软件中如何创建基本三维曲面？

1. 创建圆柱体曲面。

在创建圆柱体曲面时，通过输入圆柱的＿＿＿＿＿＿＿＿和＿＿＿＿＿＿＿来创建圆柱体曲
面，如图4-55所示。

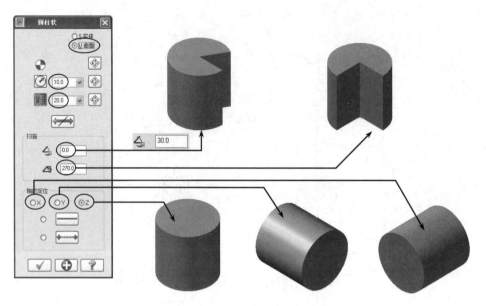

图 4 – 55　创建圆柱体曲面示例

2. 创建圆锥体曲面。

在创建圆锥体曲面时，通过输入圆锥_____、_____和圆锥_____

_____或_____来创建圆锥体曲面，如图 4 – 56 所示。

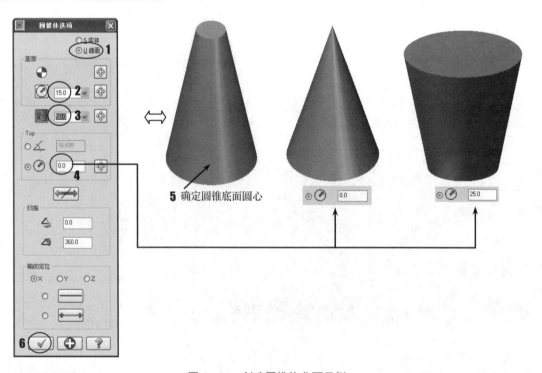

图 4 – 56　创建圆锥体曲面示例

3. 创建立方体曲面。

在创建立方体曲面时，通过输入立方体的＿＿＿＿＿＿＿、＿＿＿＿＿＿＿＿和＿＿＿＿＿＿来创建立方体曲面，如图 4 – 57 所示。

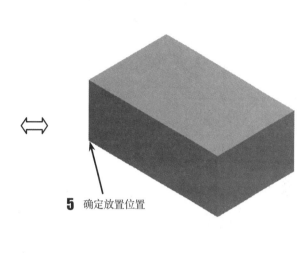

图 4 – 57　创建立方体曲面示例

4. 创建球体曲面。

在创建球体曲面时，通过输入球体的＿＿＿＿＿＿＿来创建球体曲面，如图 4 – 58 所示。

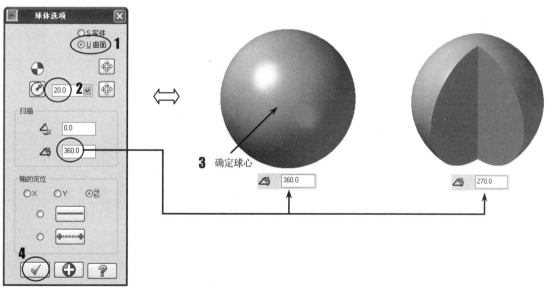

图 4 – 58　创建球体曲面示例

5. 创建圆环体曲面。

在创建圆环体曲面时，通过输入＿＿＿＿＿＿＿和截面＿＿＿＿＿＿＿的值来创建圆环体曲面，如图 4 – 59 所示。

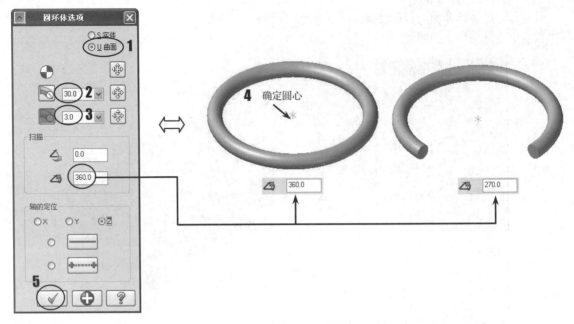

图 4-59 创建圆环体曲面示例

6. 创建举升曲面。

举升曲面是将选取的＿＿＿＿＿＿或＿＿＿＿＿＿串连用参数化最小光滑熔接方式创建的一个平滑曲面，如图 4-60 所示。

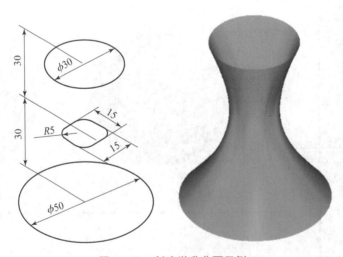

图 4-60 创建举升曲面示例

7. 创建直纹曲面。

直纹曲面是将＿＿＿＿＿＿或＿＿＿＿＿＿的＿＿＿＿＿＿以＿＿＿＿＿＿的熔接方式构建的一个曲面，如图 4-61 所示。

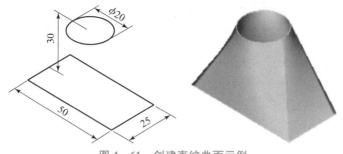

图 4 - 61　创建直纹曲面示例

8. 创建旋转曲面。

创建旋转曲面是指构建一个_____的曲面，即创建一个由断面轮廓绕着旋转轴转一定角度而形成的曲面。断面轮廓可以由_____形成，所得到的曲面数目等于_____的数目。所产生的曲面永远_____于所旋转的轴线，如图 4 - 62 所示。

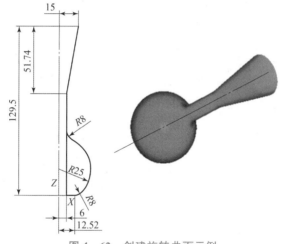

图 4 - 62　创建旋转曲面示例

9. 创建扫描曲面。

扫描曲面是指以截断面外形沿着_____或_____（切削外形）运动而形成的曲面。截断面外形和轨迹线可以是_____的，也可以是_____的，如图 4 - 63 所示。

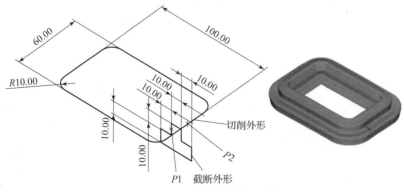

图 4 - 63　创建扫描曲面示例

10. 完成图 4 – 64 中关于扫描曲面知识点的填写。

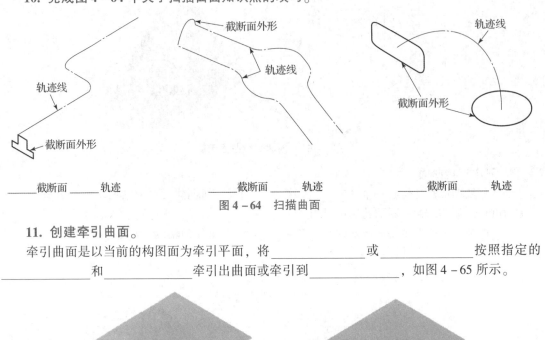

_____截断面 _____轨迹　　　　　_____截断面 _____轨迹　　　　　_____截断面 _____轨迹

图 4 – 64　扫描曲面

11. 创建牵引曲面。

牵引曲面是以当前的构图面为牵引平面，将_____或_____按照指定的_____和_____牵引出曲面或牵引到_____，如图 4 – 65 所示。

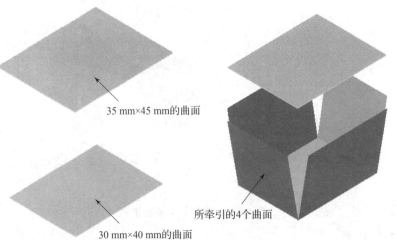

图 4 – 65　创建牵引曲面示例

12. 创建昆氏曲面。

该命令可以利用_____构建曲面，首先串连一系列_____、_____的网格状线架，然后根据指定的方向生成任意曲面，如图 4 – 66 所示。

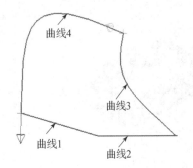
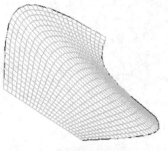

图 4 – 66　创建昆氏曲面示例

13. 创建拉伸曲面。

拉伸曲面是将一个＿＿＿＿＿＿＿＿＿＿＿＿＿＿拉伸出一个＿＿＿＿＿＿＿＿＿＿，如图 4 – 67 所示。

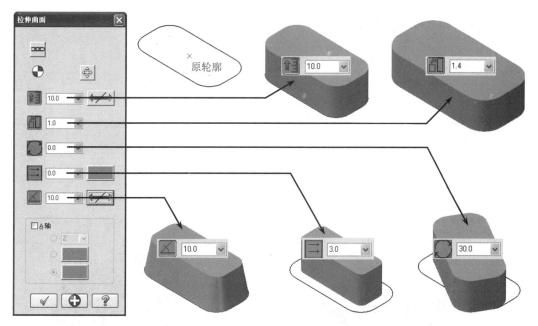

图 4 – 67　创建拉伸曲面示例

14. 曲面补正。

曲面补正功能，就是将选定的曲面沿着其＿＿＿＿＿＿方向移动一定的＿＿＿＿＿＿，如图 4 – 68 所示。

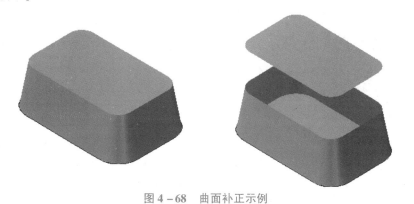

图 4 – 68　曲面补正示例

引导问题 2　曲面的编辑有哪些内容？

1. 曲面倒圆角。

曲面倒圆角，就是在两组已知＿＿＿＿＿＿＿＿＿之间创建圆角曲面，使两组曲面进行＿＿＿＿＿＿连接，如图 4 – 69 所示。

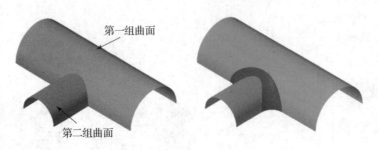

第一组曲面

第二组曲面

图 4 - 69 曲面倒圆角示例

2. 曲面修整。

曲面修整用于把一组已存在的_____修整到_____、_____或_____，从而生成新的曲面。曲面修整包括 3 种操作，修整至_____、修整至_____、修整至_____。如图 4 - 70 所示。

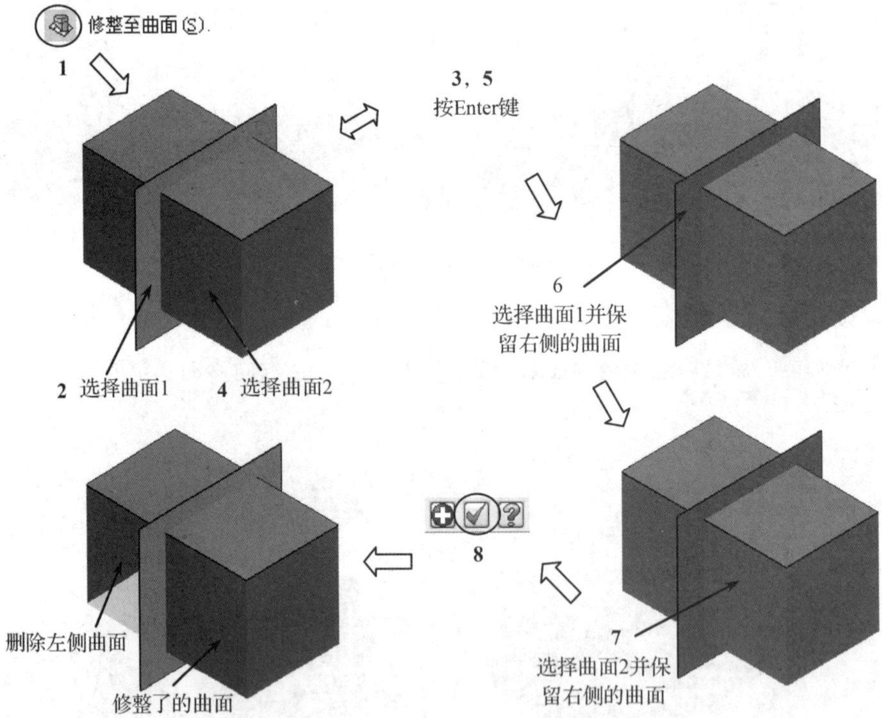

修整至曲面(S).

1

3、5
按Enter键

2 选择曲面1   4 选择曲面2

6
选择曲面1并保
留右侧的曲面

8

7
选择曲面2并保
留右侧的曲面

删除左侧曲面

修整了的曲面

图 4 - 70 曲面修整示例

3. 曲面延伸。

曲面延伸功能，就是将已知曲面的_____或_____延伸到_____或_____，如图 4 - 71 所示。

4. 打断曲面。

打断曲面功能，就是将所选择的一个曲面按照_____和_____打断，如图 4 - 72 所示。

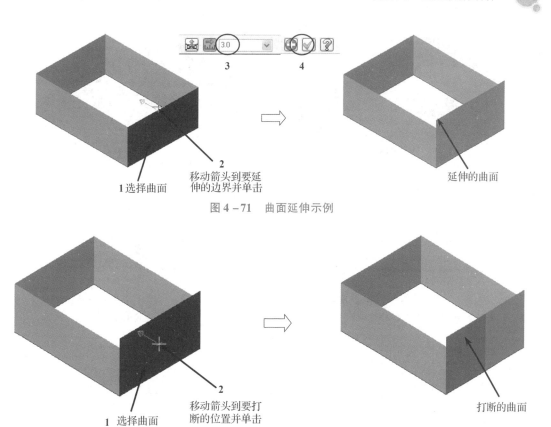

图 4 – 71　曲面延伸示例

图 4 – 72　打断曲面示例

5. 恢复边界。

恢复边界功能就是将曲面上的＿＿＿＿＿＿＿＿或＿＿＿＿＿＿进行＿＿＿＿＿＿＿＿＿＿＿＿，使原曲面恢复成一个＿＿＿＿＿＿＿＿＿＿＿＿＿＿＿＿曲面，如图 4 – 73 所示。

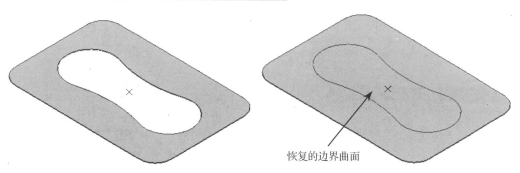

图 4 – 73　恢复边界示例

6. 填补内孔。

填补内孔功能就是对＿＿＿＿＿＿＿或＿＿＿＿＿＿＿＿＿＿＿＿＿＿＿＿的＿＿＿＿＿＿＿和＿＿＿＿＿＿＿＿＿进行填补，从而产生一个新的＿＿＿＿＿＿曲面，如图 4 – 74 所示。

7. 平面修剪。

平面修剪功能，就是在同一个平面上选择＿＿＿＿＿＿＿＿＿＿所创建的一个新的曲面，如图 4 – 75 所示。

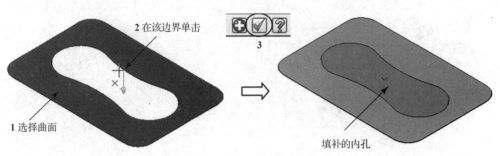

图 4-74 填补内孔示例

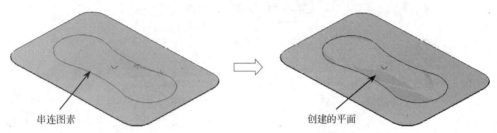

图 4-75 平面修剪示例

8. 曲面熔接。

曲面熔接，就是将_____或_____曲面以_____或_____平滑的曲面进行_____连接，如图 4-76 所示。

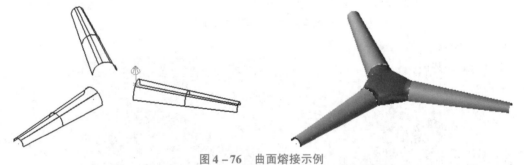

图 4-76 曲面熔接示例

练一练：运用 Mastercam 软件完成图 4-77~图 4-84 的绘制。

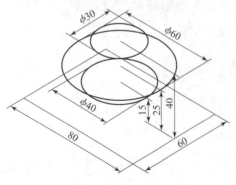

图 4-77 练一练图 1

图 4-78 练一练图 2

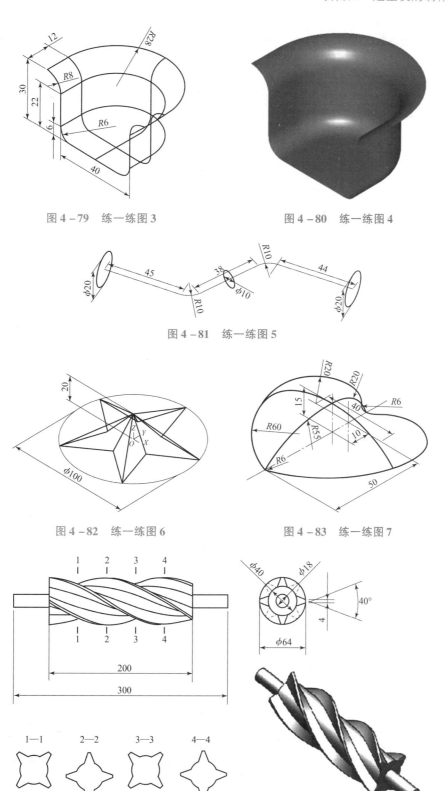

图 4 -79　练一练图 3

图 4 -80　练一练图 4

图 4 -81　练一练图 5

图 4 -82　练一练图 6

图 4 -83　练一练图 7

图 4 -84　练一练图 8

引导问题 3 如何制订本零件的加工工艺？

1. 各小组分析、讨论并制订加工计划。

（1）根据加工要求，考虑现场的实际条件，小组成员共同分析、讨论并制订合理的车身加工计划，完成表 4-27。

表 4-27 车身加工计划

序号	图示	加工内容	尺寸精度	注意事项	备注

（2）组内及组间对加工计划的评价及改进建议。

（3）指导教师的评价与结论。

2. 各小组根据加工计划，完成工量刃具、设备和材料的准备工作，并填写表 4-28。

表 4-28 工量刃具、设备和材料的准备

序号	工量刃具、设备和材料的名称	要求	数量

引导问题 4 车身的刀路设计加工参数如何设置？

1. 车身的刀路设计见表 4-29。

表 4-29　车身的刀路设计

序号	加工图示	编程图示	仿真图示	加工参数设置
1		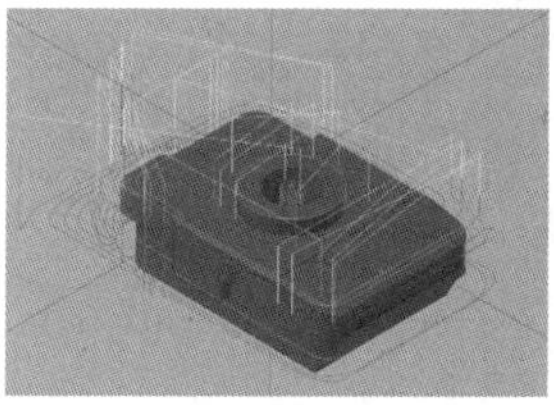	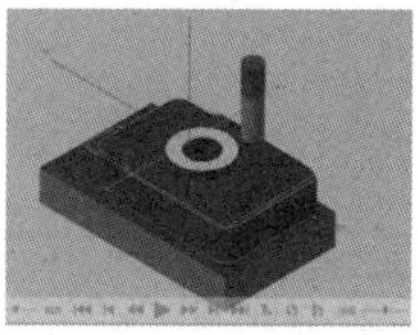	加工刀路：挖槽粗加工 余量：0.2 mm 刀具：ϕ12 mm 转速：4 000 r/min 切削速度（F）：1 500 mm/r
2		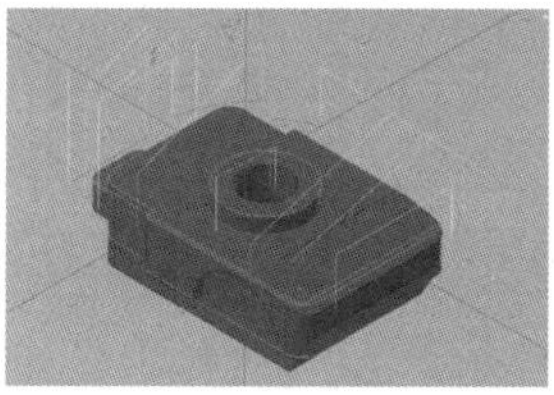		加工刀路：底部精加工 刀具：ϕ12 mm 转速：4 000 r/min 切削速度（F）：600 mm/r 精加工刀次：1
3		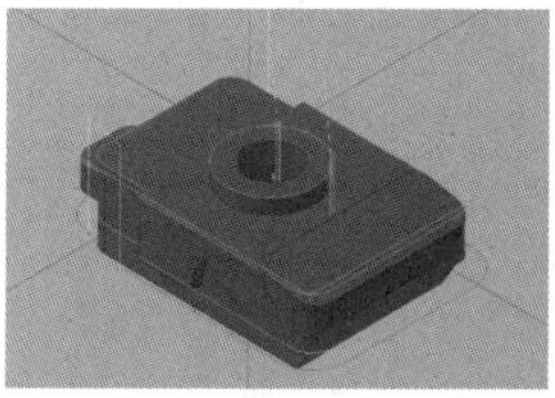		加工刀路：侧壁精加工 刀具：ϕ12 mm 转速：6 500 r/min 切削速度（F）：1 500 mm/r 精加工刀次：1
4		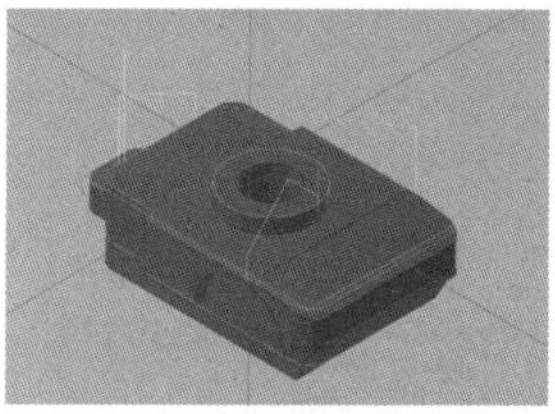		加工刀路：倒角 刀具：ϕ6 mm 转速：4 000 r/min 切削速度（F）：600 mm/r
5		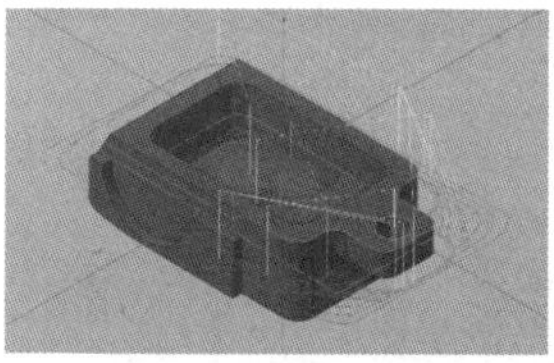	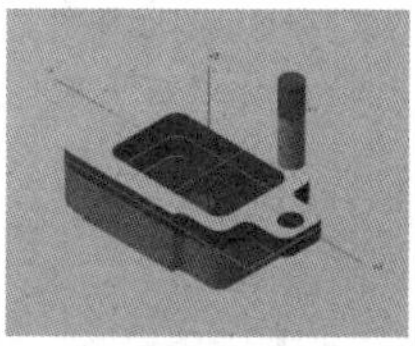	加工刀路：挖槽粗加工 余量：0.2 mm 刀具：ϕ12 mm 转速：4 000 r/min 切削速度（F）：1 500 mm/r
6		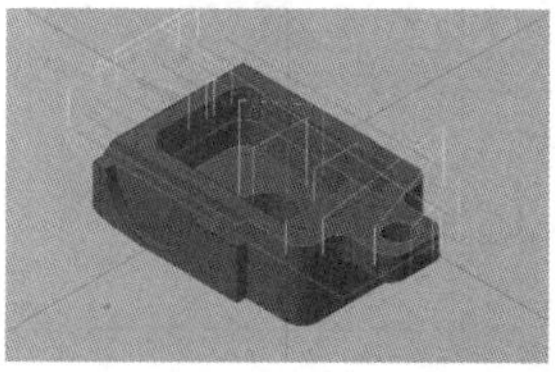		加工刀路：底部精加工 刀具：ϕ12 mm 转速：4 000 r/min 切削速度（F）：600 mm/r 精加工刀次：1
7		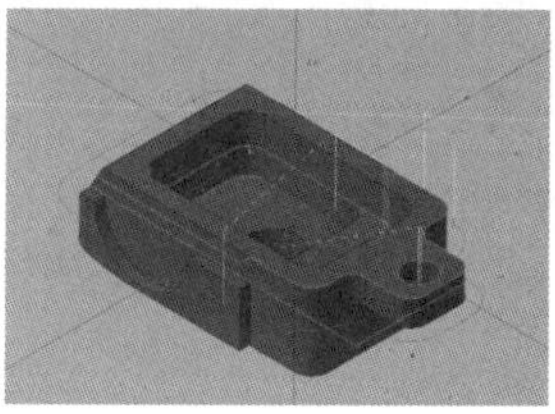	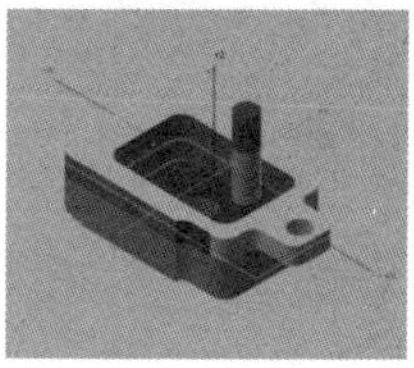	加工刀路：外形精加工 刀具：ϕ12 mm 转速：4 000 r/min 切削速度（F）：600 mm/r 精加工刀次：1

序号	加工图示	编程图示	仿真图示	加工参数设置
8		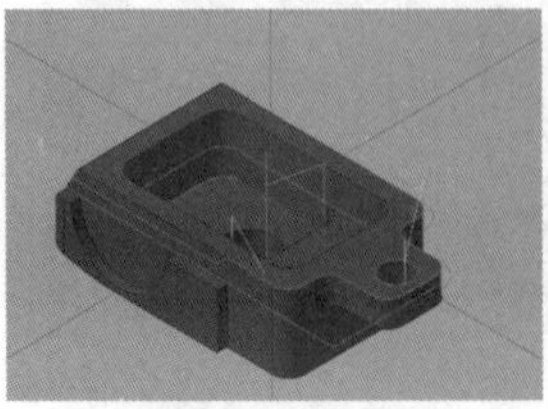		加工刀路：倒角 刀具：ϕ6 mm 转速：4 000 r/min 切削速度（F）：600 mm/r
9			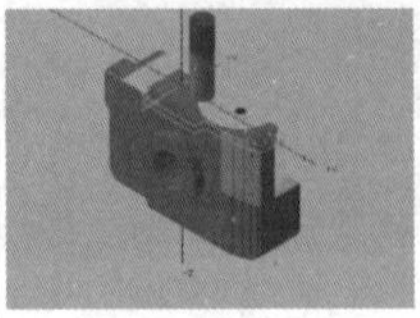	加工刀路：挖槽粗加工 余量：0.2 mm 刀具：ϕ12 mm 转速：4 000 r/min 切削速度（F）：1 500 mm/r
10			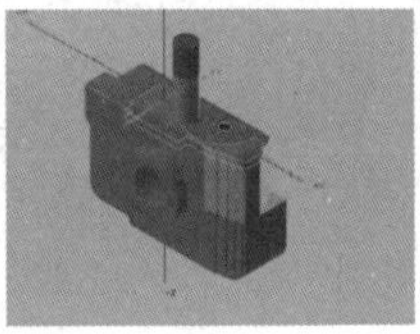	加工刀路：底部精加工 刀具：ϕ12 mm 转速：4 000 r/min 切削速度（F）：600 mm/r 精加工刀次：1
11			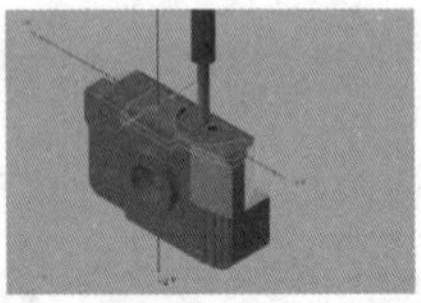	加工刀路：外形精加工 刀具：ϕ12 mm 转速：4 000 r/min 切削速度（F）：600 mm/r 精加工刀次：1
12		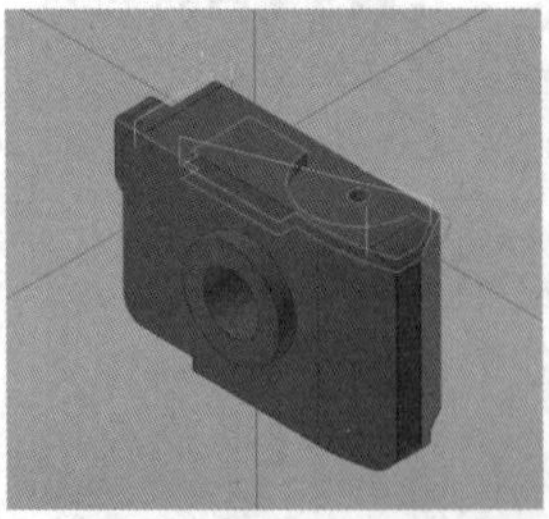	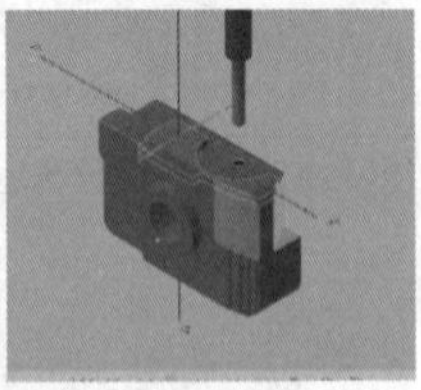	加工刀路：倒角 刀具：ϕ6 mm 转速：4 000 r/min 切削速度（F）：600 mm/r
13		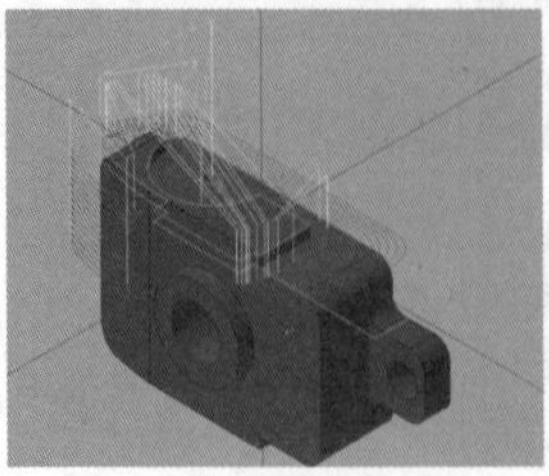		加工刀路：挖槽粗加工 余量：0.2 mm 刀具：ϕ12 mm 转速：4 000 r/min 切削速度（F）：1 500 mm/r

序号	加工图示	编程图示	仿真图示	加工参数设置
14		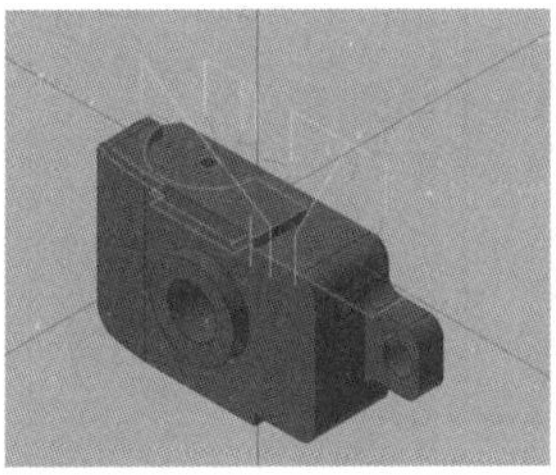		加工刀路：底部精加工 刀具：φ12 mm 转速：4 000 r/min 切削速度（F）：600 mm/r 精加工刀次：1
15			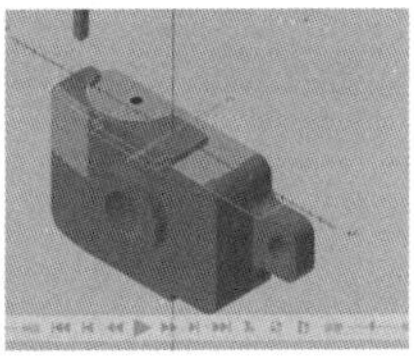	加工刀路：外形精加工 刀具：φ12 mm 转速：4 000 r/min 切削速度（F）：600 mm/r 精加工刀次：1
16		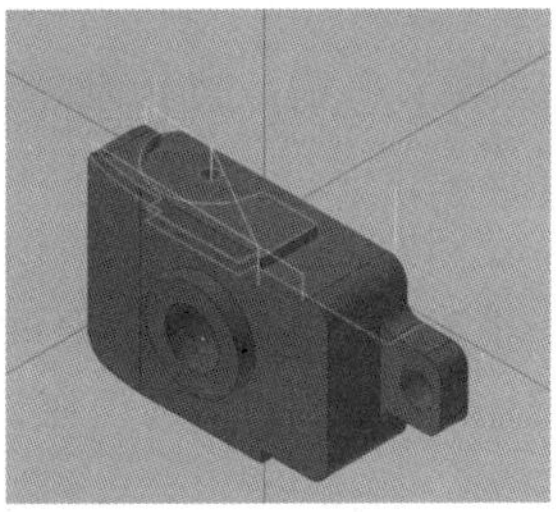		加工刀路：倒角 刀具：φ6 mm 转速：4 000 r/min 切削速度（F）：600 mm/r
17		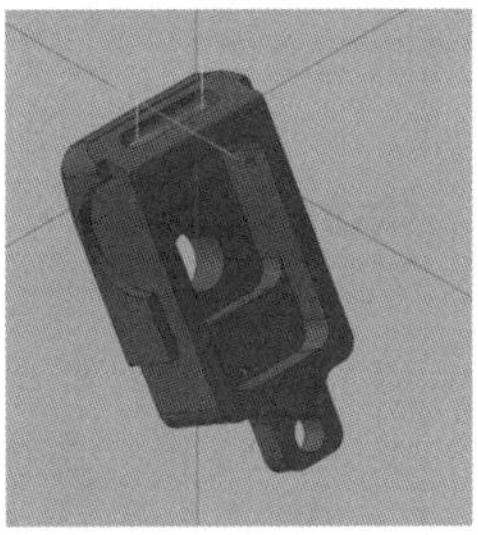		加工刀路：挖槽粗加工 余量：0.2 mm 刀具：φ6 mm 转速：4 000 r/min 切削速度（F）：1 200 mm/r
18		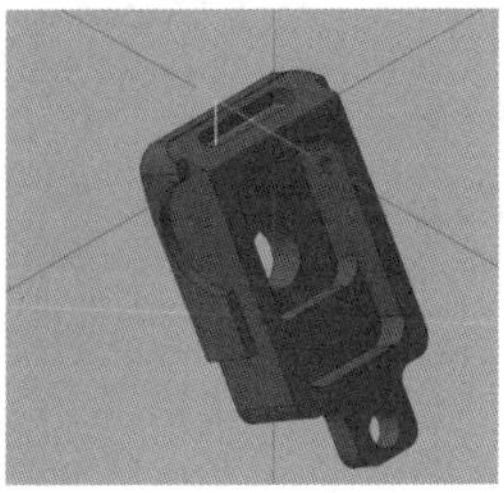		加工刀路：底部精加工 刀具：φ6 mm 转速：4 000 r/min 切削速度（F）：600 mm/r 精加工刀次：1

续表

序号	加工图示	编程图示	仿真图示	加工参数设置
19		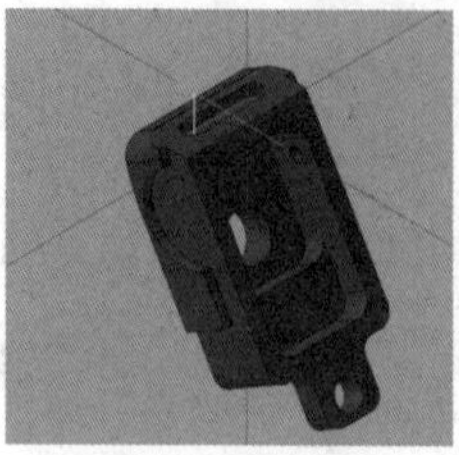	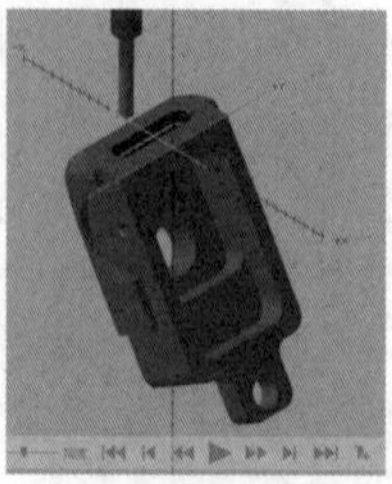	加工刀路：外形精加工 刀具：φ6 mm 转速：4 000 r/min 切削速度（F）：600 mm/r 精加工刀次：1
20		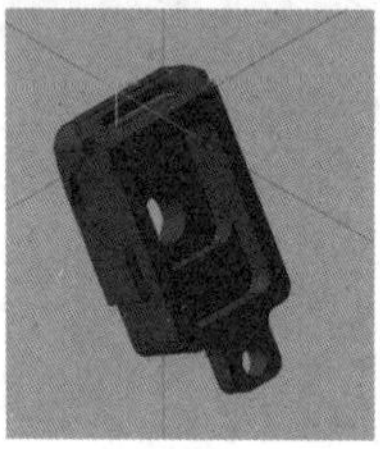		加工刀路：倒角 刀具：φ6 mm 转速：4 000 r/min 切削速度（F）：600 mm/r

2. 安全提示。

（1）工作时应穿工作服、戴袖套。女同学应戴工作帽，将长发塞入帽子里。夏季禁止穿裙子、短裤和凉鞋上机操作。

（2）为防切屑崩碎飞散，有防护外罩的封闭型数控铣床必须关闭防护门，半开放式数控铣床中的工作人员必须戴防护眼镜。工作时，头不能离工件加工区域太近，以防切屑伤人。

（3）工作时，必须集中精力，注意手、身体和衣服不能靠近正在旋转的机件，如铣床主轴、工件、带轮、皮带、齿轮等。

（4）工件和铣刀必须装夹牢固，否则会飞出伤人。

（5）在装卸工件、更换刀具、测量加工表面或改变速度时，必须先停机，再行调整。

（6）铣床运转时，不得用手去摸刀具及刀具加工区域。严禁用棉纱擦抹转动的铣削刀具。

（7）使用专用铁钩清除切屑，绝不允许用手直接清除。

（8）在数控铣床上操作时不准戴手套。

（9）不要随意拆装电气设备，以免发生触电事故。

（10）工作中若发现机床、电气设备有故障，要及时申报，由专业人员检修，未修复不得使用。

引导问题 5　实施过程中要注意哪些问题？

1. 加工仿真应注意什么问题？

2. 后置处理应注意什么问题？

[总结与评价]

引导问题1 你能够使用合适的量具检测车身零件的加工质量吗？

1. 请对加工完成的车身零件进行评分，填写表4 - 30。

表4 - 30 车身零件评分表

评分表											
姓名			编码			总成绩					
项目		车身	试题图号		SXXS02 - 02 - 03	总时间					
序号	配分	图位	尺寸类型	基本尺寸/mm	上偏差/mm	下偏差/mm	上极限尺寸/mm	下极限尺寸/mm	实际尺寸/mm	得分	修正值
A - 主要尺寸											
1	4	B2	H	30	0	- 0.05	30	29.95			
2	4	B2	H	21	0	- 0.05	21	20.95			
3	4	D1	L	66	0.05	0	66.05	66			
4	4	D1	L	58	0	- 0.05	58	57.95			
5	4	A3	L	75	0	- 0.05	75	74.95			
6	4	B7	H	36	0	- 0.05	36	35.95			
7	4	B10	L	9	0.05	0	9.05	9			
8	4	D7	D	6	0.06	0	6.06	6			
9	4	C3	L	95	0	- 0.05	95	94.95			
10	4	D4	ϕ	35	0	- 0.05	35	34.95			
小计	40										
B - 次要尺寸											
1	3	C4	M	5							
2	3	C3	L	40	0.05	- 0.05	40.05	39.95			
3	3	D1	L	25	0.05	- 0.05	25.05	24.95			
4	3	C3	L	40	0.05	- 0.05	40.05	39.95			
5	3	B9	L	30	0.05	- 0.05	30.05	29.95			
6	3	B8	L	4	0.05	- 0.05	4.05	3.95			
7	3	E8	L	10	0.05	- 0.05	10.05	9.95			
8	3	E6	D	12	0.05	- 0.05	12.05	11.95			
9	2	E5	ϕ	14	0.05	- 0.05	14.05	13.95			
10	2	E5	D	7	0.05	- 0.05	7.05	6.95			
小计	28										

续表

评分表											
姓名				编码			总成绩				
项目		车身		试题图号	SXXS02－02－03		总时间				
序号	配分	图位	尺寸类型	基本尺寸/mm	上偏差/mm	下偏差/mm	上极限尺寸/mm	下极限尺寸/mm	实际尺寸/mm	得分	修正值
C－表面质量											
1	2	C4	*Ra*	0.8 μm							
小计	2										

D　主观评判

		主观评价内容	情况记录	得分
1	5	零件加工要素完整度		
2	5	零件损伤（振纹、夹伤、过切等）		
3	5	倒角（一处未加工扣0.3分，一处毛刺锐边扣0.2分）		
小计	15			

E－职业素养

		规范要求	情况记录	得分
1	2	工具、量具、刀具分区摆放		
2	2	工具摆放整齐、规范、不重叠		
3	1	量具摆放整齐、规范、不重叠		
4	1	刀具摆放整齐、规范、不重叠		
5	1	防护佩戴规范		
6	1	工作服、工作帽、工作鞋穿戴规范		
7	1	加工后清理现场、清洁及其他		
8	1	现场表现		
小计	10			0.000

F－增加毛坯

1	5	是否更换增加毛坯		
小计	5			

G－技术总结

学生总结		教师评价
存在问题	改进方向	
	日期	

2. 请对车身零件加工不达标尺寸进行分析，填写表 4 – 31。

表 4 – 31 车身零件加工不达标尺寸分析

序号	图位	尺寸类型	基本尺寸	实际测量数值	出错原因	解决方案	
						学生分析	教师分析

引导问题 2 能否针对本任务所学的知识进行自我评价与总结？

1. 请对车身零件加工学习效果进行自我评价，填写表 4 – 32。

表 4 – 32 车身零件加工学习效果自我评价

序号	学习任务内容	学习效果			备注
		优秀	良好	较差	
1	关于 Mastercam 软件三维造型的基础知识都有哪些				
2	练一练：运用 Mastercam 软件完成三维线架的绘制				
3	螺旋机构的知识有哪些				
4	在 Mastercam 软件中如何创建基本三维曲面				
5	曲面的编辑有哪些内容				
6	练一练：运用 Mastercam 软件完成图形的绘制				
7	如何制订本零件的加工工艺				
8	车身的刀路设计加工参数如何设置				
9	实施过程中要注意哪些问题				

2. 总结不足与改进的地方。

（1）通过以上检测，分析自己所做零件的不足及解决的办法。

（2）写出在操作过程中存在的问题和以后需要改进的地方。

[任务拓展训练]

任务拓展训练图纸如图 4 – 85 所示。

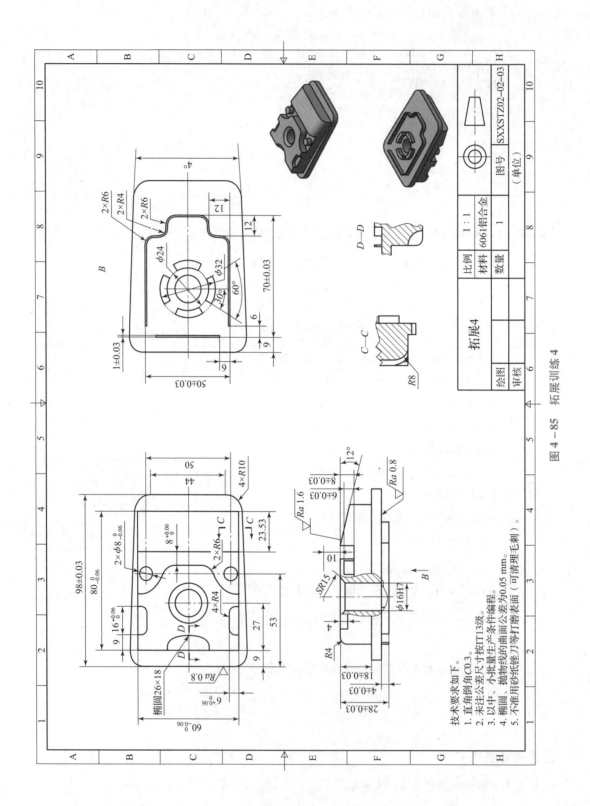

技术要求如下。
1. 直角倒角C0.3。
2. 未注公差尺寸按IT13级。
3. 以中、小批量生产条件编程。
4. 椭圆、抛物线的曲面公差为0.05 mm。
5. 不准用砂纸锉刀等打磨表面（可清理毛刺）。

拓展4

比例	1:1
材料	6061铝合金
数量	1

图号 SXXSTZ02-02-03

（单位）

绘图
审核

图 4-85 拓展训练 4

引导问题 1 如何制订拓展任务的加工工艺？

查找资料，并根据所学知识，回答下列问题。

（1）各小组分析、讨论并根据加工要求、现场的实际条件，制订合理的加工计划，完成表4-33。

表4-33 加工计划

序号	图示	加工内容	尺寸精度	注意事项	备注

（2）组内及组间对加工计划的评价或改进建议。

（3）指导教师的评价与结论。

（4）各小组根据加工计划，完成工量刃具、设备和材料的准备工作，并填写表4-34。

表4-34 工量刃具、设备和材料的准备

序号	工量刃具、设备和材料的名称	要求	数量

引导问题 2 拓展训练零件的刀路设计加工参数如何设置？

拓展训练零件的刀路设计见表 4 – 35。

表 4 – 35 拓展训练零件的刀路设计

序号	加工图示	编程图示	仿真图示	加工参数设置
1			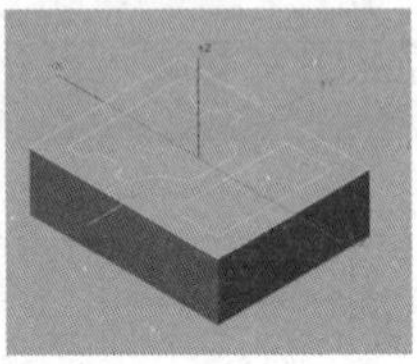	加工刀路：面铣 刀具：φ12 mm 转速：4 500 r/min 切削速度（F）：2 000 mm/r
2		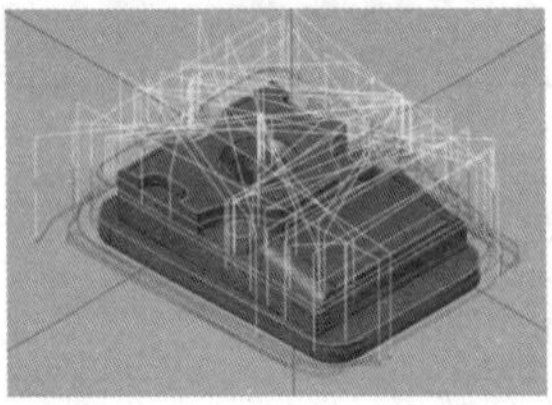		加工刀路：2D 动态铣削 余量：0.25 mm 刀具：φ12 mm 转速：4 500 r/min 切削速度（F）：2 000 mm/r
3		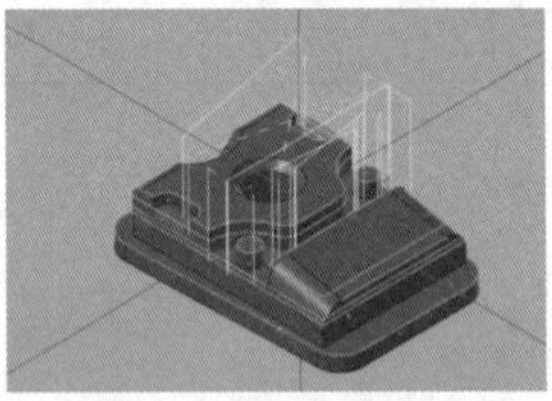	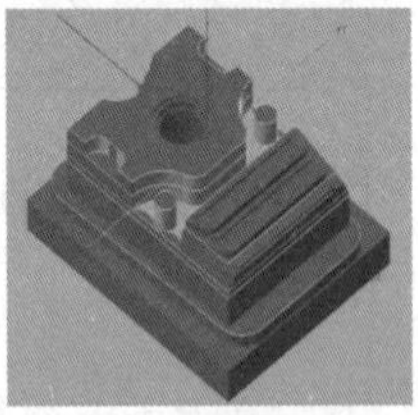	加工刀路：2D 动态铣削 余量：0.25 mm 刀具：φ5 mm 转速：6 000 r/min 切削速度（F）：600 mm/r
4		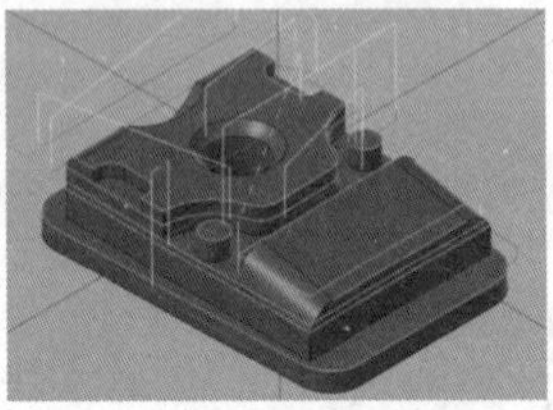	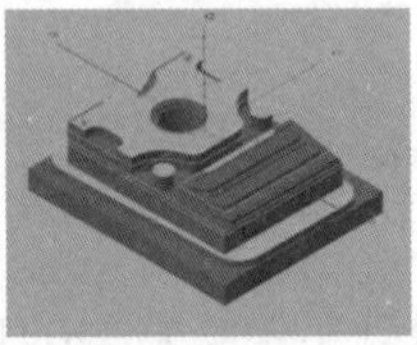	加工刀路：区域精加工 刀具：φ12 mm 转速：5 000 r/min 切削速度（F）：1 000 mm/r 精加工刀次：1
5		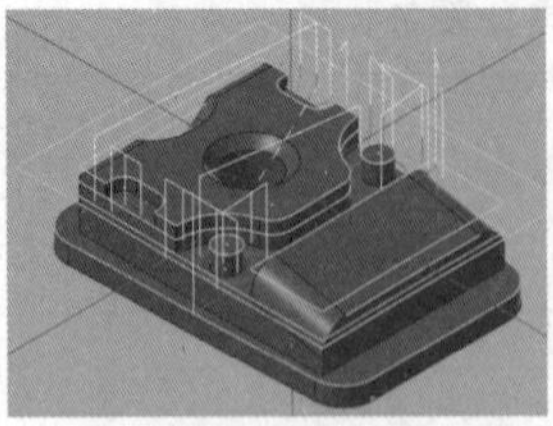		加工刀路：区域精加工 刀具：φ5 mm 转速：6 000 r/min 切削速度（F）：400 mm/r 精加工刀次：1
6		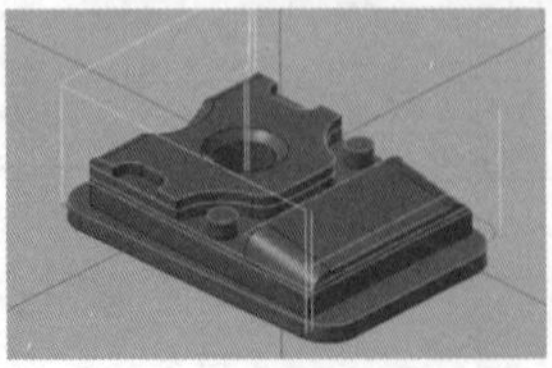		加工刀路：外形精加工 刀具：φ12 mm 转速：5 000 r/min 切削速度（F）：800 mm/r 精加工刀次：3

续表

序号	加工图示	编程图示	仿真图示	加工参数设置
7		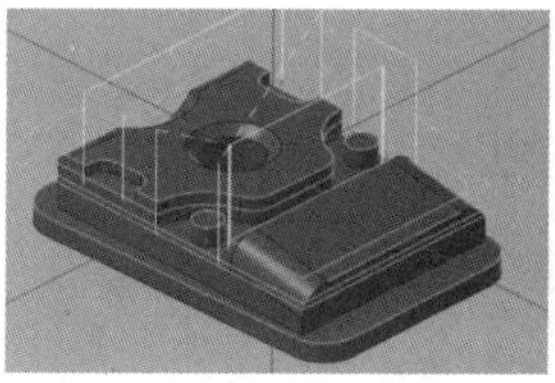		加工刀路：外形精加工 刀具：$\phi5$ mm 转速：6 000 r/min 切削速度（F）：400 mm/r 精加工刀次：3
8		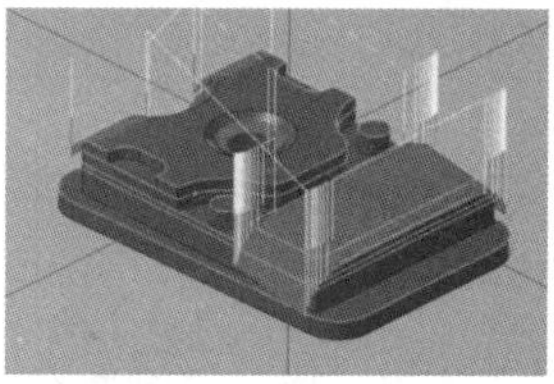		加工刀路：流线 刀具：$\phi8$ mm 转速：6 000 r/min 切削速度（F）：1 000 mm/r
9		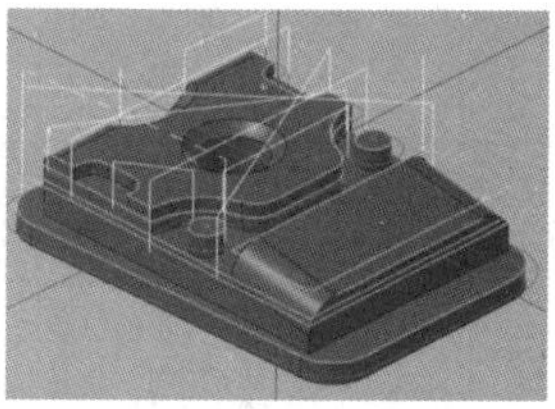		加工刀路：2D 倒角 刀具：$\phi6$ mm 转速：6 000 r/min 切削速度（F）：1 000 mm/r
10	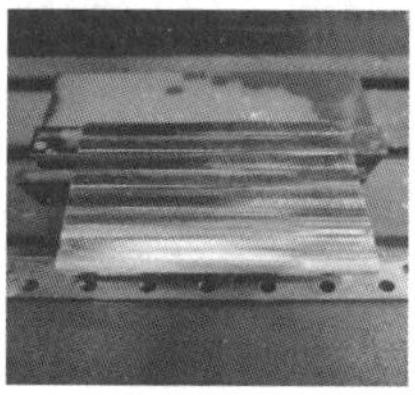	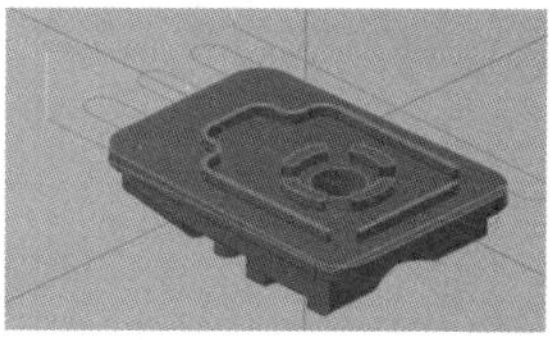	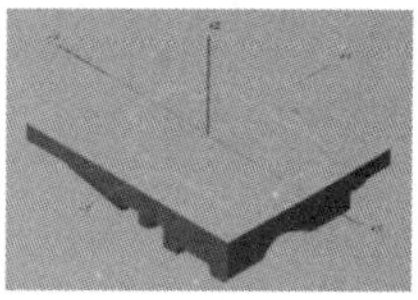	加工刀路：面铣 刀具：$\phi12$ mm 转速：4 500 r/min 切削速度（F）：2 000 mm/r
11		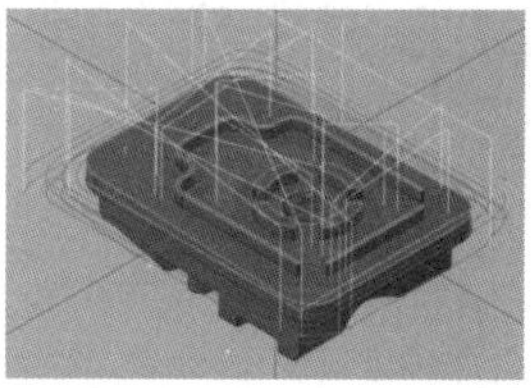		加工刀路：2D 动态铣削 余量：0.25 mm 刀具：$\phi12$ mm 转速：4 500 r/min 切削速度（F）：2 000 mm/r
12		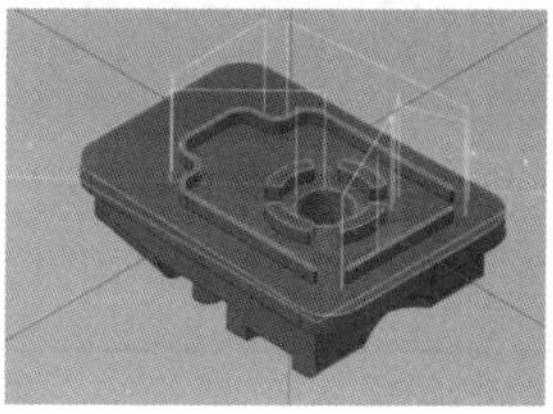		加工刀路：2D 动态铣削 余量：0.25 mm 刀具：$\phi6$ mm 转速：6 000 r/min 切削速度（F）：600 mm/r

续表

序号	加工图示	编程图示	仿真图示	加工参数设置
13		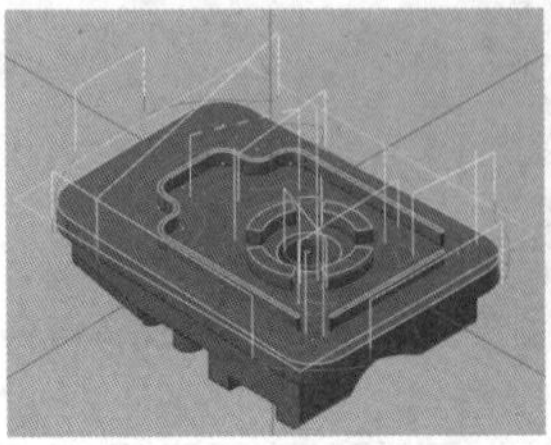		加工刀路：区域精加工 刀具：φ12 mm 转速：5 000 r/min 切削速度（F）：1 000 mm/r 精加工刀次：1
14		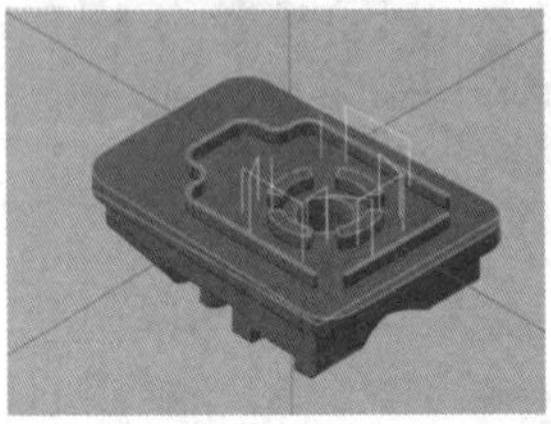	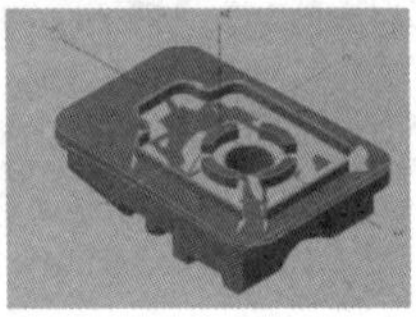	加工刀路：区域精加工 刀具：φ6 mm 转速：6 000 r/min 切削速度（F）：600 mm/r 精加工刀次：1
15				加工刀路：外形精加工 刀具：φ12 mm 转速：5 000 r/min 切削速度（F）：800 mm/r 精加工刀次：3
16		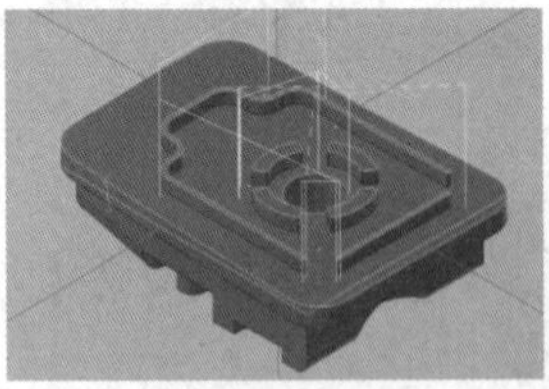		加工刀路：外形精加工 刀具：φ6 mm 转速：6 000 r/min 切削速度（F）：800 mm/r 精加工刀次：3
17		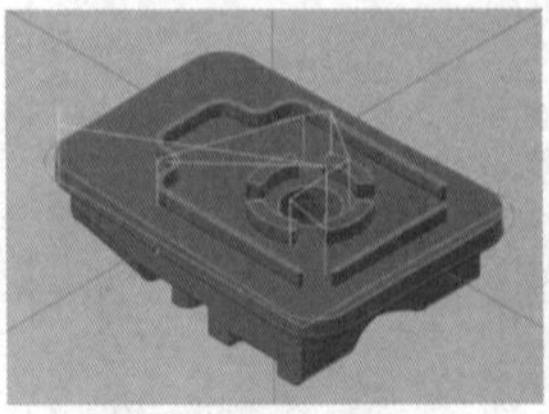		加工刀路：2D 倒角 刀具：φ6 mm 转速：6 000 r/min 切削速度（F）：1 000 mm/r

引导问题 3 如何检测拓展训练零件的加工质量？

1. 请对加工完成的拓展训练零件进行评分，填写表 4 – 36。

表 4 – 36 拓展训练零件评分表

评分表											
姓名			编码			总成绩					
项目		拓展训练零件		试题图号	SXXSTZ02 – 02 – 03		总时间				
序号	配分	图位	尺寸类型	基本尺寸/mm	上偏差/mm	下偏差/mm	上极限尺寸/mm	下极限尺寸/mm	实际尺寸/mm	得分	修正值
A – 主要尺寸											
1	3	A3	L	98	0.03	– 0.03	98.03	97.97			
2	3	A3	L	80	0	– 0.06	80	79.94			
3	3	B3	L	16	0.06	0	16.06	16			
4	3	B4	ϕ	8	0	– 0.06	8	7.94			
5	3	C1	L	60	0	– 0.06	60	59.94			
6	3	C2	L	6	0.06	0	6.06	6			
7	3	F1	H	28	0.03	– 0.03	28.03	27.97			
8	3	F2	D	4	0.03	– 0.03	4.03	3.97			
9	3	F2	D	18	0.03	– 0.03	18.03	17.97			
10	3	F3	ϕ	16	0.018	0	16.018	16			
11	4	E5	D	6	0.03	– 0.03	6.03	5.97			
12	4	E5	D	8	0.03	– 0.03	8.03	7.97			
13	4	C6	L	50	0.03	– 0.03	50.03	49.97			
14	4	B6	L	1	0.03	– 0.03	1.03	0.97			
15	4	D7	L	70	0.03	– 0.03	70.03	69.97			
小计	50										
B – 次要尺寸											
1	1	B2	L	9	0.04	– 0.04	9.04	8.96			
2	1	D2	L	9	0.04	– 0.04	9.04	8.96			
3	1	D3	L	27	0.04	– 0.04	27.04	26.96			
4	1	D3	L	53	0.04	– 0.04	53.04	52.96			
5	1	D4	L	23.53	0.04	– 0.04	23.57	23.49			

评分表											
姓名			编码			总成绩					
项目		拓展训练 零件		试题图号		SXXSTZ02 – 02 – 03		总时间			
序号	配分	图位	尺寸 类型	基本 尺寸/ mm	上偏差/ mm	下偏差/ mm	上极限 尺寸/ mm	下极限 尺寸/ mm	实际 尺寸/ mm	得分	修正值
6	1	E3	D	4	0.04	– 0.04	4.04	3.96			
7	1	D6	L	9	0.04	– 0.04	9.04	8.96			
8	1	D7	L	6	0.04	– 0.04	6.04	5.96			
9	1	C6	L	6	0.04	– 0.04	6.04	5.96			
10	1	C8	L	12	0.04	– 0.04	12.04	11.96			
11	1	D8	L	12	0.04	– 0.04	12.04	11.96			
12	1	C8	ϕ	24	0.04	– 0.04	24.04	23.96			
13	1	C8	ϕ	32	0.04	– 0.04	32.04	31.96			
小计	13										
C – 表面质量											
1	2	C2	Ra	0.8 μm							
1	2	F5	Ra	0.8 μm							
1	3	E4	Ra	0.8 μm							
小计	7										
D – 主观评判											
		主观评分内容					情况记录			得分	
1	5	零件加工要素完整度									
2	5	零件损伤（振纹、夹伤、过切等）									
3	5	倒角（一处未加工扣 0.3 分，一处毛刺锐边扣 0.2 分）									
小计	15										
E – 职业素养											
		规范要求					情况记录			得分	
1	2	工具、量具、刀具分区摆放									
2	2	工具摆放整齐、规范、不重叠									

续表

评分表											
姓名			编码			总成绩					
项目		拓展训练零件		试题图号	SXXSTZ02 – 02 – 03		总时间				
序号	配分	图位	尺寸类型	基本尺寸/mm	上偏差/mm	下偏差/mm	上极限尺寸/mm	下极限尺寸/mm	实际尺寸/mm	得分	修正值
3	1	量具摆放整齐、规范、不重叠									
4	1	刀具摆放整齐、规范、不重叠									
5	1	防护佩戴规范									
6	1	工作服、工作帽、工作鞋穿戴规范									
7	1	加工后清理现场、清洁及其他									
8	1	现场表现									
小计	10										
F – 增加毛坯											
1	5	是否更换增加毛坯									
小计	5										
G – 技术总结											

学生总结		教师评价
存在问题	改进方向	
		日期

2. 请对拓展训练零件加工不达标尺寸进行分析，填写表 4 – 37。

表 4 – 37　拓展训练零件加工不达标尺寸分析

序号	图位	尺寸类型	基本尺寸	实际测量数值	出错原因	解决方案	
						学生分析	教师分析

3. 总结不足与改进的地方。

（1）通过以上检测，分析自己所做零件的不足及解决的办法。

（2）写出在操作过程中存在的问题和以后需要改进的地方。

学习任务四　车头的加工

零件名称	车头	材料	6061 铝合金	毛坯尺寸	60 mm×40 mm×85 mm

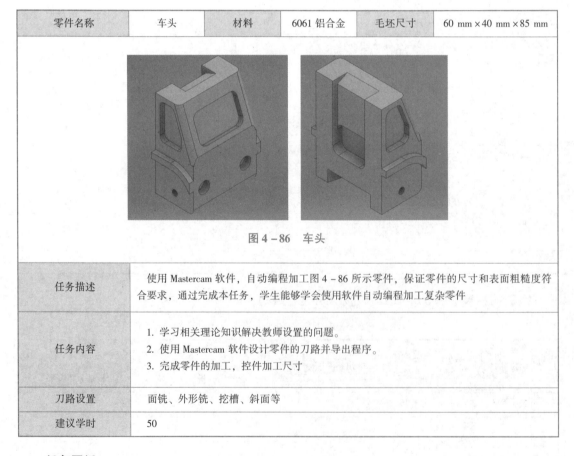

图 4-86　车头

任务描述	使用 Mastercam 软件，自动编程加工图 4-86 所示零件，保证零件的尺寸和表面粗糙度符合要求，通过完成本任务，学生能够学会使用软件自动编程加工复杂零件
任务内容	1. 学习相关理论知识解决教师设置的问题。 2. 使用 Mastercam 软件设计零件的刀路并导出程序。 3. 完成零件的加工，控件加工尺寸
刀路设置	面铣、外形铣、挖槽、斜面等
建议学时	50

任务图纸

车头的加工图纸如图 4-87 所示。

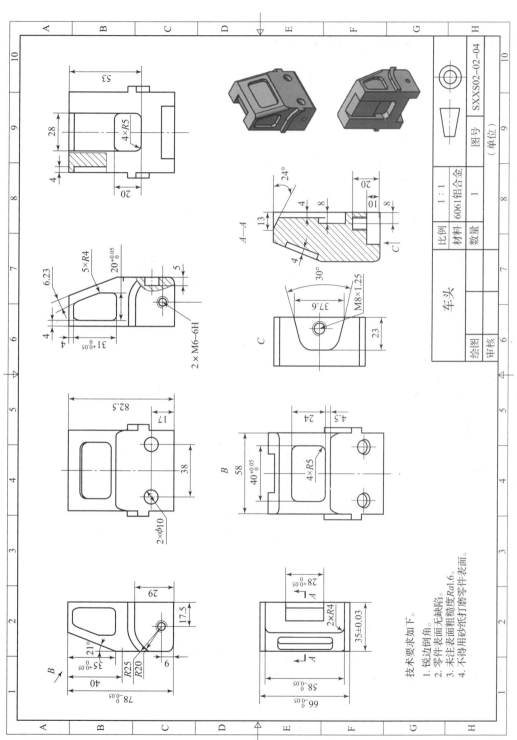

图 4 – 87　车头的加工图纸

[学习准备]

引导问题1 关于 Mastercam 软件三维实体造型设计的知识有哪些？

1. Mastercam 软件提供哪几种创建基本实体的方式？

2. 挤出实体是通过对＿＿＿＿＿＿＿＿＿＿＿＿＿按指定＿＿＿＿＿＿＿、＿＿＿＿＿＿＿＿沿＿＿＿＿＿＿＿＿＿＿＿路径进行挤压所生成的实体。封闭串连挤压后生成＿＿＿＿＿＿＿＿的实体或＿＿＿＿＿＿＿＿，当有不封闭的串连时，只能生成壳体，如图 4-88 所示。

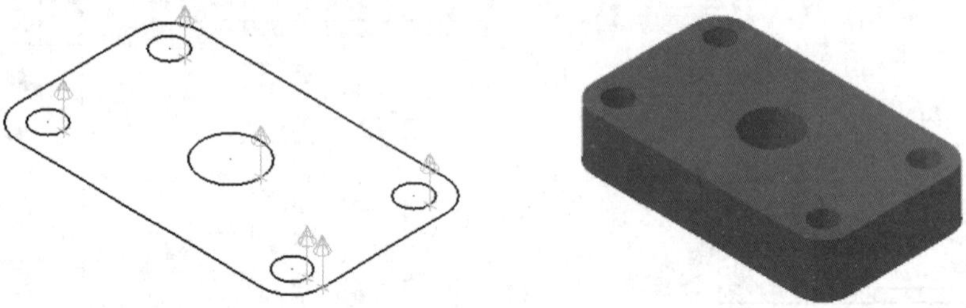

图 4-88 挤出实体

3. 挤出实体既可以进行实体材料的＿＿＿＿＿＿＿＿，也可以进行实体材料的＿＿＿＿＿＿＿＿。挤出实体有两种形式，分别是＿＿＿＿＿＿＿＿和＿＿＿＿＿＿＿＿，如图 4-89 所示。

圆曲线

挤出实体   薄壁实体

图 4-89 挤出实体示例

4. 旋转实体是将所选择的＿＿＿＿＿＿＿＿或＿＿＿＿＿＿＿＿外形轮廓绕着某＿＿＿＿＿＿＿＿＿＿，并设置旋转的＿＿＿＿＿＿＿＿而生成一个新的＿＿＿＿＿＿＿＿或在现存实体上进行＿＿＿＿＿＿＿＿、＿＿＿＿＿＿＿＿从而生成新的实体。串连曲线必须＿＿＿＿＿＿＿＿，封闭的串连曲线生成＿＿＿＿＿＿＿＿，不封闭的串连曲线生成＿＿＿＿＿＿＿＿，如图 4-90 所示。

5. 扫描实体功能就是选择共面的＿＿＿＿＿＿＿＿或＿＿＿＿＿＿＿＿外形轮廓沿着某一＿＿＿＿＿＿＿＿＿＿进行扫描所产生的实体，或在已有的实体上切割材料，如图 4-91 所示。

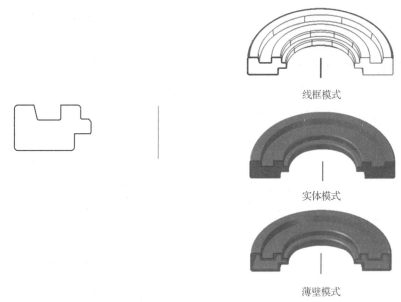

图 4 - 90　旋转实体示例

（a）旋转实体外形；（b）生成的旋转实体

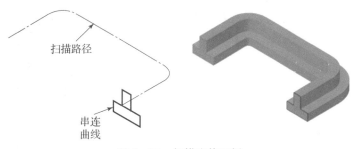

图 4 - 91　扫描实体示例

6. 举升实体是将＿＿＿＿＿＿＿＿＿＿＿或＿＿＿＿＿＿＿的＿＿＿＿＿＿＿＿＿＿＿（截面），按选取的熔接方式进行熔接生成新的实体，或切割现有实体，或在现有实体上增加实体。每个单独串连曲线必须是＿＿＿＿＿＿＿的，且在一个＿＿＿＿＿＿内；每个串连仅选一次；各个串连曲线串连方向必须＿＿＿＿＿＿＿＿，且起点＿＿＿＿＿，如图 4 - 92 所示。

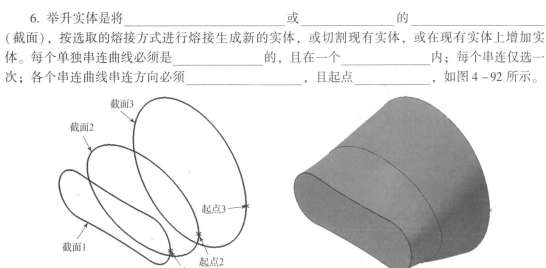

图 4 - 92　举升实体示例

引导问题 2 齿轮传动的知识有哪些?

1. 齿轮传动的特点有哪些?

2. 齿轮传动的类型有哪几种?

3. 渐开线的形状取决于_____大小,基圆越大渐开线越_____,基圆半径无穷大时渐开线为_____,如图 4-93 所示。

4. 渐开线齿廓的啮合特性有哪些?

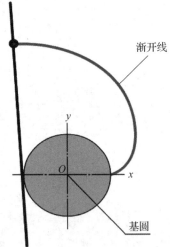

5. 斜齿圆柱齿轮的啮合特点有哪些?

6. 蜗杆传动(见图 4-94)主要由_____和_____组成,它用于传递_____轴之间的运动和动力,通常两轴垂直交错角为_____°。一般以_____作为主动件,_____为从动件。

图 4-93 渐开线形成示意图

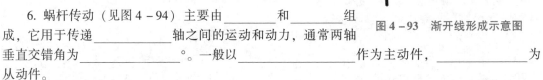

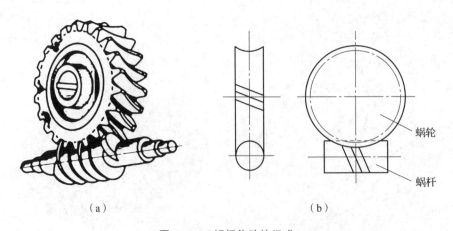

(a)　　　　　　　　　　　(b)

图 4-94 蜗杆传动的组成

(a) 蜗杆传动轴测图;(b) 蜗杆传动视图

拓展训练

1. 齿轮加工的两种常见方法见表 4 - 38。

表 4 - 38　齿轮加工的两种常见方法

加工方法	方法概述	方法图示
仿形法	仿形法是在普通铣床上用与齿槽形状相同的盘形铣刀或指形铣刀逐个切去齿槽，从而得到渐开线齿廓	 盘形铣刀加工齿轮 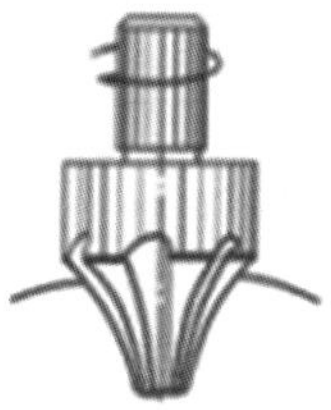　　指状铣刀加工齿轮
范成法	范成法是利用一对齿轮（或齿轮和齿条）互相啮合时，其共轭齿廓互为包络的原理来加工齿轮的。将其中一个齿轮（或齿条）制成刀具，在加工时，除了切削和让刀运动外，刀具与齿轮轮坯之间的运动与一对互相啮合的齿轮运动完全相同，这样即可切出与其刀具轮廓共轭的渐开线齿廓	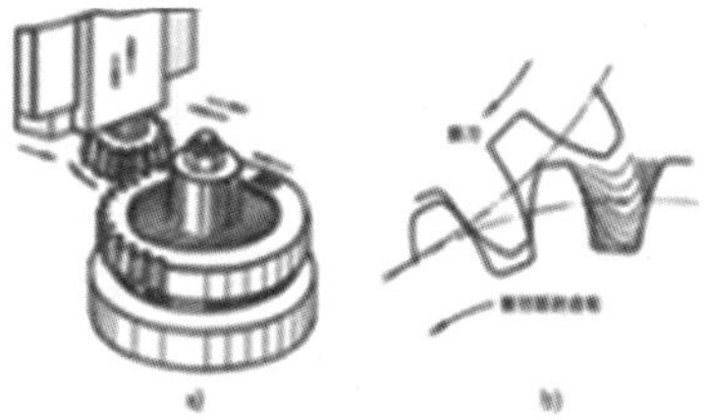 齿轮插刀加工齿轮 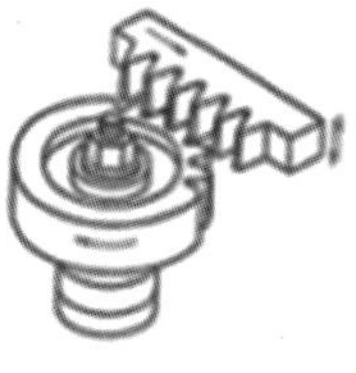 齿条插刀加工齿轮 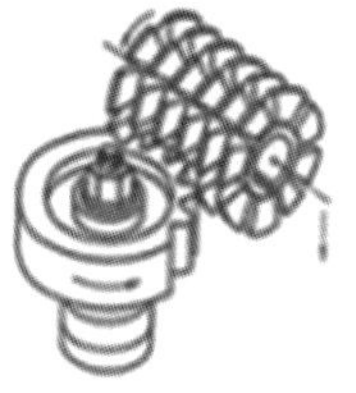　　滚刀加工齿轮

2. 齿轮传动精度等级的选择及应用，见表 4 - 39。

表 4 - 39　齿轮传动精度等级的选择及应用

精度等级	圆周速度 $v/(\mathrm{m \cdot s^{-1}})$			工作条件与适用范围
	直齿圆柱齿轮	斜齿圆柱齿轮	直齿圆锥齿轮	
4	>35	>70		要求在最平稳，且无噪声的极高速工况下工作的齿轮；特别精密分度机构中的齿轮；高速汽轮机齿轮；检测 6~7 级齿轮用的测量齿轮

续表

精度等级	圆周速度 $v/(\mathrm{m \cdot s^{-1}})$			工作条件与适用范围
	直齿圆柱齿轮	斜齿圆柱齿轮	直齿圆锥齿轮	
5	>20	>40		精密分度机中或要求在极平稳且无噪声的高速工况下工作的齿轮；精分度机构用齿轮；高速汽轮机齿轮；检测 8~9 级齿轮用测量齿轮
6	≤5	≤0	≤9	要求在最高效率且无噪声的高速工况下可以平稳工作的齿轮；分度机构的齿轮；特别重要的航空、汽车齿轮；读数装置中特别精密传动的齿轮
7	≤0	≤0	≤5	增速和减速用齿轮传动；金属切削机床进刀机构用齿轮；高速减速器用齿轮；航空、汽车用齿轮；读数装置用齿轮
8	≤5	≤9	≤3	无须特别精密的一般机械制造用齿轮；分度链以外的机床传动齿轮；航空、汽车制造业中不重要齿轮；起重机构用齿轮；农业机械中的小齿轮；通用减速器齿轮
9	≤3	≤6	≤2.5	用于粗糙工作的齿轮

[计划与实施]

引导问题1　关于 Mastercam 软件三维实体编辑的知识有哪些?

1. 实体倒圆角是对实体的边缘进行_____操作，按设置的_____生成实体的一个_____表面，且与边的两个邻接面_____，如图 4-95 所示。

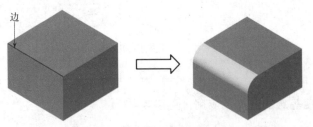

图 4-95　实体倒圆角示例

2. 实体倒圆角分为实体倒圆角和面面倒圆角两种方式，填写图 4-96 所示的倒圆角方式的名称。

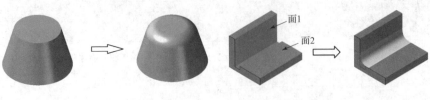

图 4-96　倒圆角

3. 倒角是对实体的_____进行_____处理，即在被选定的实体边上切除材料，一般零件的_____在设计时，都要进行这种倒斜角处理，如图 4 - 97 所示。

边1

图 4 - 97　倒角示例

4. 倒角有哪几种方式？

5. 实体抽壳是用_____的方法去挖空实体，按设置的_____及_____生成一个壳体，如图 4 - 98 所示。

当选择实体的一个_____进行取壳操作时，从_____的位置开始在实体上删除材料生成壳体。如果选取_____进行取壳操作时，将从_____删除材料，生成一个_____的壳体。

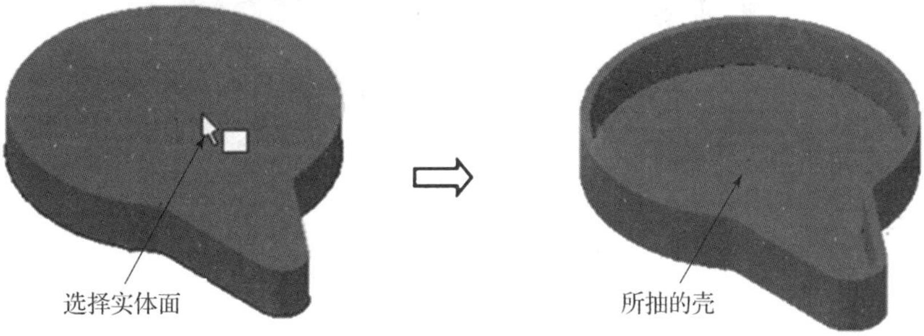

选择实体面　　　　　　　所抽的壳

图 4 - 98　实体抽壳示例

6. 实体修剪是指以选取的_____或_____为边界，对选取的_____实体进行修剪生成新的实体，如图 4 - 99 所示。

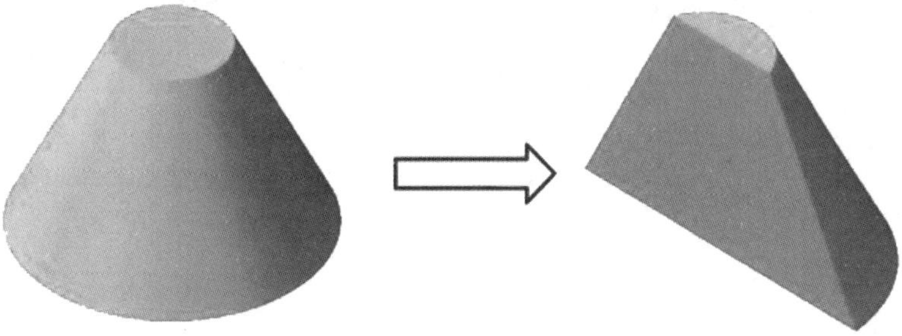

图 4 - 99　实体修剪示例

7. 实体修剪的方式有哪几种？

8. 薄片实体加厚就是将一些由曲面生成的没有_____的实体进行_____操作，从而生成具有一定厚度的实体，如图 4 - 100 所示。

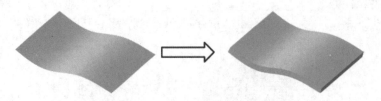

图4-100　薄片实体加厚示例

9. 移除实体表面就是删除实体的_____或_____实体面后所生成的一个_____实体。被移动的面既可以是_____，也可以是_____，如图4-101所示。

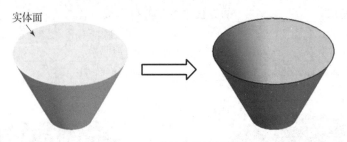

实体面

图4-101　移除实体表面示例

10. 牵引实体是用来对实体的_____进行定义_____和_____的倾斜操作，实体的其他面以新生成的面为边界进行_____或_____后生成新的实体面，多用于_____的构建，如图4-102所示。

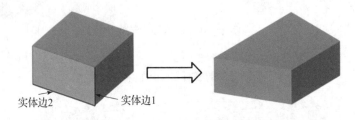

实体边2　　实体边1

图4-102　牵引实体示例

11. 牵引实体的方式有哪几种？

12. 如图4-103所示，填写布尔运算三种方式的名称。

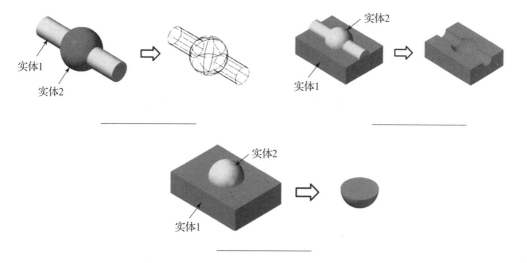

图 4 – 103　布尔运算三种方式

13. 生成工程图就是将 Mastercam 软件中所绘制的图形，通过设置＿＿＿＿＿＿＿＿＿＿、
＿＿＿＿＿＿＿＿、＿＿＿＿＿＿＿等，将视图中的图形以＿＿＿＿＿＿模式自动生成工程图。

练一练： 运用 Mastercam 软件完成图 4 – 104 ~ 图 4 – 108 的绘制。

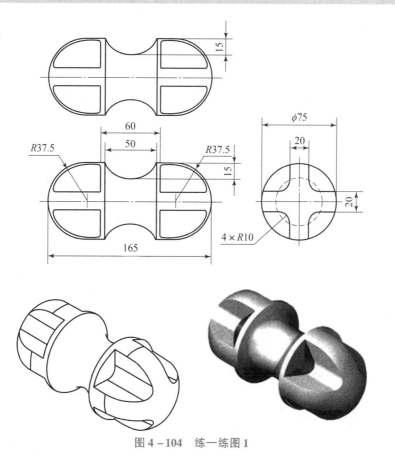

图 4 – 104　练一练图 1

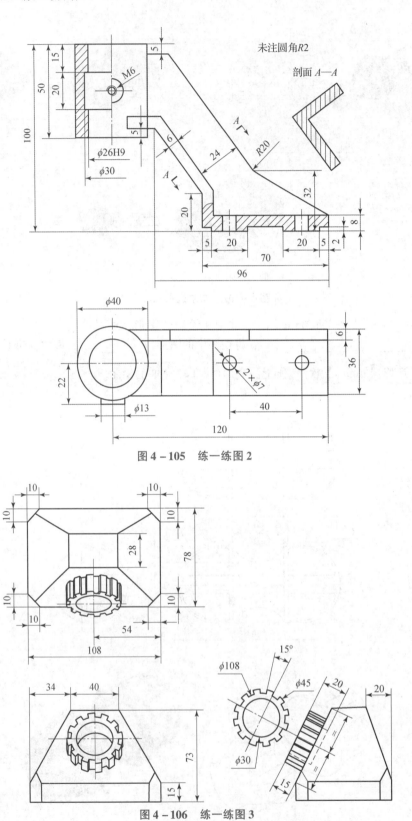

图 4 - 105　练一练图 2

图 4 - 106　练一练图 3

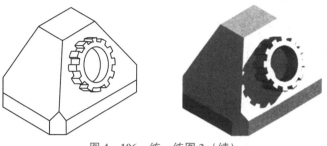

图 4 - 106 练一练图 3（续）

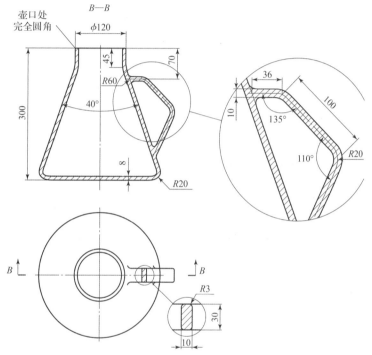

图 4 - 107 练一练图 4

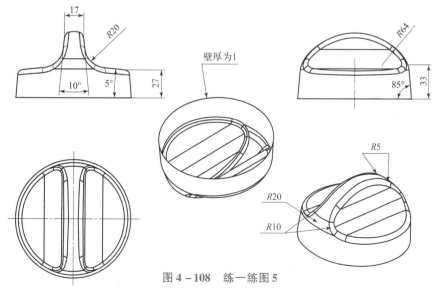

图 4 - 108 练一练图 5

引导问题 2　如何制订本零件的加工工艺？

1. 各小组分析、讨论并制订加工计划。

根据加工要求，考虑现场的实际条件，小组成员共同分析、讨论并制订合理的车头加工计划，完成表 4 - 40。

表 4 - 40　车头加工计划

序号	图示	加工内容	尺寸精度	注意事项	备注

（2）组内及组间对加工计划的评价及改进建议。

（3）指导教师的评价与结论。

2. 各小组根据加工计划，完成工量刃具、设备和材料的准备工作，并填写表 4 - 41。

表 4 - 41　工量刃具、设备和材料的准备

序号	工量刃具、设备和材料的名称	要求	数量

引导问题3　车头的刀路设计加工参数如何设置?

1. 车头的刀路设计见表4–42。

表4–42　车头的刀路设计表

序号	加工图示	编程图示	仿真图示	加工参数设置
1		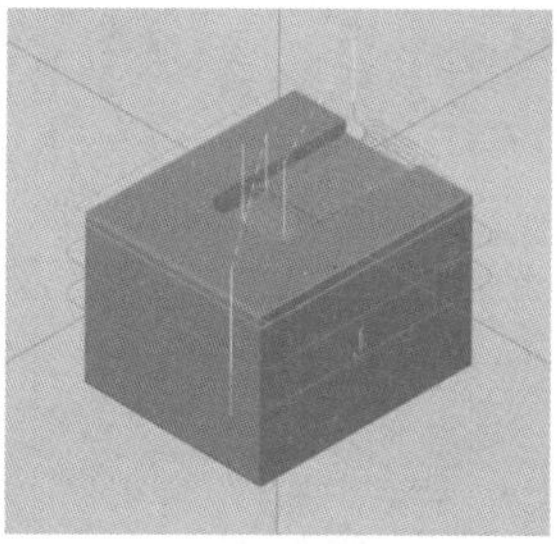		加工刀路:动态加工,外形 余量:0.2 mm 刀具:ϕ10 mm 转速:4 000 r/min 切削速度(F):1 000 mm/r
2				加工刀路:面铣 刀具:ϕ73 mm 转速:2 000 r/min 切削速度(F):1 000 mm/r
3				加工刀路:外形 ϕ11.6 mm 钻头 转速:500 r/min 切削速度(F):800 mm/r
4				加工刀路:外形 刀具:ϕ10 mm 转速:500 r/min 切削速度(F):1 000 mm/r 精加工刀次:2
5				加工刀路:倒角 刀具:ϕ6 mm 转速:4 500 r/min 切削速度(F):800 mm/r

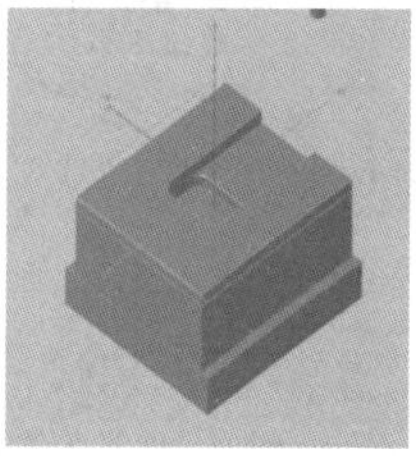

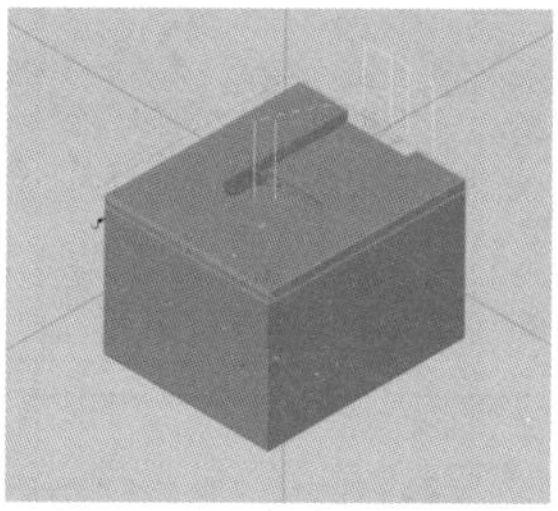

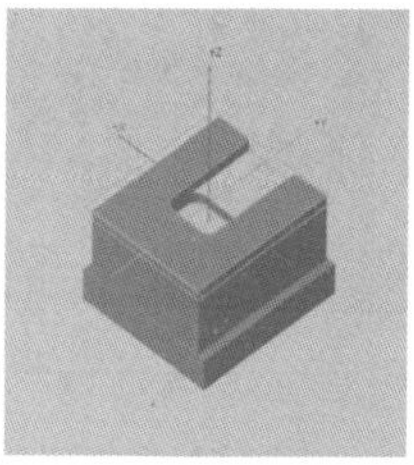

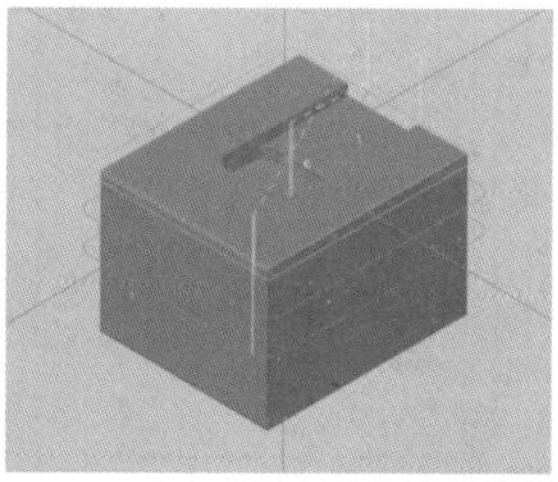

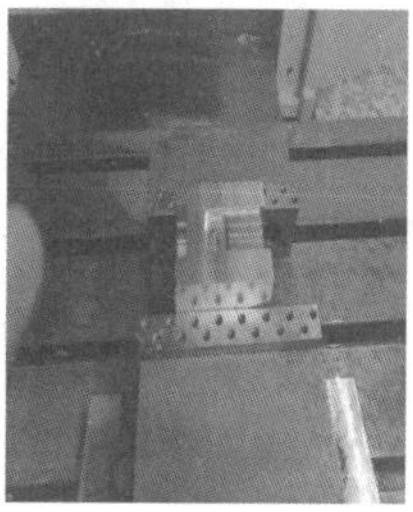

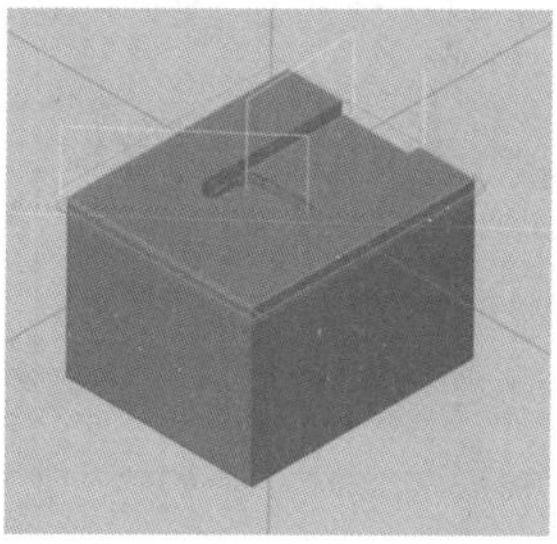

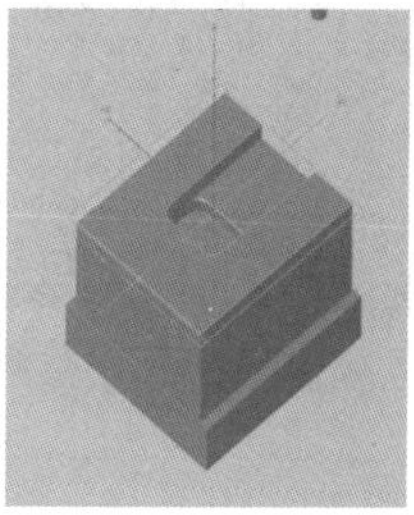

序号	加工图示	编程图示	仿真图示	加工参数设置
6		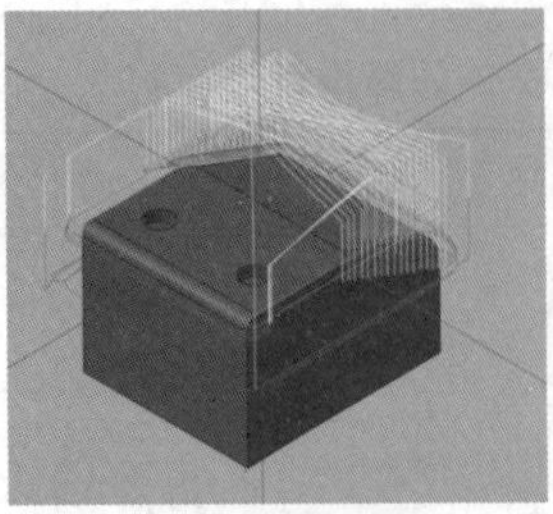		加工刀路：动态开粗 刀具：ϕ10 mm 转速：5 000 r/min 切削速度（F）：2 000 mm/r
7		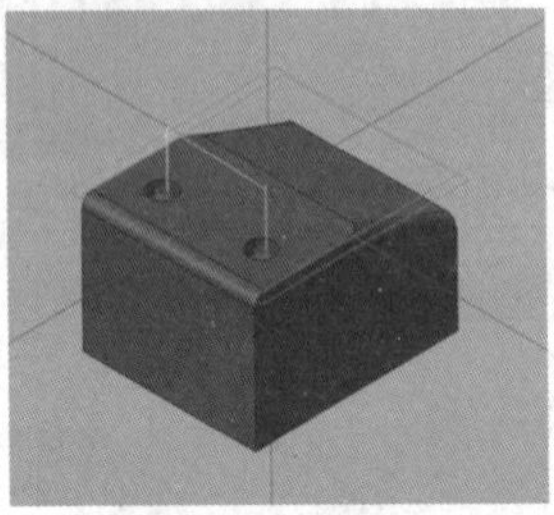	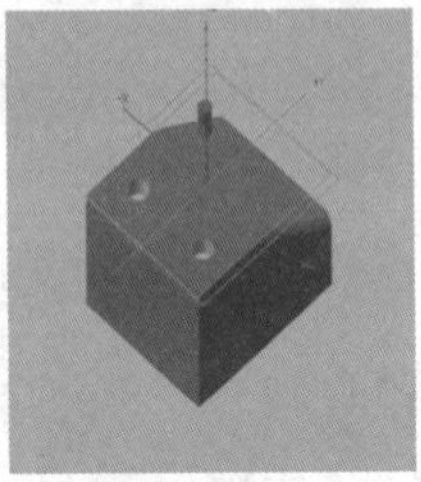	加工刀路：外形 刀具：ϕ6 mm 转速：5 000 r/min 切削速度（F）：600 mm/r
8			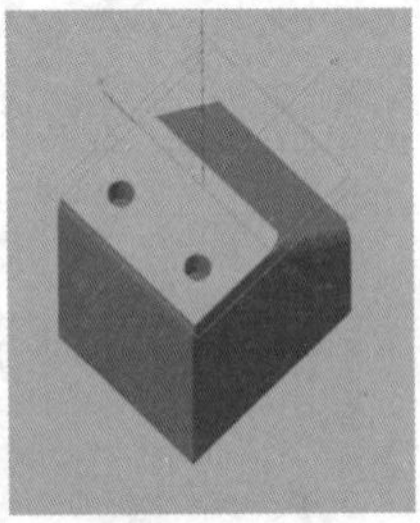	加工刀路：外形 刀具：ϕ73 mm 转速：2 000 r/min 切削速度（F）：1 000 mm/r
9		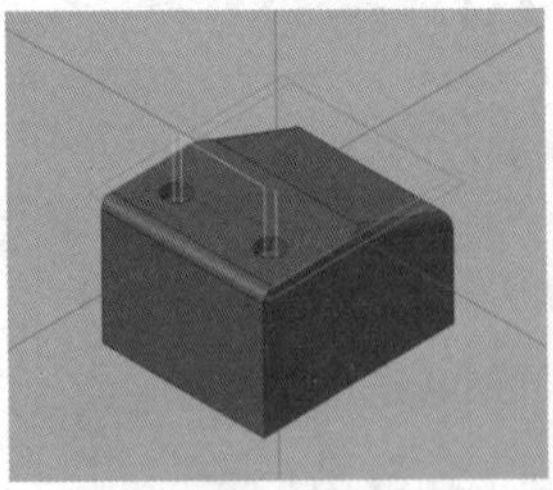	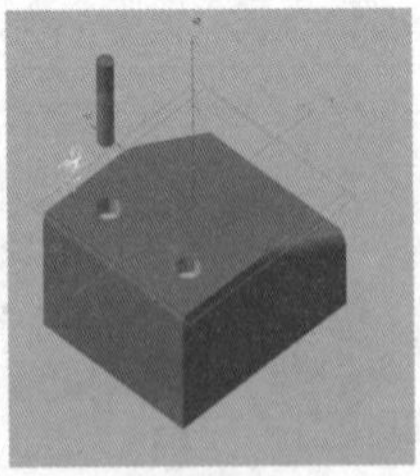	加工刀路：外形 刀具：ϕ6 mm 转速：5 000 r/min 切削速度（F）：200 mm/r 精加工刀次：2
10		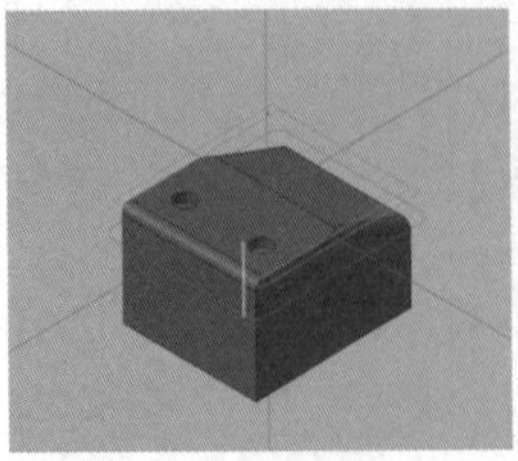		加工刀路：外形 刀具：ϕ10 mm 转速：5 000 r/min 切削速度（F）：800 mm/r

序号	加工图示	编程图示	仿真图示	加工参数设置
11		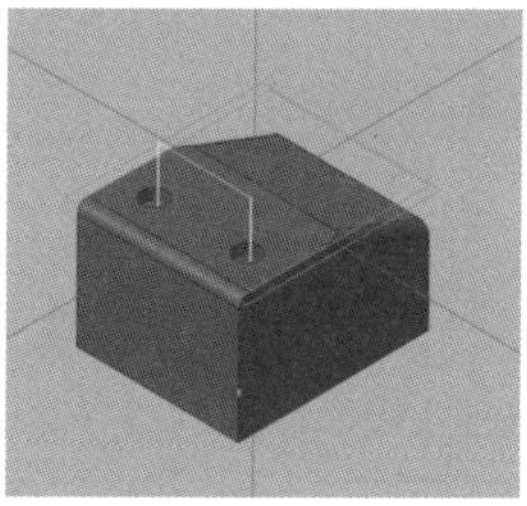	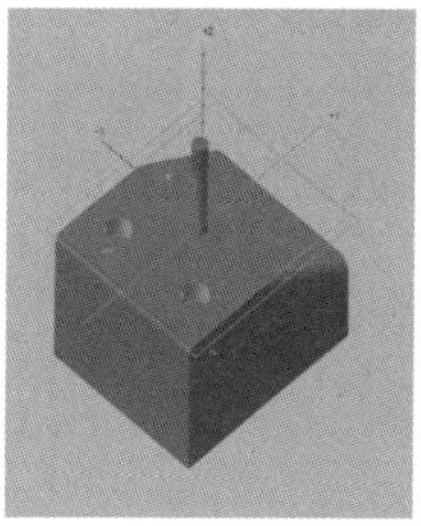	加工刀路：外形 刀具：$\phi6$ mm 转速：5 000 r/min 切削速度（F）：200 mm/r 精加工刀次：2
12		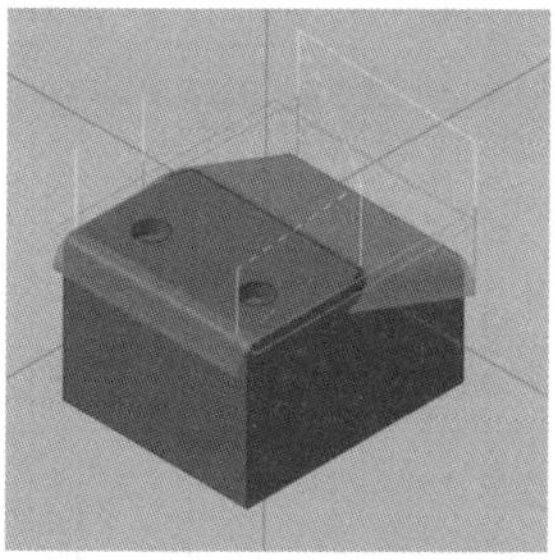		加工刀路：流线 余量：0.2 mm 刀具：$\phi8$ mm 转速：5 000 r/min 切削速度（F）：1 000 mm/r
13		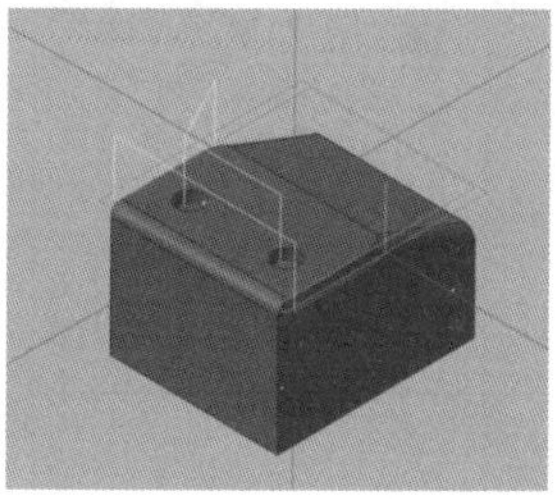		加工刀路：2D 倒角 刀具：$\phi6$ mm 转速：5 000 r/min 切削速度（F）：800 mm/r
14		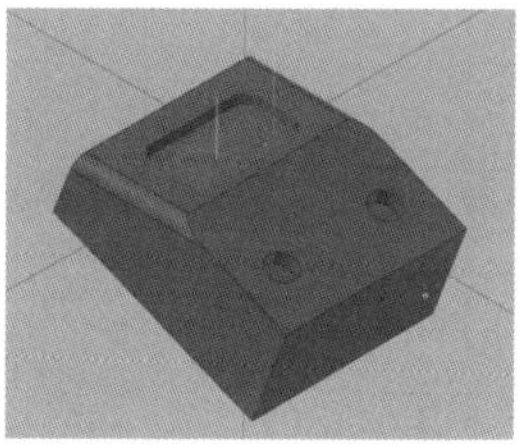		加工刀路：动态开粗 刀具：$\phi8$ mm 转速：5 000 r/min 切削速度（F）：1 000 mm/r
15		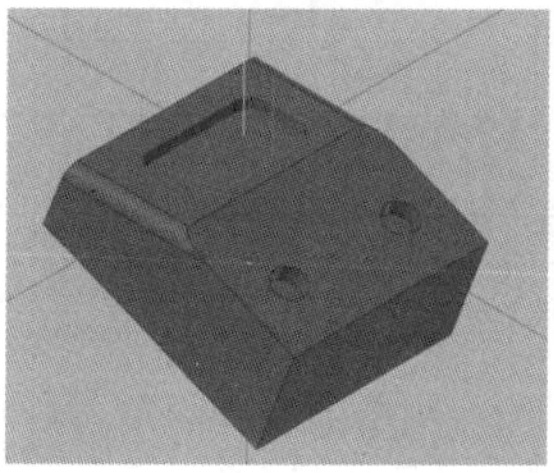		加工刀路：区域 刀具：$\phi8$ mm 转速：5 000 r/min 切削速度（F）：800 mm/r

序号	加工图示	编程图示	仿真图示	加工参数设置
16		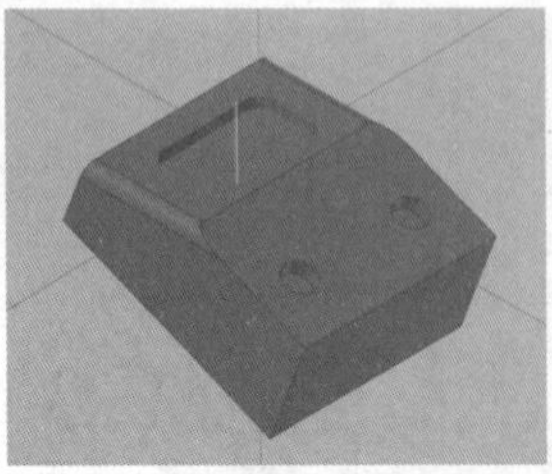	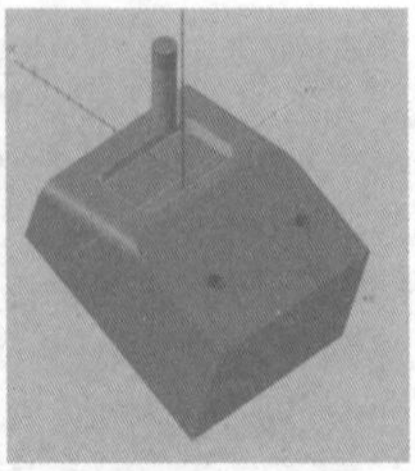	加工刀路：外形 刀具：ϕ8 mm 转速：5 000 r/min 切削速度（F）：800 mm/r
17		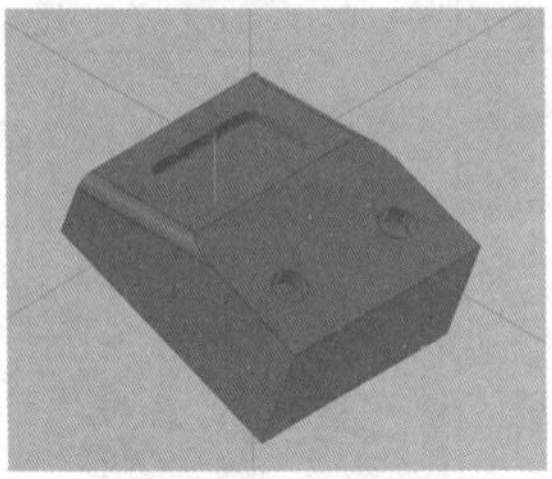		加工刀路：2D 倒角 刀具：ϕ6 mm 转速：5 000 r/min 切削速度（F）：800 mm/r
18		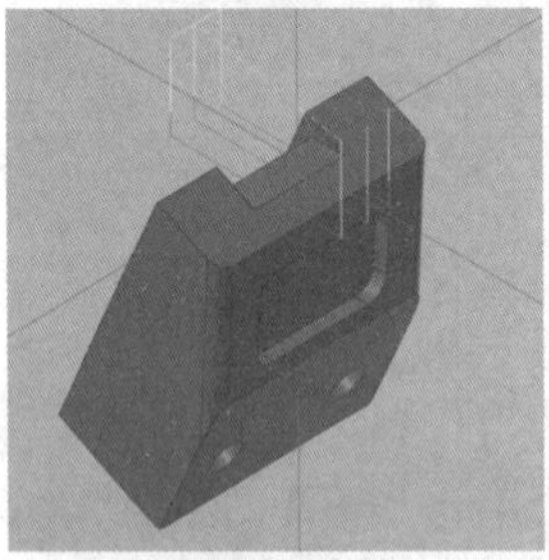	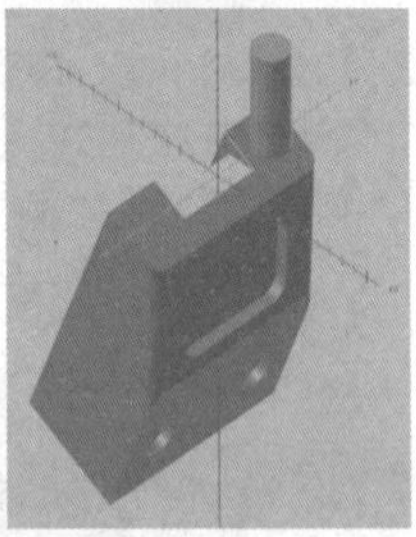	加工刀路：外形 刀具：ϕ12 mm 转速：4 000 r/min 切削速度（F）：800 mm/r
19		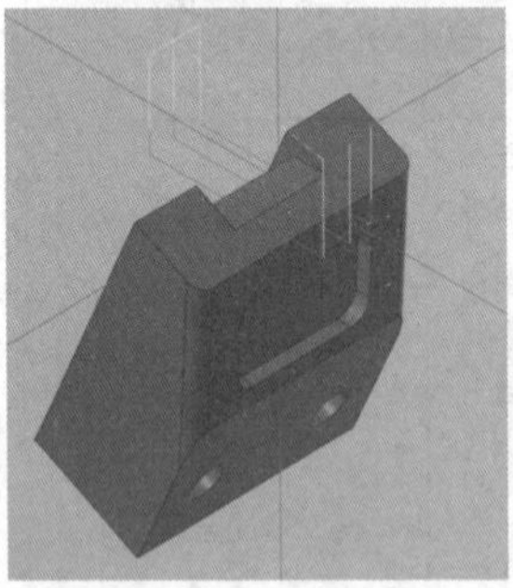	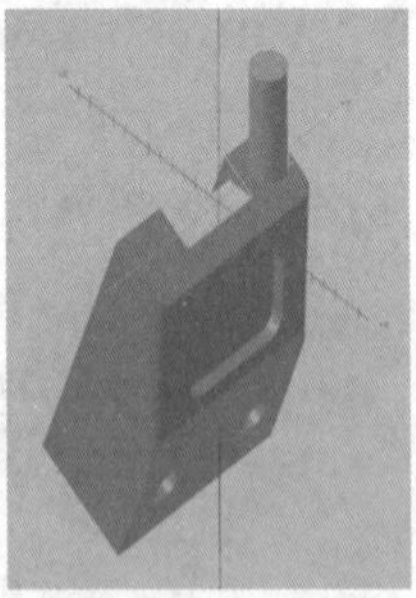	加工刀路：外形 刀具：ϕ12 mm 转速：5 000 r/min 切削速度（F）：800 mm/r
20		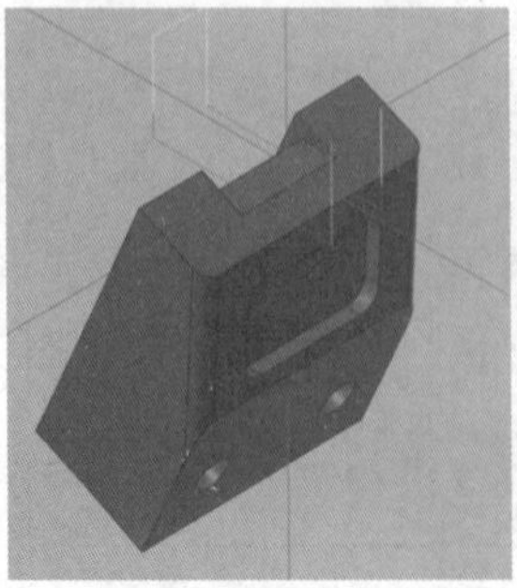	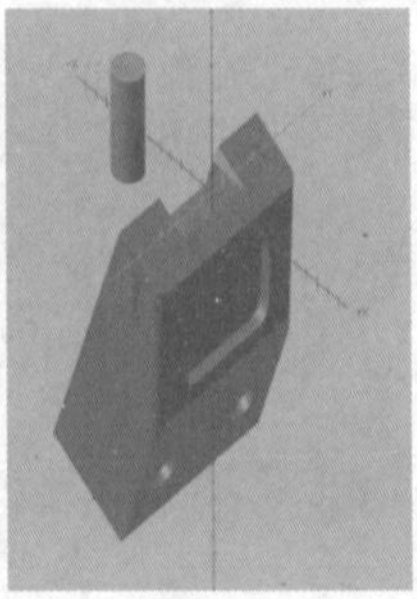	加工刀路：外形 刀具：ϕ12 mm 转速：5 000 r/min 切削速度（F）：800 mm/r

序号	加工图示	编程图示	仿真图示	加工参数设置
21		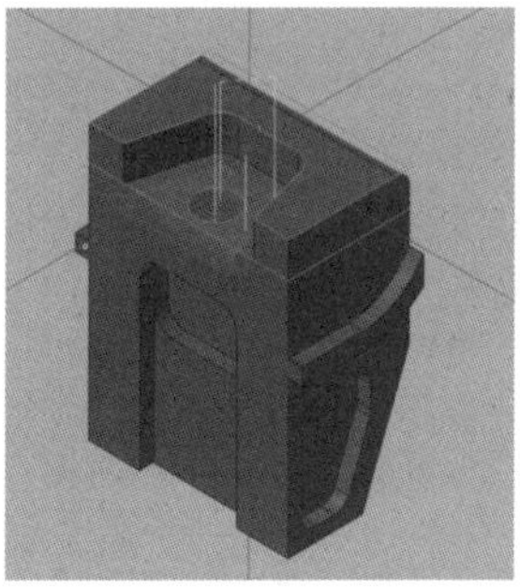	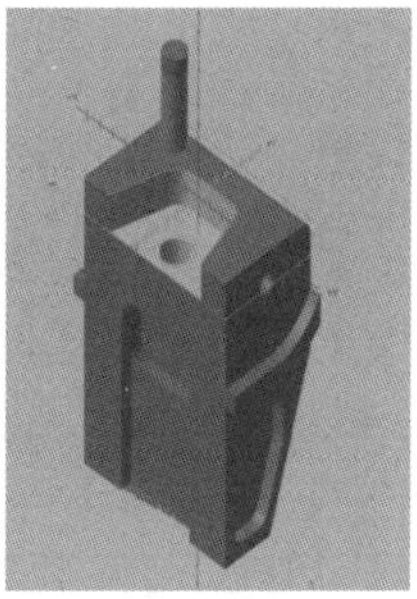	加工刀路：动态开粗 刀具：$\phi 8$ mm 转速：5 000 r/min 切削速度（F）：1 000 mm/r
22		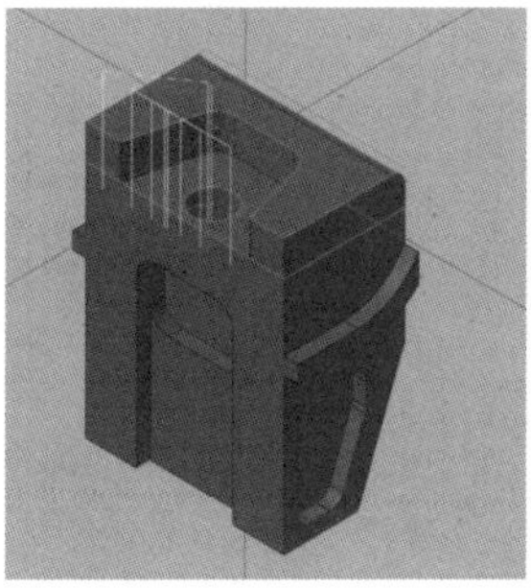	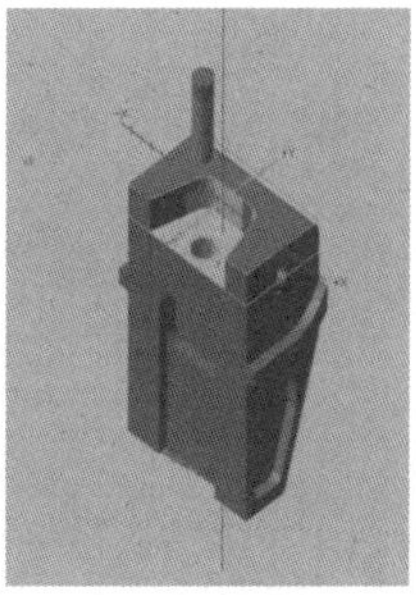	加工刀路：区域 刀具：$\phi 8$ mm 转速：5 000 r/min 切削速度（F）：800 mm/r
23		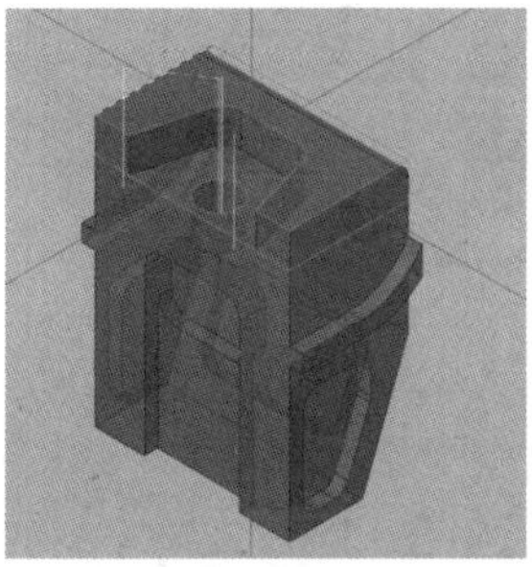		加工刀路：外形 刀具：$\phi 8$ mm 转速：5 000 r/min 切削速度（F）：800 mm/r
24		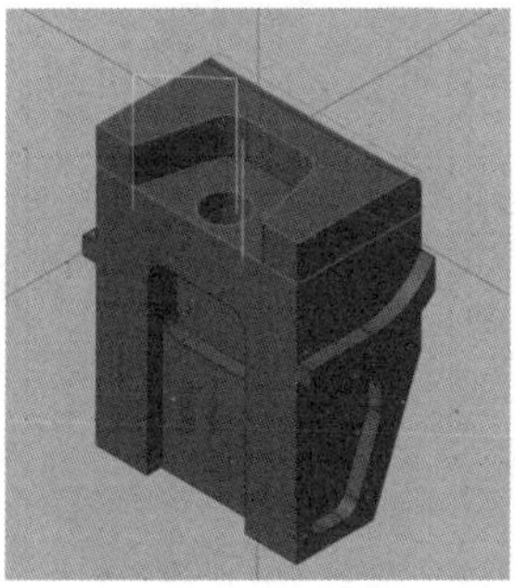		加工刀路：2D 倒角 刀具：$\phi 6$ mm 转速：5 000 r/min 切削速度（F）：800 mm/r

序号	加工图示	编程图示	仿真图示	加工参数设置
25		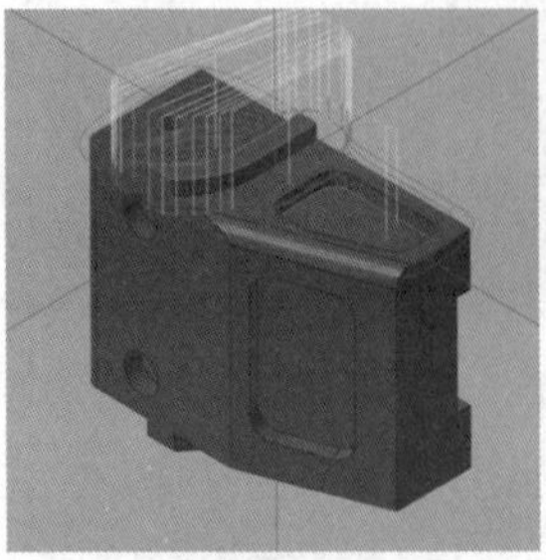	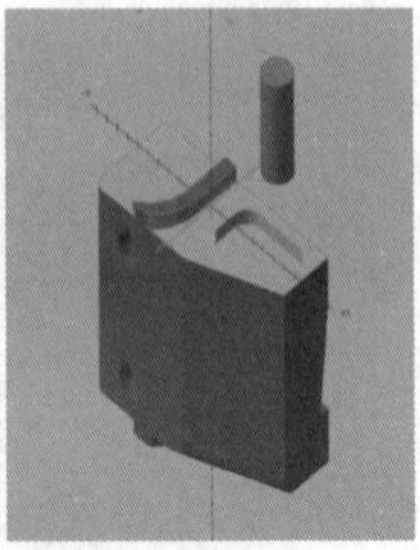	加工刀路：动态开粗 刀具：ϕ12 mm 转速：5 000 r/min 切削速度（F）：2 000 mm/r
26			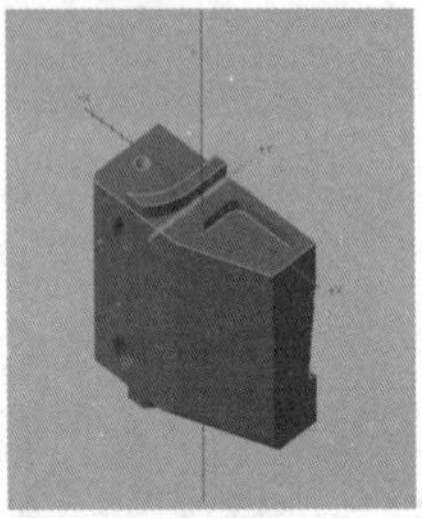	加工刀路：动态开粗 刀具：ϕ8 mm 转速：5 000 r/min 切削速度（F）：800 mm/r
27			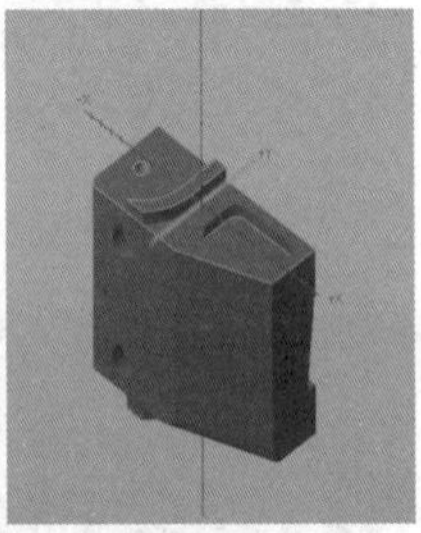	加工刀路：钻孔 刀具：ϕ5 mm 转速：1 100 r/min 切削速度（F）：100 mm/r
28		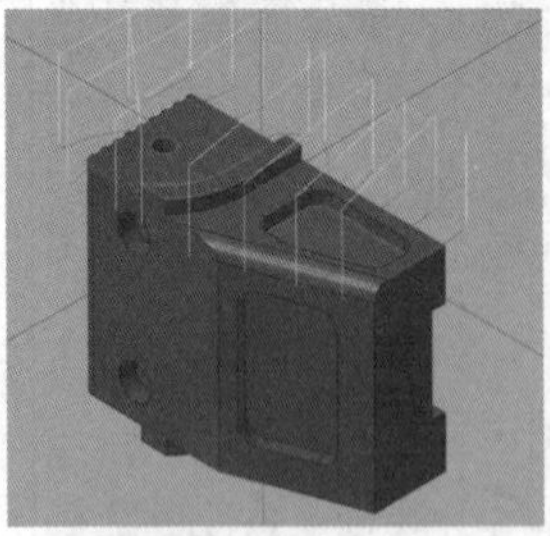	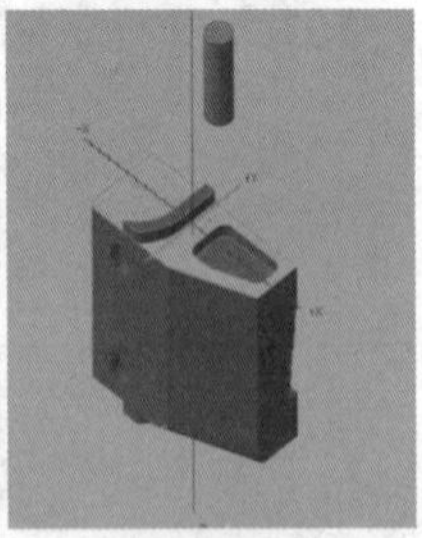	加工刀路：区域 刀具：ϕ12 mm 转速：5 000 r/min 切削速度（F）：800 mm/r
29				加工刀路：区域 刀具：ϕ8 mm 转速：5 000 r/min 切削速度（F）：800 mm/r

续表

序号	加工图示	编程图示	仿真图示	加工参数设置
30		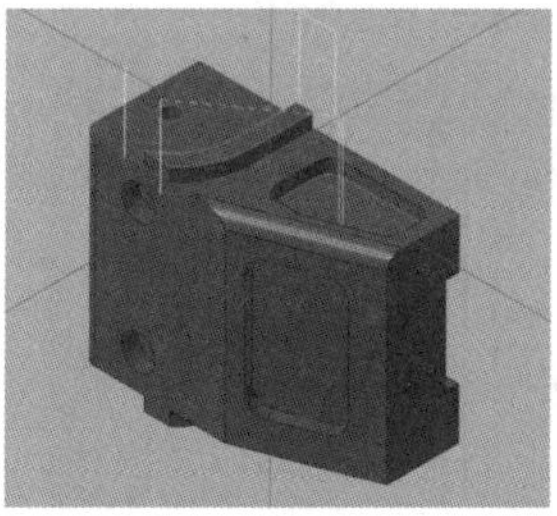		加工刀路：外形 刀具：ϕ8 mm 转速：5 000 r/min 切削速度（F）：800 mm/r
31				加工刀路：流线 刀具：ϕ8 mm 转速：5 000 r/min 切削速度（F）：1 000 mm/r
32		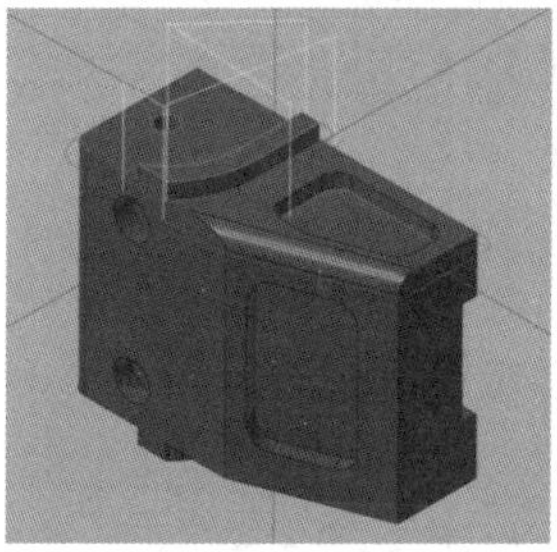	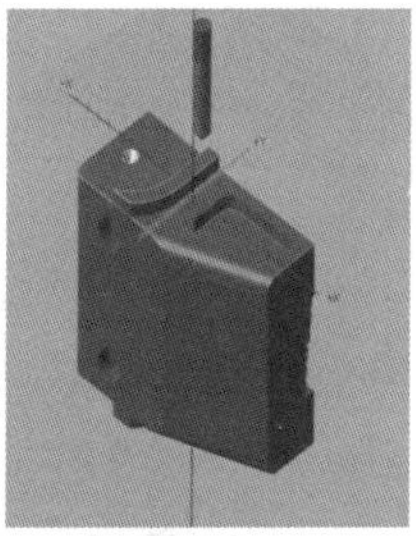	加工刀路：2D 倒角 刀具：ϕ6 mm 转速：5 000 r/min 切削速度（F）：800 mm/r
33		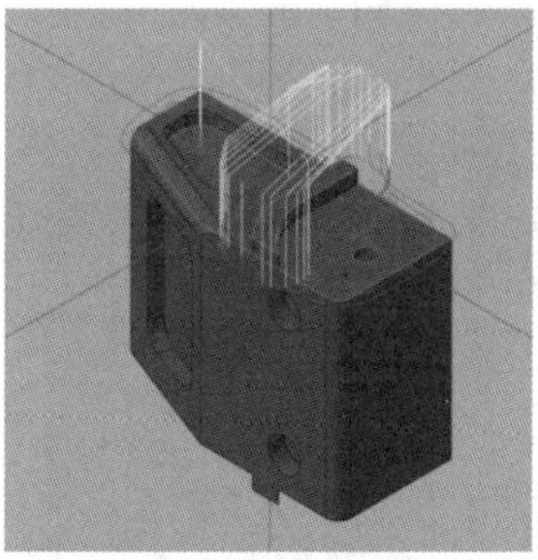	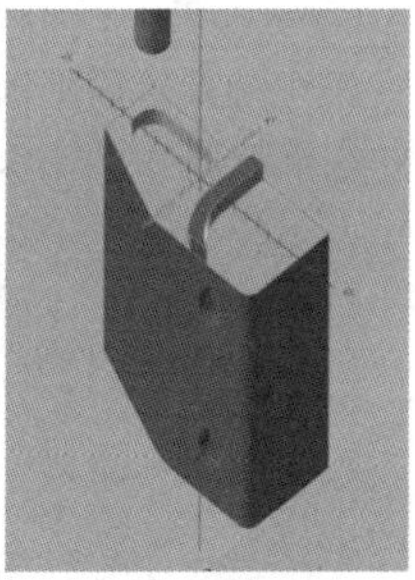	加工刀路：动态开粗 刀具：ϕ12 mm 转速：5 000 r/min 切削速度（F）：1 000 mm/r
34		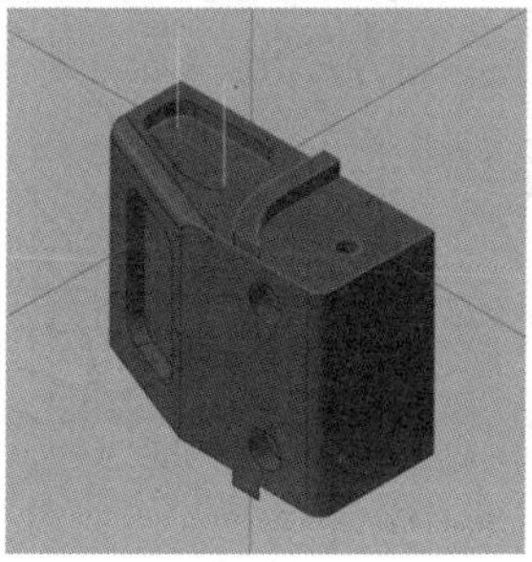	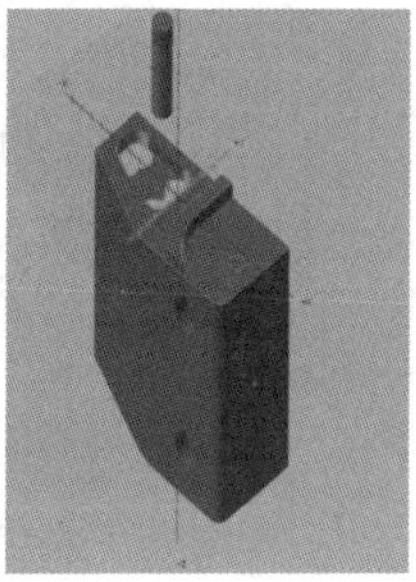	加工刀路：动态开粗 刀具：ϕ8 mm 转速：5 000 r/min 切削速度（F）：800 mm/r

续表

序号	加工图示	编程图示	仿真图示	加工参数设置
35		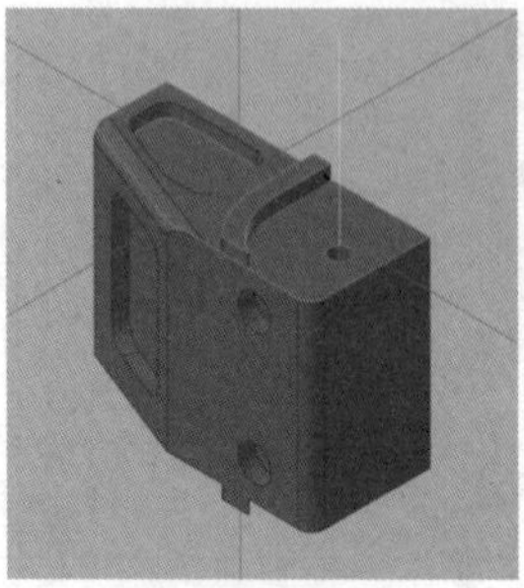	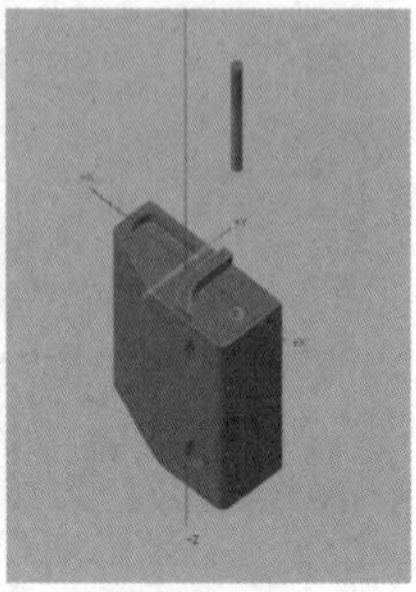	加工刀路：钻孔 刀具：ϕ5 mm 转速：1 100 r/min 切削速度（F）：100 mm/r
36		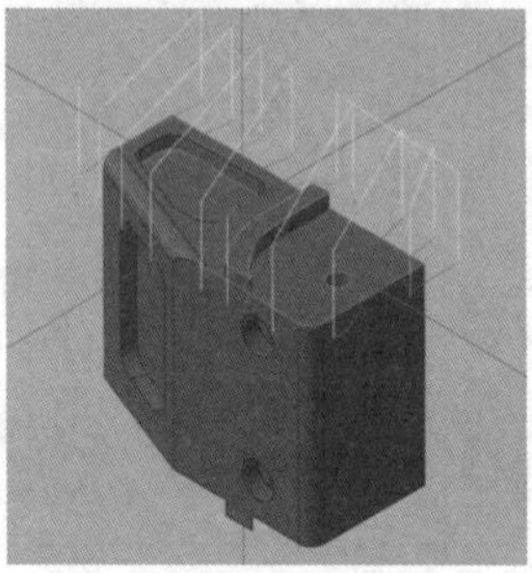		加工刀路：区域 刀具：ϕ12 mm 转速：5 000 r/min 切削速度（F）：800 mm/r
37		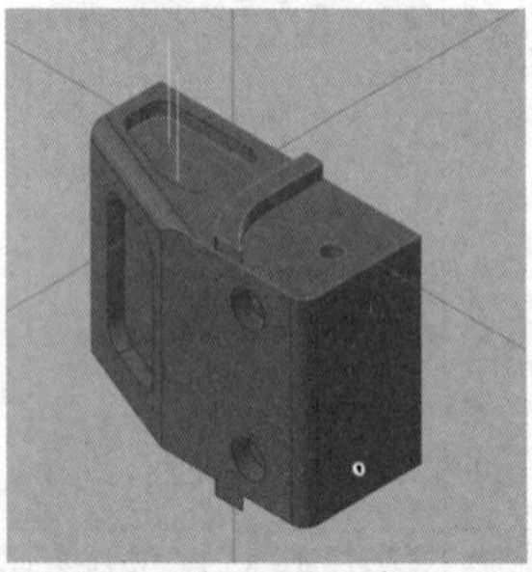	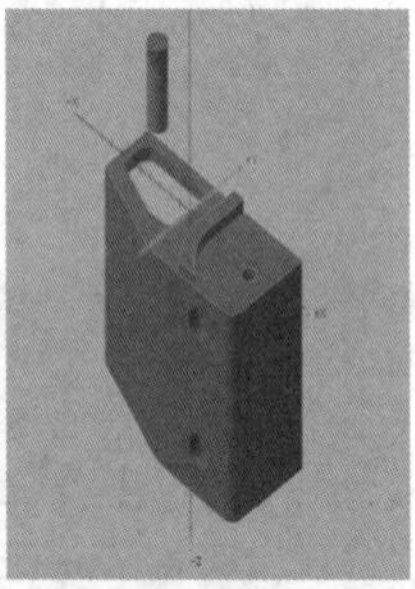	加工刀路：区域 刀具：ϕ8 mm 转速：5 000 r/min 切削速度（F）：800 mm/r
38		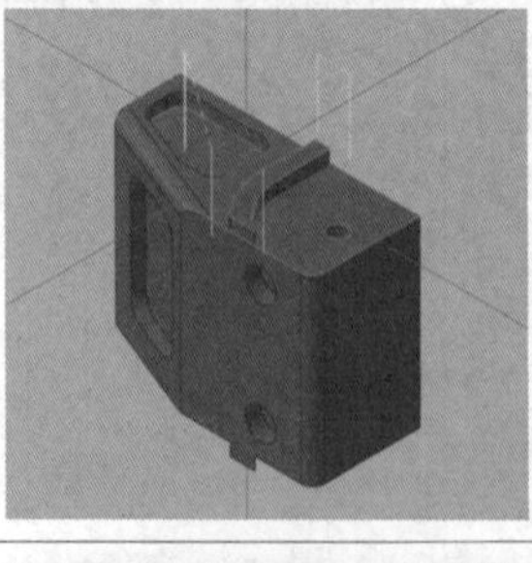	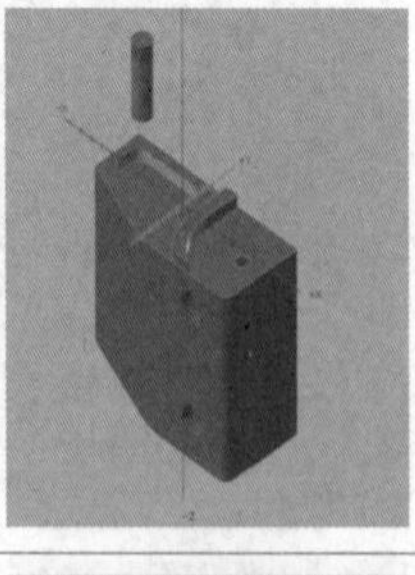	加工刀路：外形 刀具：ϕ8 mm 转速：5 000 r/min 切削速度（F）：800 mm/r
39			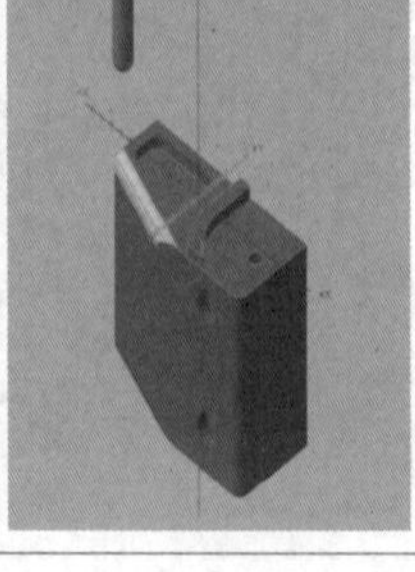	加工刀路：流线 刀具：ϕ8 mm 转速：5 000 r/min 切削速度（F）：1 000 mm/r

续表

序号	加工图示	编程图示	仿真图示	加工参数设置
40		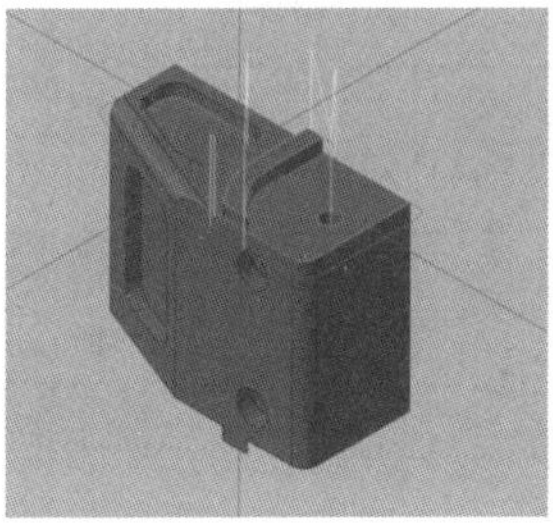		加工刀路：2D 倒角 刀具：$\phi 6$ mm 转速：5 000 r/min 切削速度（F）：800 mm/r

2. 安全提示。

（1）工作时应穿工作服、戴袖套。女同学应戴工作帽，将长发塞入帽子里。夏季禁止穿裙子、短裤和凉鞋上机操作。

（2）为防切屑崩碎飞散，有防护外罩的封闭型数控铣床必须关闭防护门，半开放式数控铣床中的工作人员必须戴防护眼镜。工作时，头不能离工件加工区域太近，以防切屑伤人。

（3）工作时，必须集中精力，注意手、身体和衣服不能靠近正在旋转的机件，如铣床主轴、工件、带轮、皮带、齿轮等。

（4）工件和铣刀必须装夹牢固，否则会飞出伤人。

（5）在装卸工件、更换刀具、测量加工表面或改变速度时，必须先停机，再行调整。

（6）铣床运转时，不得用手去摸刀具及刀具加工区域。严禁用棉纱擦抹转动的铣削刀具。

（7）使用专用铁钩清除切屑，绝不允许用手直接清除。

（8）在数控铣床上操作时不准戴手套。

（9）不要随意拆装电气设备，以免发生触电事故。

（10）工作中若发现机床、电气设备有故障，要及时申报，由专业人员检修，未修复不得使用。

引导问题 4 实施过程中要注意哪些问题？

1. 加工仿真应注意什么问题？

2. 后置处理应注意什么问题？

[总结与评价]

引导问题 1 你能够使用合适的量具检测车头加工质量吗？

1. 请对加工完成的车头零件进行评分，填写表 4 - 43。

表 4 - 43　车头零件评分表

评分表											
姓名			编码			总成绩					
项目		车头		试题图号		SXXS02 - 02 - 04		总时间			
序号	配分	图位	尺寸类型	基本尺寸/ mm	上偏差/ mm	下偏差/ mm	上极限尺寸/ mm	下极限尺寸/ mm	实际尺寸/ mm	得分	修正值
A - 主要尺寸											
1	4	B1	L	78	0	- 0.05	78	77.95			
2	4	B2	L	35	0.05	0	35.05	35			
3	4	E1	L	66	0	- 0.05	66	65.95			
4	4	E1	L	58	0	- 0.05	58	57.95			
5	4	F2	H	35	0.03	- 0.03	35.03	34.97			
6	4	D4	L	40	0.05	0	40.05	40			
7	4	B6	L	31	0.05	0	31.05	31			
8	4	B7	L	20	0.05	0	20.05	20			
9	3	E3	D	28	0.05	0	28.05	28			
小计	35										
B - 次要尺寸											
1	3	C6	M	6							
2	3	B1	L	40	0.05	- 0.05	40.05	39.95			
3	3	C1	L	9	0.05	- 0.05	9.05	8.95			
4	3	C2	L	17.5	0.05	- 0.05	17.55	17.45			
5	3	C5	L	82.5	0.05	- 0.05	82.55	82.45			
6	3	C5	L	17	0.05	- 0.05	17.05	16.95			
7	3	C4	L	38	0.05	- 0.05	38.05	37.95			
8	3	B6	L	4	0.05	- 0.05	4.05	3.95			
9	3	F6	L	23	0.05	- 0.05	23.05	22.95			
10	4	F8	13	29	0.05	- 0.05	29.05	28.95			
小计	31	0								0	
C - 表面质量											
1	4	C4	Ra	1.6 μm							
小计	4										

续表

评分表											
姓名			编码			总成绩					
项目		车头	试题图号		SXXS02 – 02 – 04	总时间					
序号	配分	图位	尺寸类型	基本尺寸/ mm	上偏差/ mm	下偏差/ mm	上极限尺寸/ mm	下极限尺寸/ mm	实际尺寸/ mm	得分	修正值
D – 主观评判											
			主观评分内容			情况记录				得分	
1	5		零件加工要素完整度								
2	5		零件损伤（振纹、夹伤、过切等）								
3	5		倒角（一处未加工扣0.3分，一处毛刺锐边扣0.2分）								
小计	15										
E – 职业素养											
			规范要求			情况记录				得分	
1	2		工具、量具、刀具分区摆放								
2	2		工具摆放整齐、规范、不重叠								
3	1		量具摆放整齐、规范、不重叠								
4	1		刀具摆放整齐、规范、不重叠								
5	1		防护佩戴规范								
6	1		工作服、工作帽、工作鞋穿戴规范								
7	1		加工后清理现场、清洁及其他								
8	1		现场表现								
小计	10										
F – 增加毛坯											
1	5		是否更换增加毛坯								
小计	5										
G – 技术总结											
学生总结						教师评价					
存在问题			改进方向								
					日期						

2. 请对车头零件加工不达标尺寸进行分析,填写表 4 – 44。

表 4 – 44　车头零件加工不达标尺寸分析

序号	图位	尺寸类型	基本尺寸	实际测量数值	出错原因	解决方案	
						学生分析	教师分析

引导问题 2　能否针对本任务所学的知识进行自我评价与总结?

1. 请对车头零件加工学习效果进行自我评价,填写表 4 – 45。

表 4 – 45　车头零件加工学习效果自我评价

序号	学习任务内容	学习效果			备注
		优秀	良好	较差	
1	关于 Mastercam 软件三维实体造型设计的知识有哪些				
2	齿轮传动的知识有哪些				
3	关于 Mastercam 软件三维实体编辑的知识有哪些				
4	练一练:运用 Mastercam 软件完成图形的绘制				
5	如何制订本零件的加工工艺				
6	车头的刀路设计加工参数如何设置				
7	实施过程中要注意哪些问题				

2. 请总结不足与改进的地方。

(1)通过以上检测,分析自己所做零件的不足及解决的办法。

(2)写出在操作过程中存在的问题和以后需要改进的地方。

小资料及拓展训练

齿轮传动常见失效形式与分析，见表 4 - 46。

表 4 - 46　齿轮传动常见失效形式与分析

失效形式	失效图片	引起原因	工作环境	后果	防止措施
轮齿折断		轮齿受力后齿根部受弯曲应力的反复作用或齿轮严重过载、受冲击载荷作用最终造成轮齿的折断	开式、闭式传动均可能出现	无法工作	1. 限制载荷； 2. 选择合适的齿轮设计参数； 3. 进行强化处理和热处理
齿面点蚀		齿面接触处产生循环变化的接触应力，在接触应力反复作用下，轮齿表层或次表层出现不规则的细线状疲劳裂纹，疲劳裂纹扩展的结果	闭式传动	传动不平稳，振动、噪声增大甚至无法工作	1. 选择合适的齿轮设计参数； 2. 通过热处理提高齿面硬度； 3. 减小齿面表面粗糙度； 4. 改善润滑条件
磨粒磨损		当齿面间落入砂粒、铁屑、非金属物等磨料性物质时，会发生磨料磨损	主要发生在开式传动中	引发冲击、振动和噪声，甚至轮齿折断	1. 提高齿面硬度； 2. 增加防尘设施； 3. 改善润滑条件； 4. 保持润滑油的清洁
齿面胶合		在高速重载的齿轮传动中，齿面压力大，润滑效果差，瞬时温度高，啮合齿面会发生黏结现象，使金属从齿面上撕落而形成的伤痕	主要发生在重载传动中	传动不平稳，振动、噪声增大甚至无法工作	1. 采用合适的润滑油添加剂； 2. 及时冷却齿面温度； 3. 减小齿面表面粗糙度
塑性变形		在重载作用下，轮齿材料屈服产生塑性流动而使齿面或齿体发生塑性变形	主要发生在低速、起动及过载频繁的传动中	传动不平稳，振动、噪声增大甚至无法工作	1. 选择合适的齿轮设计参数； 2. 增加齿面硬度； 3. 改善润滑条件

[任务拓展训练]

任务拓展训练图纸如图 4 - 109 所示。

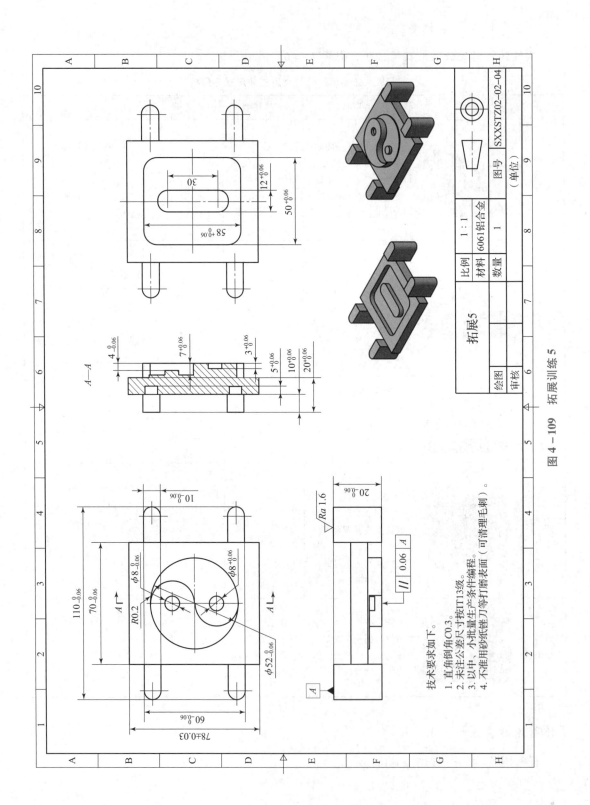

技术要求如下。
1. 直角倒角C0.3。
2. 未注公差尺寸按IT13级。
3. 以中、小批量生产条件编程。
4. 不准用砂纸锉刀等打磨表面（可清理毛刺）。

图 4 – 109　拓展训练 5

引导问题1 如何制订拓展任务的加工工艺？

查找资料，并根据所学知识，回答下列问题。

（1）各小组分析、讨论并根据加工要求和现场的实际条件，制订合理的加工计划，完成表4-47。

表4-47 加工计划

序号	图示	加工内容	尺寸精度	注意事项	备注

（2）组内及组间对加工计划的评价和改进建议。

（3）指导教师的评价与结论。

（4）各小组根据加工计划，完成工量刃具、设备和材料的准备工作，并填写表4-48。

表4-48 工量刃具、设备和材料的准备

序号	工量刃具、设备和材料的名称	要求	数量

引导问题2 拓展训练零件的刀路设计加工参数如何设置？

拓展训练零件的刀路设计，见表4-49。

表 4-49 拓展训练零件的刀路设计

	加工图示	编程图示	仿真图示	加工参数设置
1		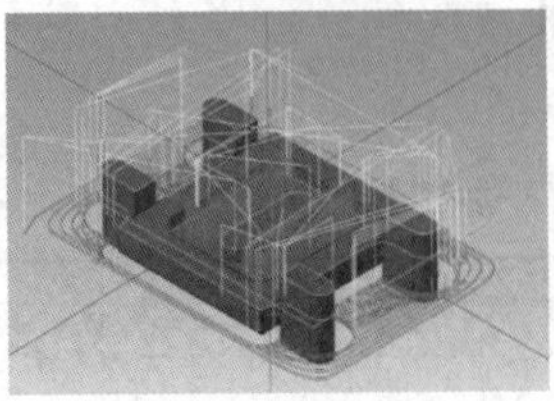	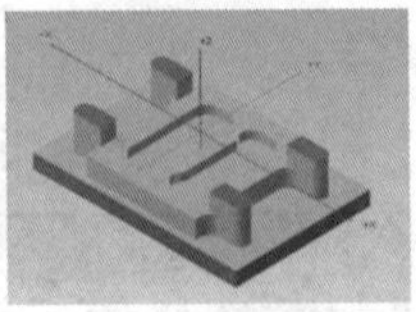	加工刀路：2D 动态铣削 余量：0.25 mm 刀具：φ12 mm 转速：4 500 r/min 切削速度（F）：2 000 mm/r
2	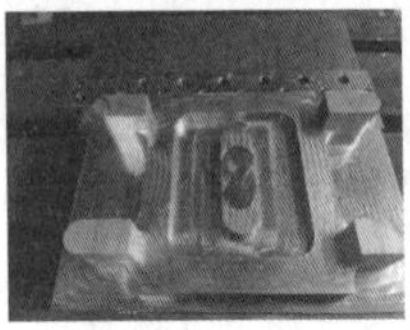	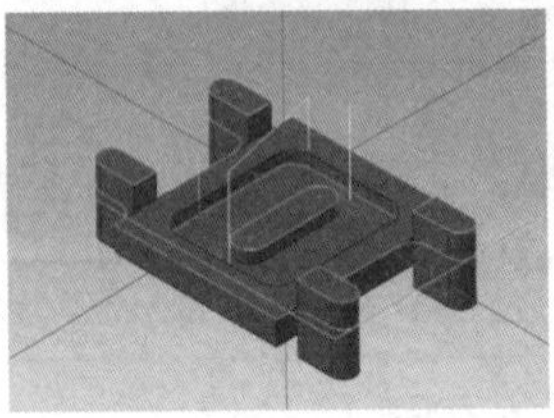	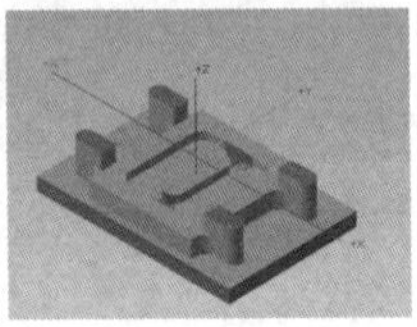	加工刀路：2D 动态铣削 余量：0.25 mm 刀具：φ12 mm 转速：4 500 r/min 切削速度（F）：2 000 mm/r
3		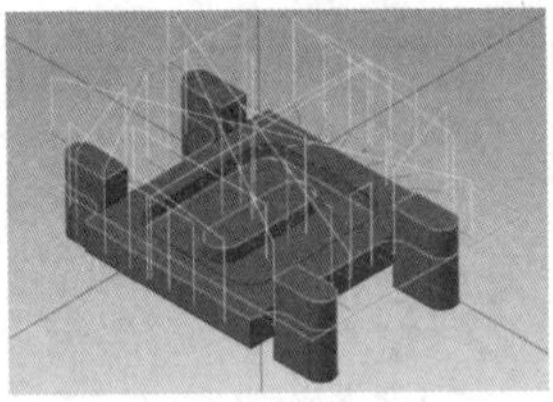	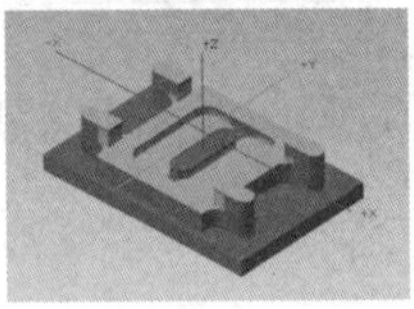	加工刀路：区域铣削 刀具：φ12 mm 转速：5 000 r/min 切削速度（F）：1 000 mm/r 精加工刀次：1
4		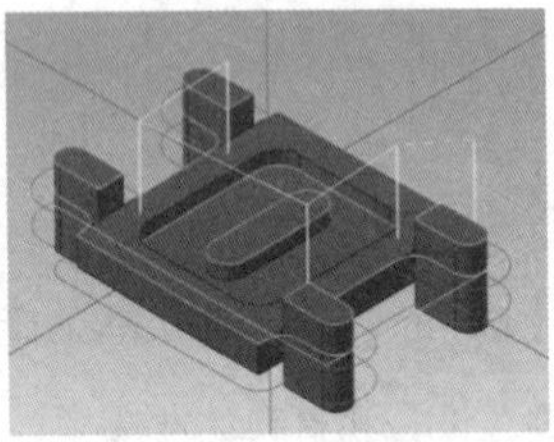	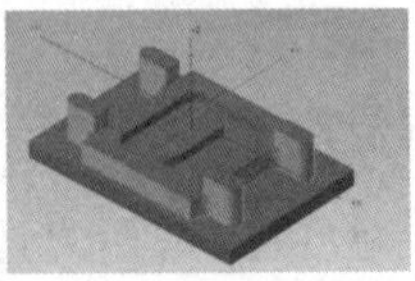	加工刀路：外形铣削 刀具：φ12 mm 转速：5 000 r/min 切削速度（F）：800 mm/r
5		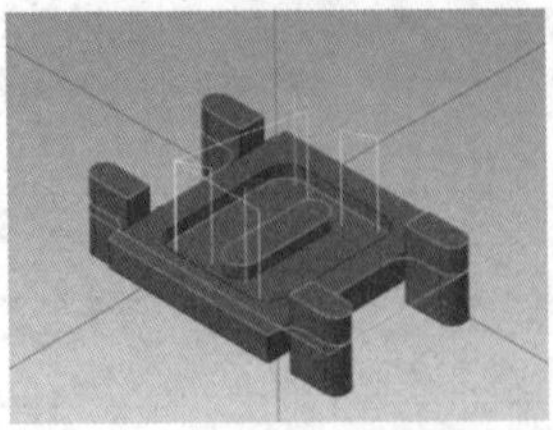		加工刀路：区域铣削 刀具：φ6 mm 转速：5 500 r/min 切削速度（F）：800 mm/r
6		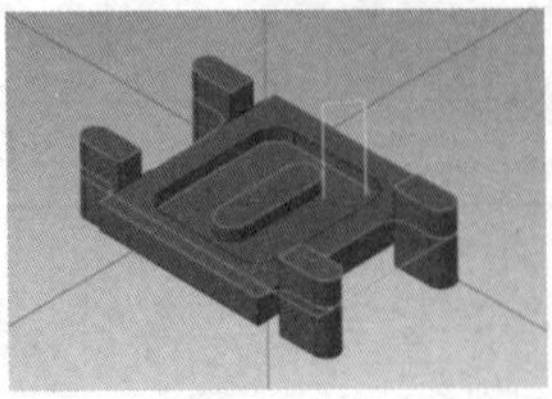		加工刀路：2D 倒角 刀具：φ6 mm 转速：5 500 r/min 切削速度（F）：800 mm/r

续表

	加工图示	编程图示	仿真图示	加工参数设置
7		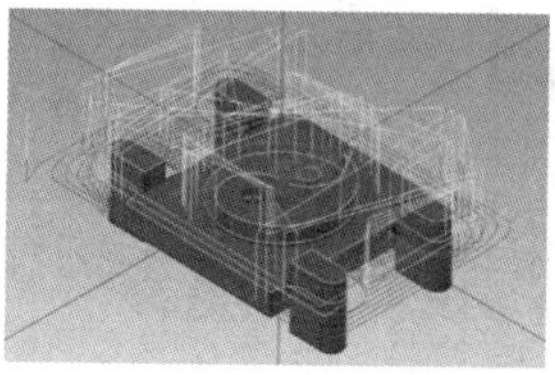	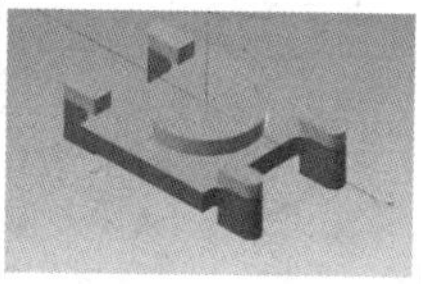	加工刀路：2D 动态铣削 余量：0.25 mm 刀具：ϕ12 mm 转速：4 500 r/min 切削速度（F）：2 000 mm/r
8		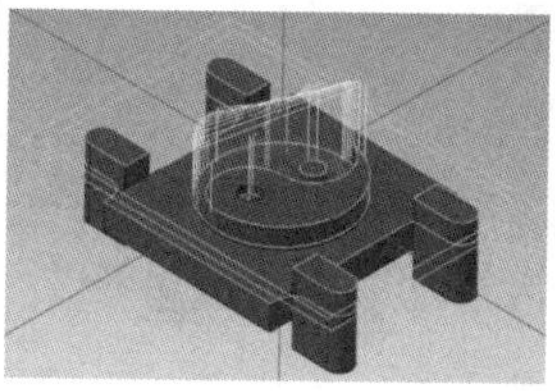	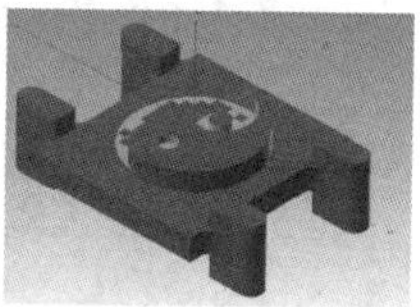	加工刀路：2D 动态铣削 余量：0.25 mm 刀具：ϕ6 mm 转速：4 500 r/min 切削速度（F）：2 000 mm/r
9		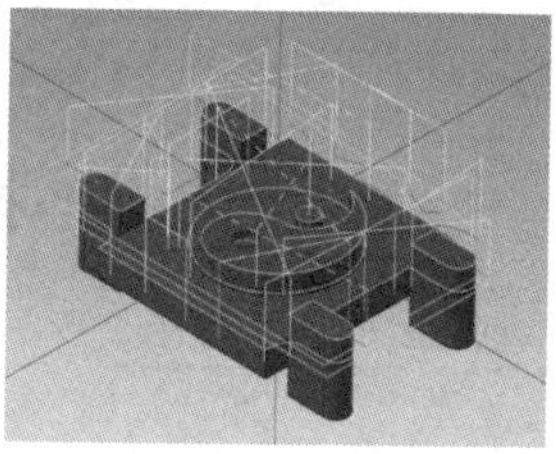	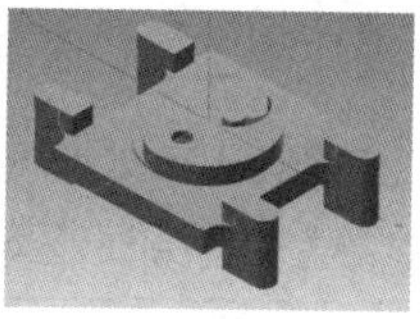	加工刀路：区域铣削 刀具：ϕ12 mm 转速：5 500 r/min 切削速度（F）：800 mm/r
10		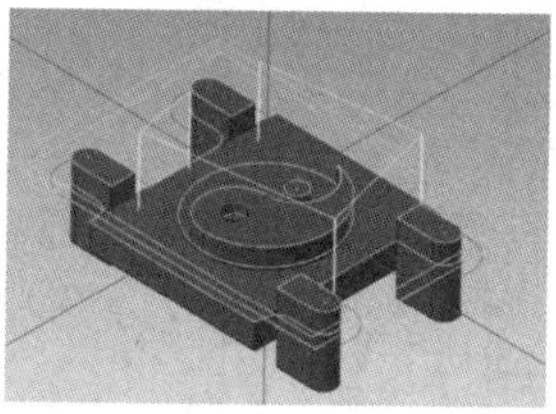	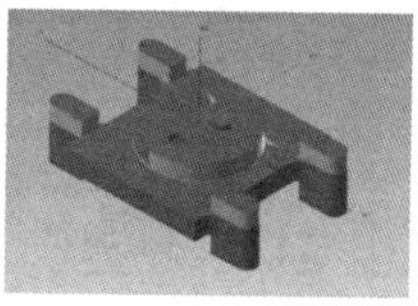	加工刀路：外形铣削 刀具：ϕ12 mm 转速：5 500 r/min 切削速度（F）：800 mm/r 精加工刀次：2
11		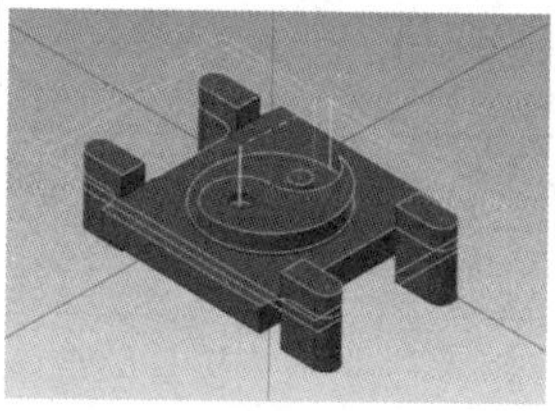	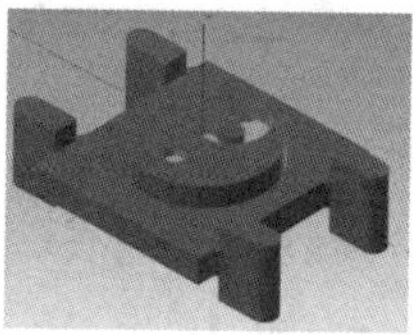	加工刀路：区域铣削 刀具：ϕ6 mm 转速：5 500 r/min 切削速度（F）：800 mm/r
12		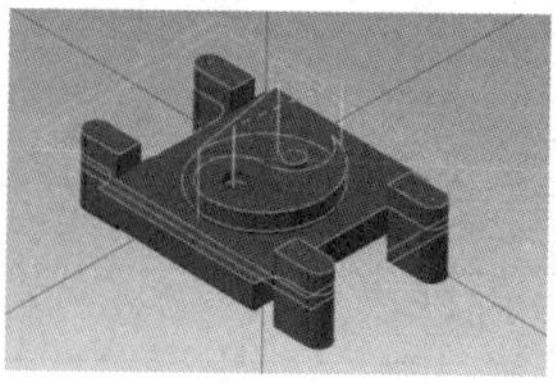	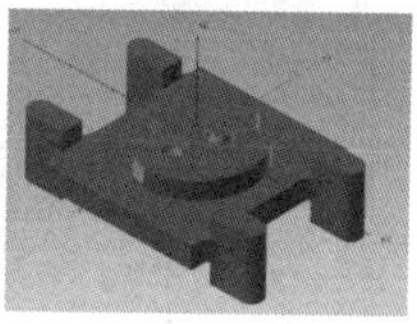	加工刀路：外形铣削 刀具：ϕ6 mm 转速：5 500 r/min 切削速度（F）：800 mm/r

续表

	加工图示	编程图示	仿真图示	加工参数设置
13		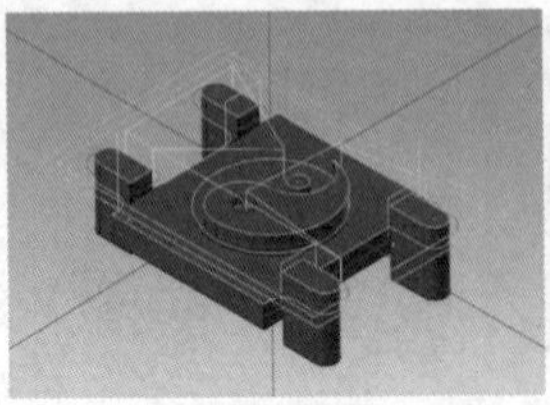		加工刀路：2D 倒角 刀具：$\phi 6$ mm 转速：5 500 r/min 切削速度（F）：800 mm/r
14	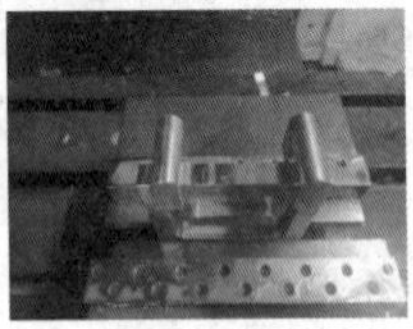			加工刀路：外形铣削 刀具：$\phi 6$ mm 转速：5 500 r/min 切削速度（F）：800 mm/r

引导问题 3　如何检测拓展训练零件的加工质量？

1. 将检测结果填入表 4 –50 拓展训练零件评分表中，并进行评分。

表 4 – 50　拓展训练零件评分表

评分表											
姓名				编码			总成绩				
项目		拓展训练 零件		试题图号		SXXSTZ02 – 02 – 04	总时间				
序号	配分	图位	尺寸 类型	基本 尺寸/ mm	上偏差/ mm	下偏差/ mm	上极限 尺寸/ mm	下极限 尺寸/ mm	实际 尺寸/ mm	得分	修正值
A – 主要尺寸											
1	3	A3	L	110	0	– 0.06	110	109.94			
2	3	B3	L	70	0	– 0.06	70	69.94			
3	3	C1	L	78	0.03	– 0.03	78.03	77.97			
4	3	C1	L	60	0	– 0.06	60	59.94			
5	3	D2	ϕ	52	0	– 0.06	52	51.94			
6	3	D3	ϕ	8	0.06	0	8.06	8			
7	3	B3	ϕ	8	0	– 0.06	8	7.94			
8	4	C4	L	10	0	– 0.06	10	9.94			
9	4	B6	D	4	0	– 0.06	4	3.94			
10	4	C6	D	7	0.06	0	7.06	7			

				评分表							
姓名				编码			总成绩				
项目		拓展训练零件		试题图号		SXXSTZ02 - 02 - 04	总时间				
序号	配分	图位	尺寸类型	基本尺寸/mm	上偏差/mm	下偏差/mm	上极限尺寸/mm	下极限尺寸/mm	实际尺寸/mm	得分	修正值
11	4	D6	D	3	0.06	0	3.06	3			
12	4	D6	D	5	0.06	0	5.06	5			
13	4	E6	D	20	0.06	0	20.06	20			
14	4	D8	L	58	0.06	0	58.06	58			
15	4	E8	L	50	0.06	0	50.06	50			
16	4	D9	L	12	0.06	0	12.06	12			
17	4	F4	H	20	0	-0.06	20	19.94			
18	4	F3	//	0	0.06	0	0.06	0			
小计	65										

B - 次要尺寸

1	2	C9	L	30	0.05	-0.05	30.05	29.95			
小计	2										

C - 表面质量

1	3	E4	Ra	1.6 μm							
小计	3										

D - 主观评判

		主观评价内容	情况记录	得分
1	5	零件加工要素完整度		
2	5	零件损伤（振纹、夹伤、过切等）		
3	5	倒角（一处未加工扣0.3分，一处毛刺锐边扣0.2分）		
小计	15			

E - 职业素养

		规范要求	情况记录	得分
1	2	工具、量具、刀具分区摆放		
2	2	工具摆放整齐、规范、不重叠		
3	1	量具摆放整齐、规范、不重叠		
4	1	刀具摆放整齐、规范、不重叠		

评分表											
姓名			编码			总成绩					
项目		拓展训练零件	试题图号	SXXSTZ02 – 02 – 04		总时间					
序号	配分	图位	尺寸类型	基本尺寸/mm	上偏差/mm	下偏差/mm	上极限尺寸/mm	下极限尺寸/mm	实际尺寸/mm	得分	修正值
5	1	防护佩戴规范									
6	1	工作服、工作帽、工作鞋穿戴规范									
7	1	加工后清理现场、清洁及其他									
8	1	现场表现									
小计	10										
F – 增加毛坯											
1	5	是否更换增加毛坯									
小计	5										
G – 技术总结											
学生总结						教师评价					
存在问题			改进方向								
						日期					

2. 请对拓展训练零件加工不达标尺寸进行分析,填写表4–51。

表4–51　拓展训练零件加工不达标尺寸分析

序号	图位	尺寸类型	基本尺寸	实际测量数值	出错原因	解决方案	
						学生分析	教师分析

3. 总结不足与改进的地方。

（1）通过以上检测，分析自己所做零件的不足及解决的办法。

（2）写出在操作过程中存在的问题和以后需要改进的地方。

学习任务五　车轮的加工

零件名称	车轮	材料	6061 铝合金	毛坯尺寸	$\phi35$ mm $\times 10$ mm
	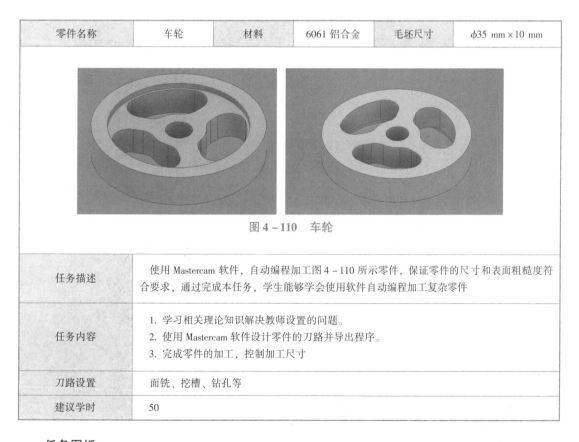 图 4 - 110　车轮				
任务描述	使用 Mastercam 软件，自动编程加工图 4 - 110 所示零件，保证零件的尺寸和表面粗糙度符合要求，通过完成本任务，学生能够学会使用软件自动编程加工复杂零件				
任务内容	1. 学习相关理论知识解决教师设置的问题。 2. 使用 Mastercam 软件设计零件的刀路并导出程序。 3. 完成零件的加工，控制加工尺寸				
刀路设置	面铣、挖槽、钻孔等				
建议学时	50				

任务图纸

车轮的加工图纸如图 4 - 111 所示。

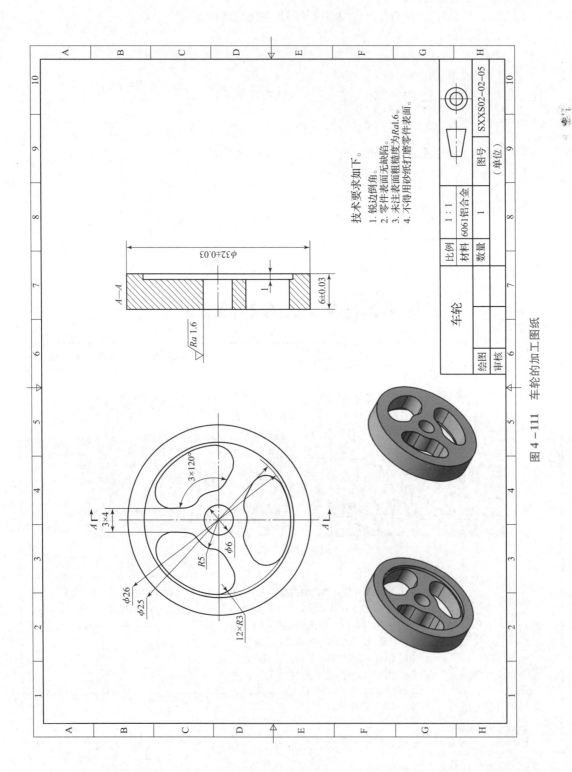

图 4 –111 车轮的加工图纸

[学习准备]

引导问题1　关于 Mastercam 软件三维曲面铣削加工的知识都有哪些?

1. 曲面刀具路径用来加工曲面或实体，Mastercam 软件有 4 类曲面刀具路径，分别是_____
_____、_____、_____和_____。

2. 写出 8 种粗加工刀具路径的名称。

3. 了解 Mastercam 软件的曲面加工知识，填写表 4 – 52。

表 4 – 52　Mastercam 软件的曲面加工

加工方法	刀具路径特点	加工用途	示意图
平行铣削加工	沿着设定方向产生一系列平行的刀具路径		
	放射状的加工路径		
投影加工		在曲面上复制特定的刀路或图案	
流线加工	沿着设定的流线方向生成刀具路径		
	沿曲面的外轮廓在高度方向上逐级下降生成刀具路径	加工外形对称的零件	
残料加工		去除工件上前续未去除的残料	
挖槽加工	以挖槽方式生成刀具路径		
钻削加工		迅速去除粗加工余料	

4. 写出 11 种精加工刀具路径的名称。

5. 填写图 4-112 所示的精加工刀具路径的名称。

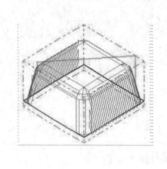

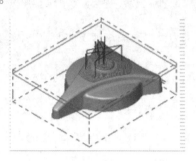

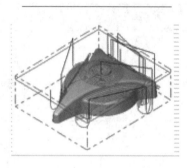

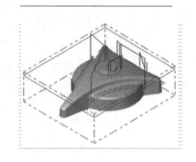

图 4-112 精加工刀具路径示例

引导问题 2 轮系知识都有哪些?

1. 如图 4-113 所示,轮系在传动时,按各轮轴线是否固定可分为 _____ 轮系和 _____ 轮系。

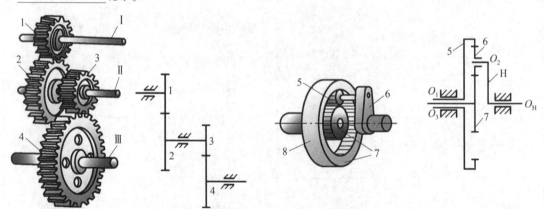

图 4-113 轮系传动示例

1——一级传动主动轮;2——一级传动从动轮;3—二级传动主动轮;4—二级传动从动轮;5—行星轮;
6—行星架;7—太阳轮;8—内齿圈

2. 轮系的传动比是指轮系中＿＿＿＿＿＿两轮角速度（或＿＿＿＿＿＿＿）之比，常用 i_{1N} 表示，如

$$i_{1N} = \frac{\omega_1}{\omega_N} = \frac{n_1}{n_N}$$

3. 轮系根据传动比的计算公式，填写表 4 – 53。

表 4 – 53 齿轮传动

序号	名称	图例	主、从动轮转向关系	传动比
1	外啮合圆柱齿轮		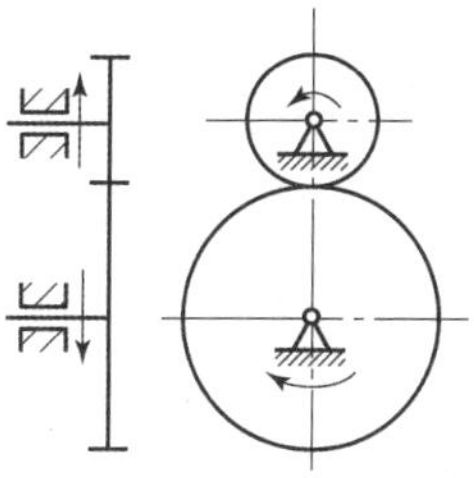	$i_{12} = -z_2/z_1$
2	内啮合圆柱齿轮传动		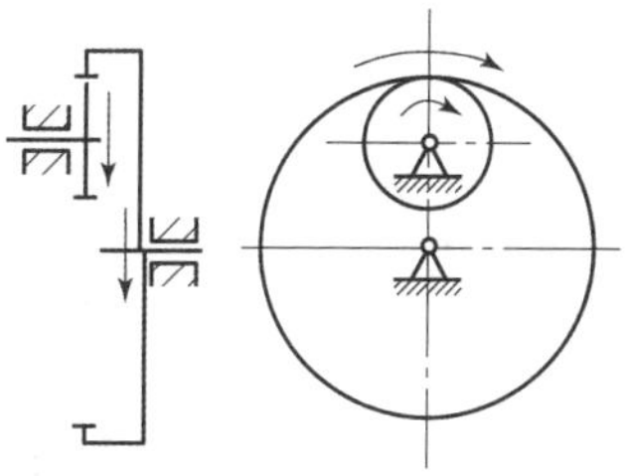	
3	圆锥齿轮传动		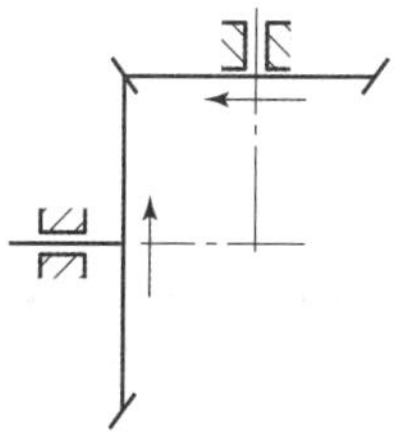	$i_{12} = -z_2/z_1$
4	蜗杆传动		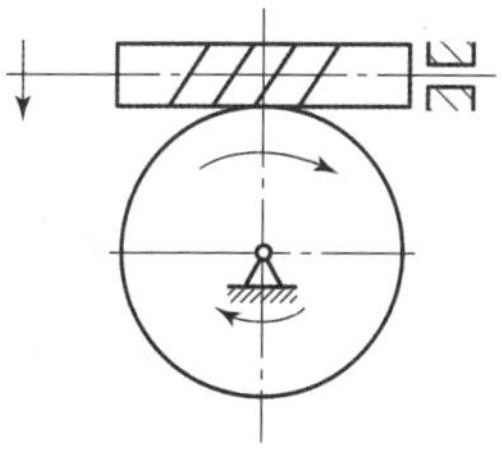	

续表

序号	名称	图例	主、从动轮转向关系	传动比
5	齿轮与齿条传动			

4. 轮系中，首末轮转向关系的确定方法有哪些？

5. 轮系的主要功能有哪些？

[计划与实施]

引导问题 1　Mastercam 软件中刀具路径的管理与编辑有哪些内容？

1. 零件的所有刀具路径都显示在"刀具操作管理器"对话框的"刀具路径"选项卡中。使用操作管理器可以对刀具路径进行_____，可以_____、_____、_____刀具路径，也可以进行_____、_____、_____等操作，以验证刀具路径是否正确，如图 4 – 114 所示。

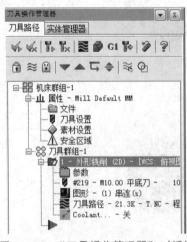

图 4 – 114　"刀具操作管理器"对话框

2. "路径模拟"对话框用于重新显示已经产生的刀具路径，以确认其_____，同时系统会报告理论上工件切削_____、_____、_____、_____等参数，如图4-115所示。

图4-115　"路径模拟"对话框

3. 刀具路径修剪用于对已经完成的_____进行修剪。这种方式常用于在刀具路径生成后，为了避免_____，而将某一部分的路径修剪掉，如图4-116所示。

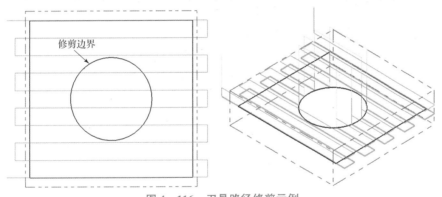

图4-116　刀具路径修剪示例

4. 刀具路径转换包括_____、_____和_____，目的是进行_____加工，以_____编程工作。

5. 刀具路径的转换是相_____的，如果第一个路径被操作和操作参数发生改变，则与之相关的转换路径也会被_____。

6. 如图4-117所示，填写刀具路径转换方式的名称。

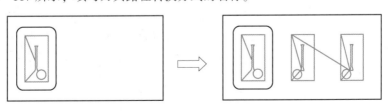

图4-117　刀具路径转换方式

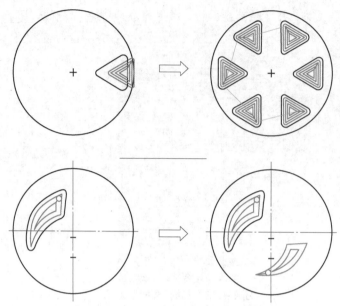

图 4 – 117　刀具路径转换方式（续）

练一练： 运用 Mastercam 软件完成图 4 – 118 ~ 图 4 – 121 所示工件刀路的绘制。

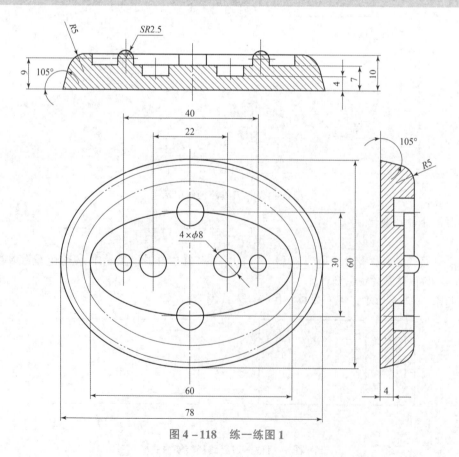

图 4 – 118　练一练图 1

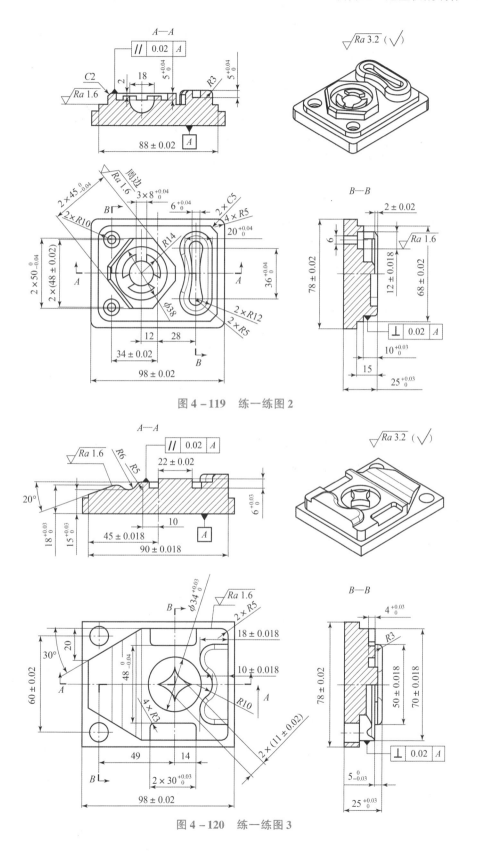

图 4-119　练一练图 2

图 4-120　练一练图 3

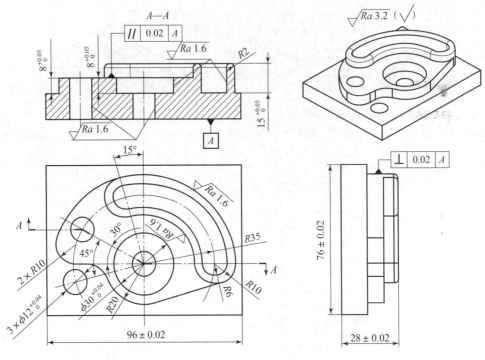

图 4 – 121 练一练图 4

如何制订本零件的加工工艺？

1. 各小组分析、讨论并制订加工计划。

（1）根据加工要求，考虑现场的实际条件，小组成员共同分析、讨论并制订合理的车轮加工计划，完成表 4 – 54。

表 4 – 54 车轮加工计划

序号	图示	加工内容	尺寸精度	注意事项	备注

（2）组内及组间对加工计划的评价和改进建议。

（3）指导教师的评价与结论。

2. 各小组根据加工计划，完成工量刃具、设备和材料的准备工作，并填写表 4 – 55。

表 4 – 55　工量刃具、设备和材料的准备

序号	工量刃具、设备和材料的名称	要求	数量

引导问题 3　车轮的刀路设计加工参数如何设置？

1. 车轮的刀路设计见表 4 – 56。

表 4 – 56　车轮的刀路设计

序号	加工图示	编程图示	仿真图示	加工参数设置
1			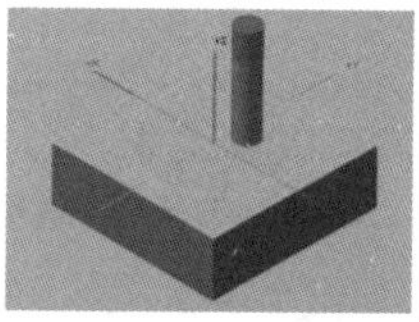	加工刀路：面铣 刀具：ϕ6 mm 转速：5 500 r/min 切削速度（F）：800 mm/r
2				加工刀路：2D 动态铣削 余量：0.25 mm 刀具：ϕ6 mm 转速：5 500 r/min 切削速度（F）：800 mm/r
3				加工刀路：钻孔 刀具：ϕ5 mm 转速：1 000 r/min 切削速度（F）：100 mm/r

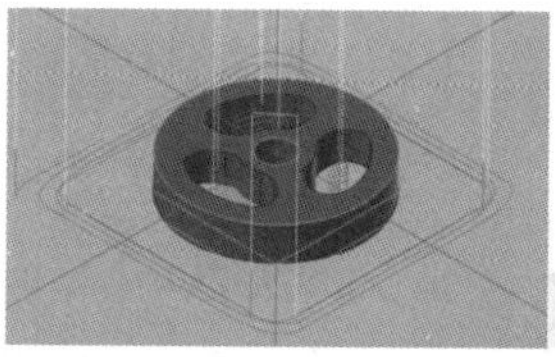

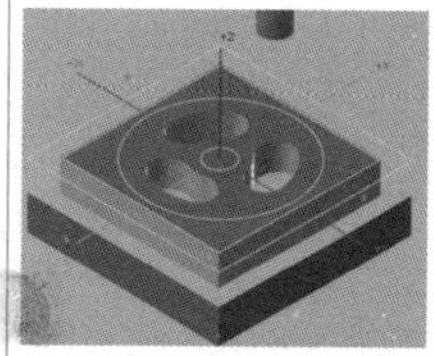

续表

序号	加工图示	编程图示	仿真图示	加工参数设置
4			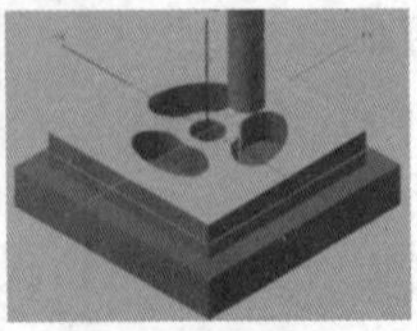	加工刀路：面铣精加工 刀具：φ6 mm 转速：6 000 r/min 切削速度（F）：600 mm/r 精加工刀次：1
5		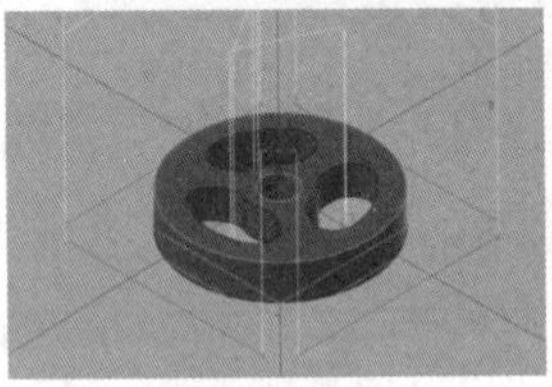		加工刀路：外形精加工 刀具：φ6 mm 转速：6 000 r/min 切削速度（F）：600 mm/r 精加工刀次：3
6				加工刀路：2D 倒角 刀具：φ6 mm 转速：6 000 r/min 切削速度（F）：500 mm/r
7			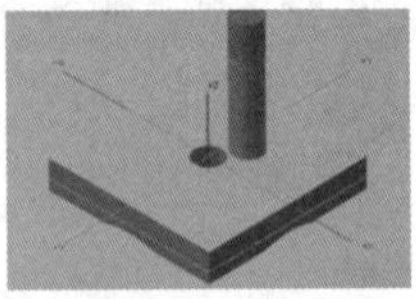	加工刀路：面铣 刀具：φ6 mm 转速：5 500 r/min 切削速度（F）：800 mm/r
8	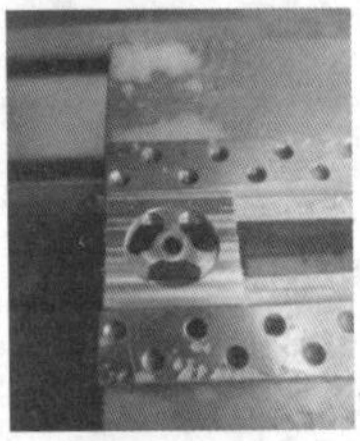	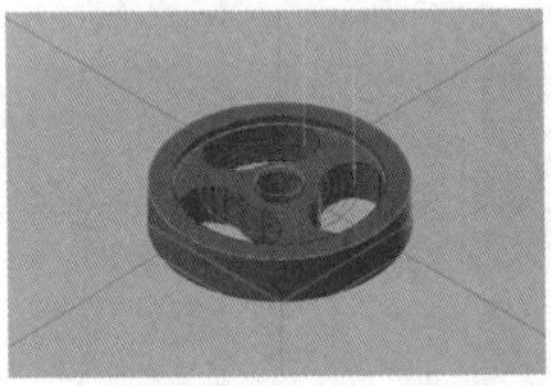		加工刀路：2D 动态铣削 余量：0.25 mm 刀具：φ6 mm 转速：5 500 r/min 切削速度（F）：800 mm/r
9			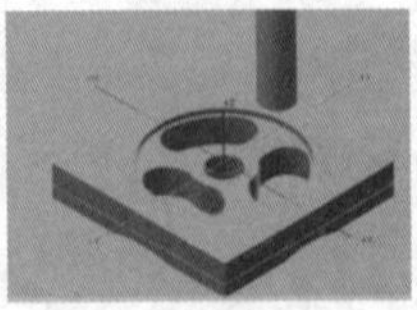	加工刀路：区域精加工 刀具：φ6 mm 转速：6 000 r/min 切削速度（F）：600 mm/r 精加工刀次：1
10				加工刀路：外形精加工 刀具：φ6 mm 转速：6 000 r/min 切削速度（F）：600 mm/r 精加工刀次：3

续表

序号	加工图示	编程图示	仿真图示	加工参数设置
11		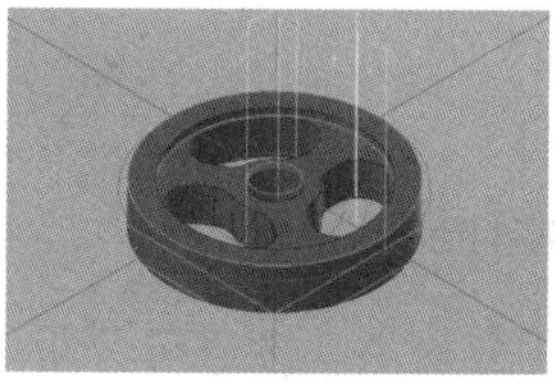		加工刀路：2D 倒角 刀具：$\phi6$ mm 转速：6 000 r/min 切削速度（F）：500 mm/r
12		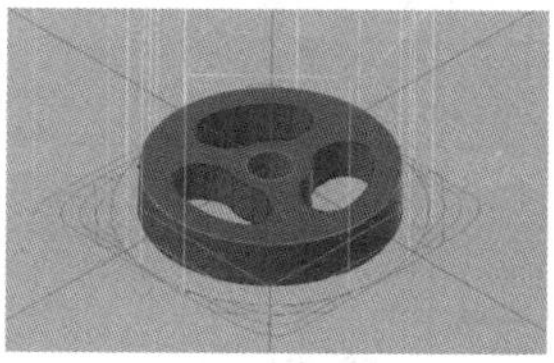		加工刀路：2D 动态铣削 余量：0.25 mm 刀具：$\phi6$ mm 转速：5 500 r/min 切削速度（F）：800 mm/r
13		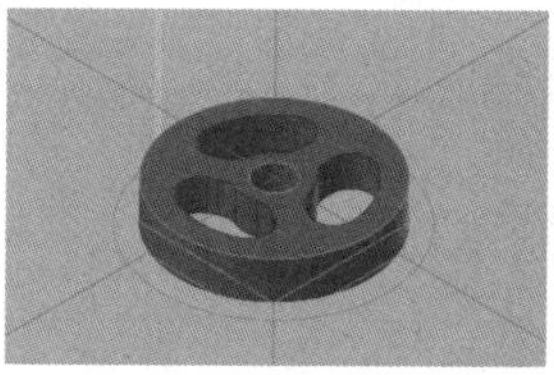		加工刀路：外形精加工 刀具：$\phi6$ mm 转速：6 000 r/min 切削速度（F）：600 mm/r 精加工刀次：3

2. 安全提示。

（1）工作时应穿工作服、戴袖套。女同学应戴工作帽，将长发塞入帽子里。夏季禁止穿裙子、短裤和凉鞋上机操作。

（2）为防切屑崩碎飞散，有防护外罩的封闭型数控铣床必须关闭防护门，半开放式数控铣床中的工作人员必须戴防护眼镜。工作时，头不能离工件加工区域太近，以防切屑伤人。

（3）工作时，必须集中精力，注意手、身体和衣服不能靠近正在旋转的机件，如铣床主轴、工件、带轮、皮带、齿轮等。

（4）工件和铣刀必须装夹牢固，否则会飞出伤人。

（5）在装卸工件、更换刀具、测量加工表面或改变速度时，必须先停机，再行调整。

（6）铣床运转时，不得用手去摸刀具及刀具加工区域。严禁用棉纱擦抹转动的铣削刀具。

（7）使用专用铁钩清除切屑，绝不允许用手直接清除。

（8）在数控铣床上操作时不准戴手套。

（9）不要随意拆装电气设备，以免发生触电事故。

（10）工作中若发现机床、电气设备有故障，要及时申报，由专业人员检修，未修复不得使用。

引导问题4 实施过程中要注意哪些问题？

1. 加工仿真应注意什么问题？

2. 后置处理应注意什么问题？

[总结与评价]

引导问题 1   你能够使用合适的量具检测车轮零件加工质量吗？

1. 请将检测结果填写表 4 – 57 车轮零件评分表中，并进行分析。

表 4 – 57   车轮零件评分表

评分表											
姓名				编码			总成绩				
项目		车轮		试题图号		SXXS02 – 02 – 05	总时间				
序号	配分	图位	尺寸类型	基本尺寸/mm	上偏差/mm	下偏差/mm	上极限尺寸/mm	下极限尺寸/mm	实际尺寸/mm	得分	修正值
A – 主要尺寸											
1	25	D8	ϕ	32	0.03	– 0.03	32.03	31.97			
2	25	E7	D	6	0.03	– 0.03	6.03	5.97			
小计	50										
B – 次要尺寸											
1	3	B2	ϕ	25	0.05	– 0.05	25.05	24.95			
2	3	B2	ϕ	26	0.05	– 0.05	26.05	25.95			
3	3	B4	L	4	0.05	– 0.05	4.05	3.95			
4	4	D3	ϕ	6	0.05	– 0.05	6.05	5.95			
5	4	E7	D	1	0.05	– 0.05	1.05	0.95			
小计	17										
C – 表面质量											
1	3	C6	Ra	1.6 μm							
小计	3										
D – 主观评判											
		主观评分内容			情况记录				得分		
1	5	零件加工要素完整度									
2	5	零件损伤（振纹、夹伤、过切等）									

续表

评分表											
姓名			编码			总成绩					
项目		车轮	试题图号		SXXS02 – 02 – 05	总时间					
序号	配分	图位	尺寸类型	基本尺寸/mm	上偏差/mm	下偏差/mm	上极限尺寸/mm	下极限尺寸/mm	实际尺寸/mm	得分	修正值
3	5		倒角（一处未加工扣 0.3 分，一处毛刺锐边扣 0.2 分）								
小计	15										

E – 职业素养

		规范要求	情况记录	得分	
1	2	工具、量具、刀具分区摆放			
2	2	工具摆放整齐、规范、不重叠			
3	1	量具摆放整齐、规范、不重叠			
4	1	刀具摆放整齐、规范、不重叠			
5	1	防护佩戴规范			
6	1	工作服、工作帽、工作鞋穿戴规范			
7	1	加工后清理现场、清洁及其他			
8	1	现场表现			
小计	10				

F – 增加毛坯

1	5	是否更换增加毛坯			
小计	5				

G – 技术总结

学生总结		教师评价	
存在问题	改进方向		
		日期	

2. 请对车轮零件加工不达标尺寸进行分析，填写表 4 – 58。

表 4 – 58　车轮零件加工不达标尺寸分析

序号	图位	尺寸类型	基本尺寸	实际测量数值	出错原因	解决方案	
						学生分析	教师分析

引导问题 2　能否针对本任务所学的知识进行自我评价与总结？

1. 请对车轮零件加工学习效果进行自我评价，填写表 4 – 59。

表 4 – 59　车轮零件加工学习效果自我评价

序号	学习任务内容	学习效果			备注
		优秀	良好	较差	
1	关于 Mastercam 软件三维曲面铣削加工的知识都有哪些				
2	轮系知识都有哪些				
3	Mastercam 软件中刀具路径的管理与编辑有哪些内容				
4	练一练：运用 Mastercam 软件完成工件刀路的绘制				
5	如何制订本零件的加工工艺				
6	车轮的刀路设计加工参数如何设置				
7	实施过程中要注意哪些问题				

2. 总结不足与改进的地方。

（1）通过以上检测，分析自己所做零件的不足及解决的办法。

（2）写出在操作过程中存在的问题和以后需要改进的地方。

［任务拓展训练］

任务拓展训练图纸如图 4 – 122、图 4 – 123 所示。

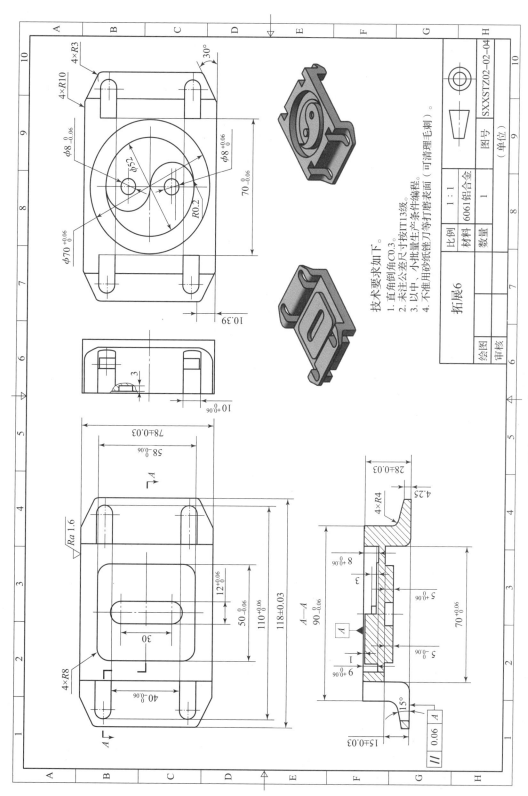

技术要求如下。
1. 直角倒角C0.3。
2. 未注公差尺寸按IT13级。
3. 以中、小批量生产条件编程。
4. 不准用砂纸锉刀等打磨表面（可清理毛刺）。

拓展6		比例	1：1	图号	SXXSTZ02-02-04
		材料	6061铝合金		
		数量	1		（单位）
绘图					
审核					

图 4-122 拓展训练6

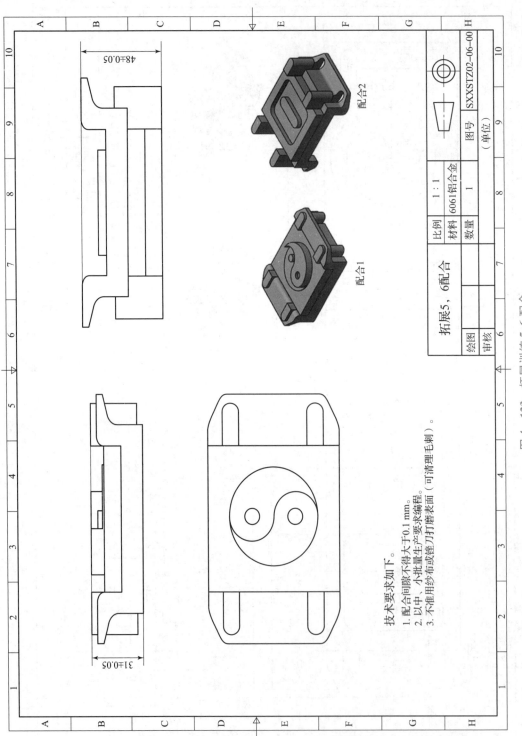

技术要求如下。
1. 配合间隙不得大于0.1 mm。
2. 以中、小批量生产要求编程。
3. 不准用纱布或锉刀打磨表面（可清理毛刺）。

图 4 – 123 拓展训练 5,6 配合

引导问题 1　如何制订拓展任务的加工工艺?

查找资料，并根据所学知识，回答下列问题。

（1）各小组分析、讨论并根据加工要求和现场的实际条件，制订合理的加工计划，完成表 4－60。

表 4－60　加工计划

序号	图示	加工内容	尺寸精度	注意事项	备注

（2）组内及组间对加工计划的评价和改进建议。

（3）指导教师的评价与结论。

（4）各小组根据加工计划，完成工量刃具、设备和材料的准备工作，并填写表 4－61。

表 4－61　工量刃具、设备和材料的准备

序号	工量刃具、设备和材料的名称	要求	数量

引导问题 2 拓展训练零件的刀路设计加工参数如何设置?

拓展训练零件的刀路设计见表4-62。

表4-62 拓展训练零件的刀路设计

序号	加工图示	编程图示	仿真图示	加工参数设置
1		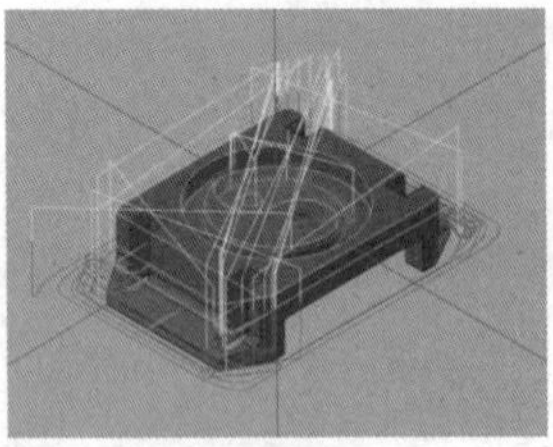		加工刀路: 挖槽粗加工 余量: 0.2 mm 刀具: ϕ12 mm 转速: 4 000 r/min 切削速度 (F): 1 500 mm/r
2		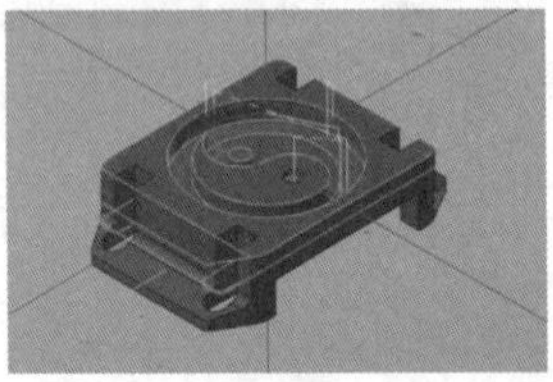		加工刀路: 小刀清根 余量: 0.2 mm 刀具: ϕ6 mm 转速: 4 000 r/min 切削速度 (F): 1 000 mm/r
3		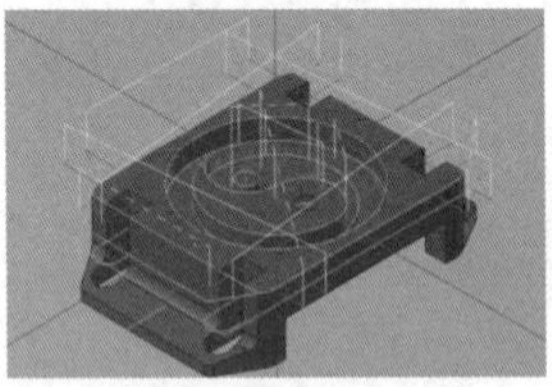		加工刀路: 底部精加工 刀具: ϕ12 mm 转速: 4 000 r/min 切削速度 (F): 600 mm/r 精加工刀次: 1
4		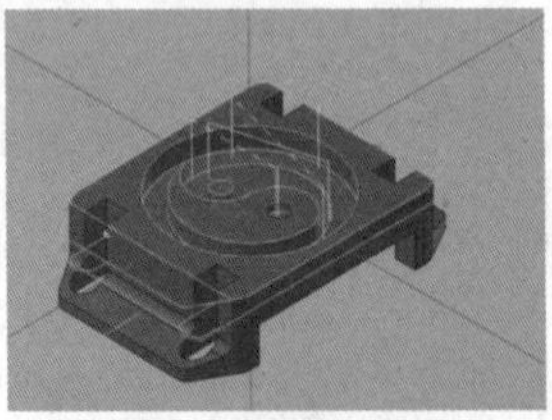		加工刀路: 底部精加工 刀具: ϕ6 mm 转速: 4 000 r/min 切削速度 (F): 600 mm/r 精加工刀次: 1
5		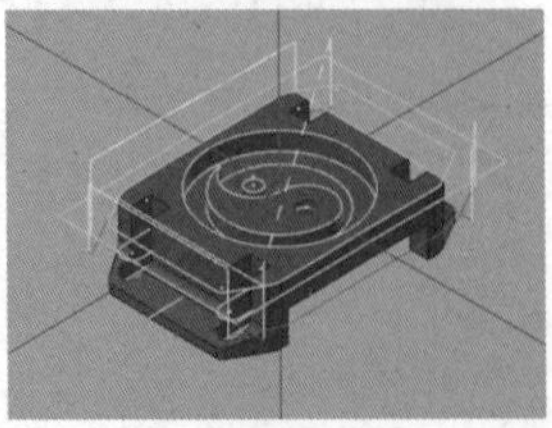		加工刀路: 侧壁精加工 刀具: ϕ12 mm 转速: 6 500 r/min 切削速度 (F): 1 500 mm/r 精加工刀次: 1
6		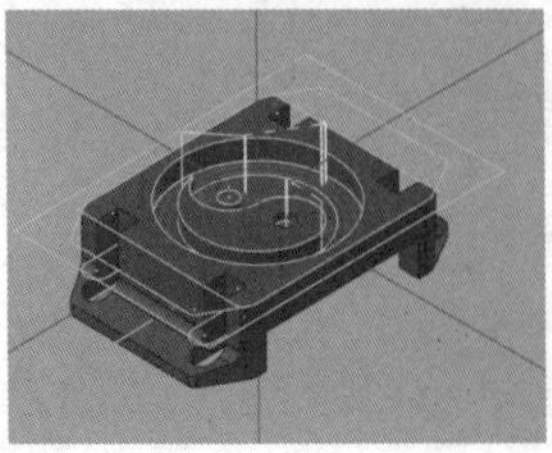		加工刀路: 侧壁精加工 刀具: ϕ6 mm 转速: 6 500 r/min 切削速度 (F): 1 500 mm/r 精加工刀次: 1

序号	加工图示	编程图示	仿真图示	加工参数设置
7		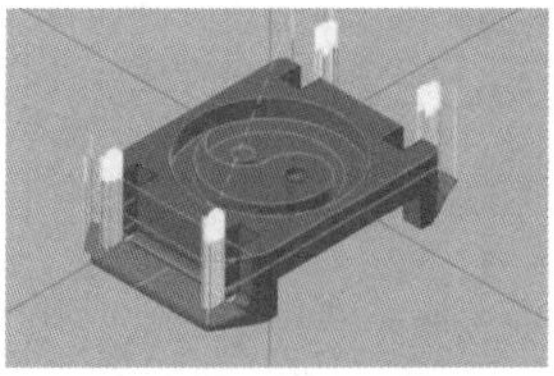		加工刀路：曲面精加工 刀具：R4 mm 转速：6 500 r/min 切削速度（F）：1 500 mm/r
8		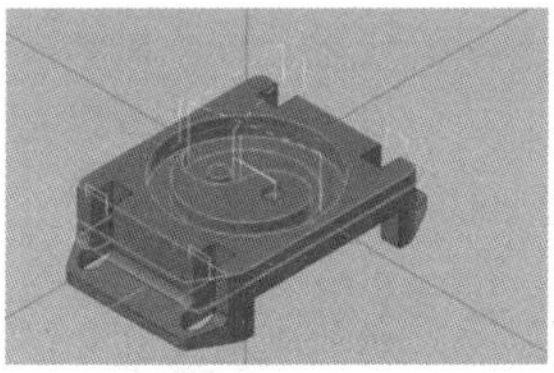		加工刀路：倒角 刀具：ϕ6 mm 转速：4 000 r/min 切削速度（F）：600 mm/r
9				加工刀路：挖槽粗加工 余量：0.2 mm 刀具：ϕ12 mm 转速：4 000 r/min 切削速度（F）：1 500 mm/r
10				加工刀路：小刀清根 余量：0.2 mm 刀具：ϕ8 mm 转速：4 000 r/min 切削速度（F）：1 000 mm/r
11				加工刀路：底部精加工 刀具：ϕ12 mm 转速：4 000 r/min 切削速度（F）：600 mm/r 精加工刀次：1
12				加工刀路：底部精加工 刀具：ϕ8 mm 转速：4 000 r/min 切削速度（F）：600 mm/r 精加工刀次：1
13				加工刀路：外形精加工 刀具：ϕ8 mm 转速：4 000 r/min 切削速度（F）：600 mm/r 精加工刀次：1

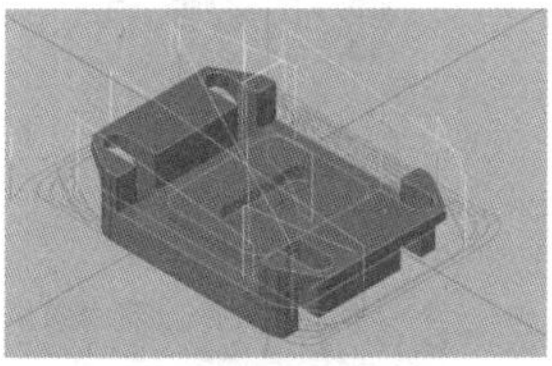

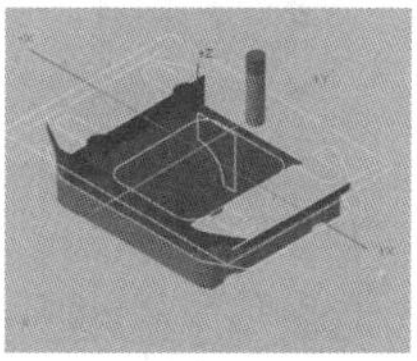

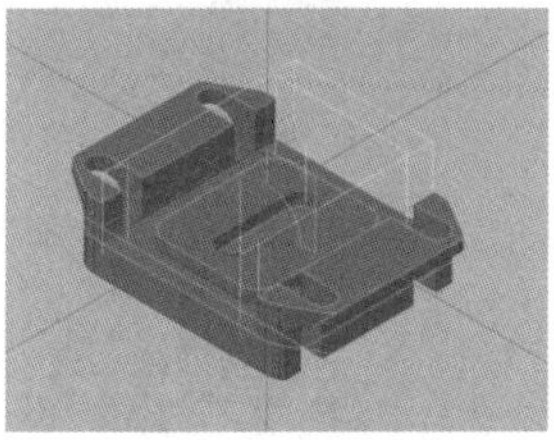

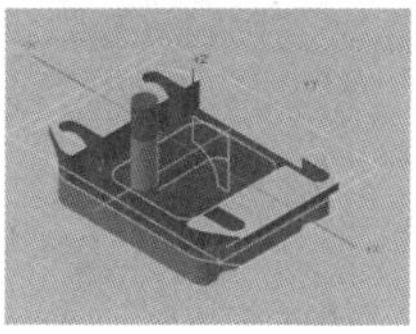

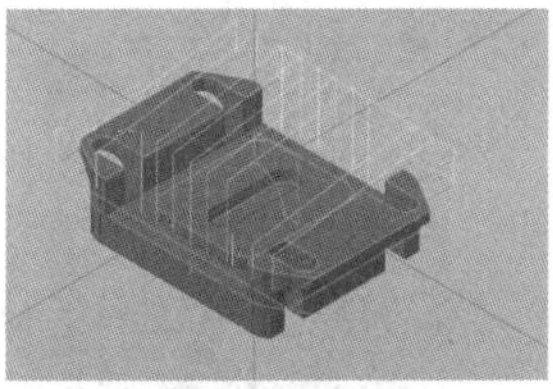

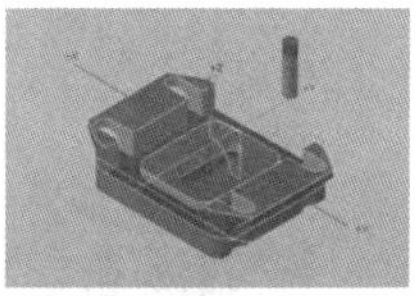

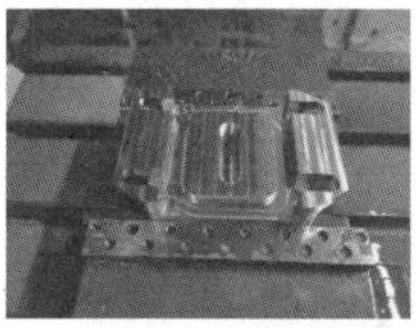

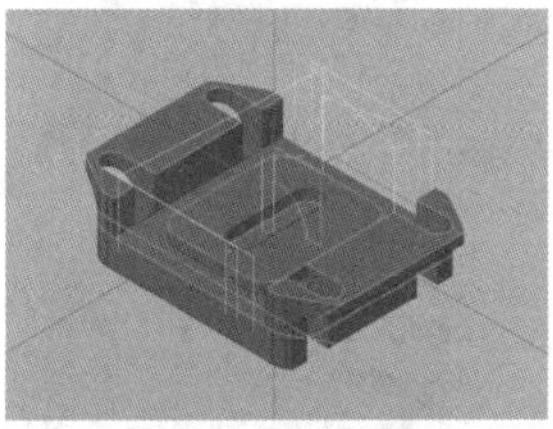

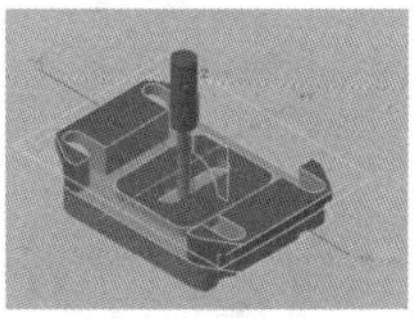

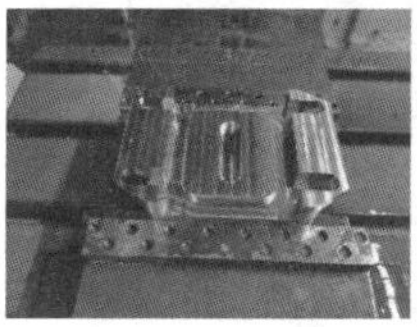

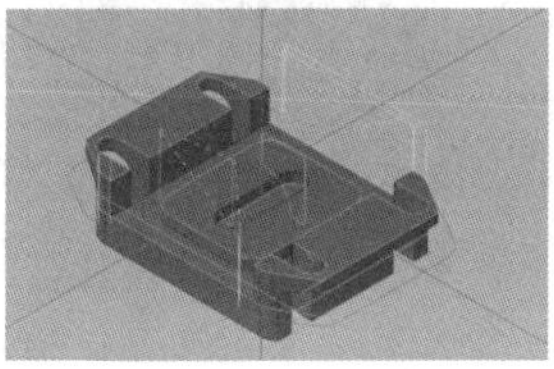

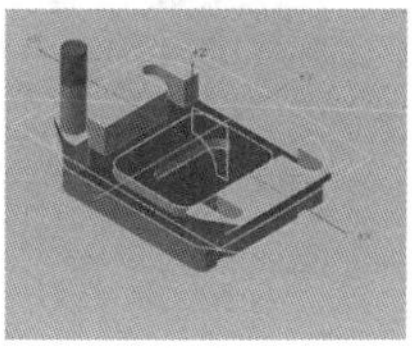

序号	加工图示	编程图示	仿真图示	加工参数设置
14	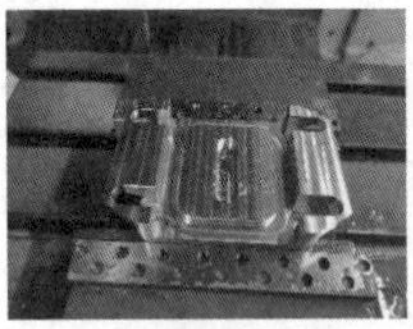	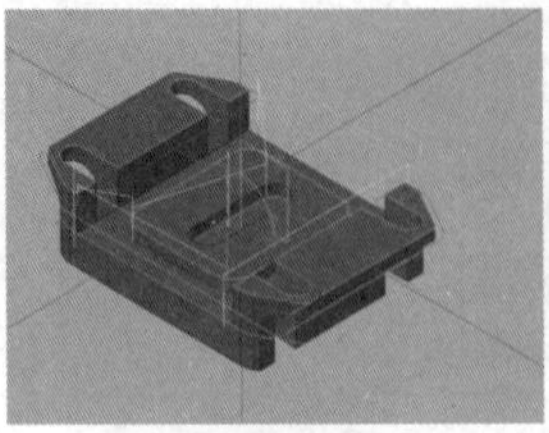	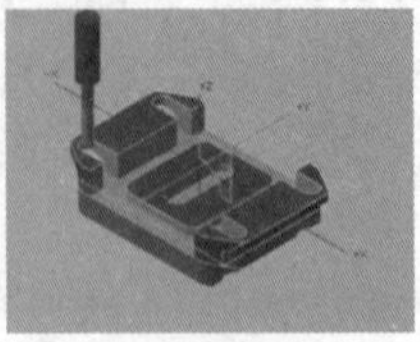	加工刀路：倒角 刀具：φ6 mm 转速：4 000 r/min 切削速度（F）：600 mm/r
15				加工刀路：挖槽粗加工 余量：0.2 mm 刀具：φ8 mm 转速：4 000 r/min 切削速度（F）：1 500 mm/r
16		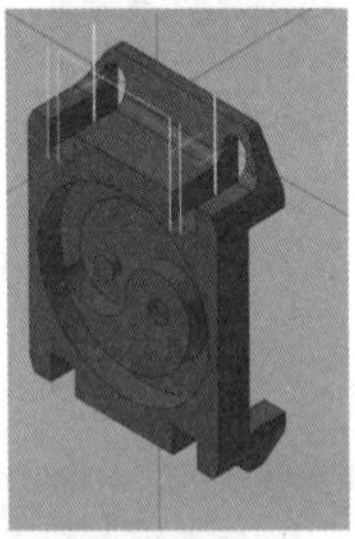		加工刀路：底部精加工 刀具：φ8 mm 转速：4 000 r/min 切削速度（F）：600 mm/r 精加工刀次：1
17				加工刀路：外形精加工 刀具：φ8 mm 转速：4 000 r/min 切削速度（F）：600 mm/r 精加工刀次：1
18				加工刀路：倒角 刀具：φ6 mm 转速：4 000 r/min 切削速度（F）：600 mm/r

续表

序号	加工图示	编程图示	仿真图示	加工参数设置
19		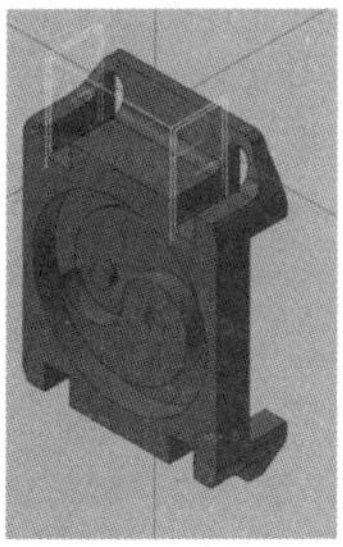		加工刀路：挖槽粗加工 余量：0.2 mm 刀具：ϕ8 mm 转速：4 000 r/min 切削速度（F）：1 500 mm/r
20				加工刀路：底部精加工 刀具：ϕ8 mm 转速：4 000 r/min 切削速度（F）：600 mm/r 精加工刀次：1
21				加工刀路：外形精加工 刀具：ϕ8 mm 转速：4 000 r/min 切削速度（F）：600 mm/r 精加工刀次：1
22		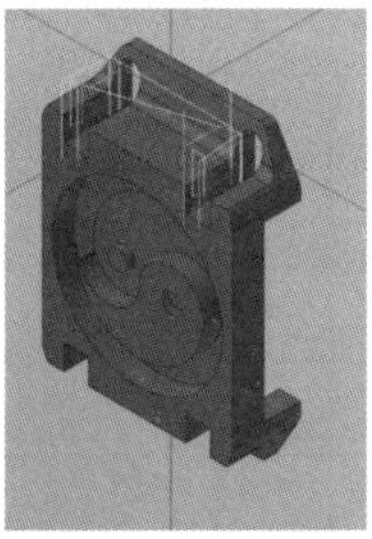		加工刀路：倒角 刀具：ϕ6 mm 转速：4 000 r/min 切削速度（F）：600 mm/r

引导问题 3 如何检测拓展训练零件的加工质量？

1. 请将检测结果填入表 4-63 拓展训练零件评分表中，并进行分析。

表 4 - 63　拓展训练零件评分表

评分表											
姓名				编码			总成绩				
项目		拓展训练零件		试题图号		SXXSTZ02 - 02 - 05	总时间				
序号	配分	图位	尺寸类型	基本尺寸/mm	上偏差/mm	下偏差/mm	上极限尺寸/mm	下极限尺寸/mm	实际尺寸/mm	得分	修正值
A - 主要尺寸											
1	2	C2	*L*	40	0	- 0.06	40	39.94			
2	2	D3	*L*	50	0	- 0.06	50	49.94			
3	2	E3	*L*	110	0.06	0	110.06	110			
4	2	E3	*L*	118	0.03	- 0.03	118.03	117.97			
5	2	C5	*L*	58	0	- 0.06	58	57.94			
6	2	C5	*L*	78	0.03	- 0.03	78.03	77.97			
7	2	D5	*L*	10	0.06	0	10.06	10			
8	2	A7	ϕ	70	0.06	0	70.06	70			
9	2	A9	ϕ	8	0	- 0.06	8	7.94			
10	2	D9	ϕ	8	0.06	0	8.06	8			
11	2	E3	*L*	90	0	- 0.06	90	89.94			
12	2	F2	*D*	9	0.06	0	9.06	9			
13	2	F1	*D*	15	0.03	- 0.03	15.03	14.97			
14	3	G2	*D*	5	0	- 0.06	5	4.94			
15	3	G3	*H*	5	0.06	0	5.06	5			
16	3	F3	*D*	8	0.06	0	8.06	8			
17	3	G4	*H*	28	0.03	- 0.03	28.03	27.97			
18	3	D3	*L*	12	0.06	0	12.06	12			
19	4	H2	*L*	70	0.06	0	70.06	70			
20	5	G1	//	0	0.06	0	0.06	0			
小计	50										
B - 次要尺寸											
1	3	C2	*L*	30	0.05	- 0.05	30.05	29.95			
2	3	C6	*D*	3	0.05	- 0.05	3.05	2.95			
3	3	D7	*L*	10.39	0.05	- 0.05	10.44	10.34			

评分表											
姓名				编码			总成绩				
项目		拓展训练零件		试题图号		SXXSTZ02 - 02 - 05	总时间				
序号	配分	图位	尺寸类型	基本尺寸/mm	上偏差/mm	下偏差/mm	上极限尺寸/mm	下极限尺寸/mm	实际尺寸/mm	得分	修正值
4	3	F2	D	1	0.05	-0.05	1.05	0.95			
5	3	F3	D	3	0.05	-0.05	3.05	2.95			
6	3	G4	L	4.25	0.05	-0.05	4.3	4.2			
小计	18										
C - 表面质量											
1	2	B4	Ra	1.6 μm							
小计	2										

D - 主观评判

		主观评价内容	情况记录	得分	
1	5	零件加工要素完整度			
2	5	零件损伤（振纹、夹伤、过切等）			
3	5	倒角（一处未加工扣0.3分，一处毛刺锐边扣0.2分）			
小计	15				

E - 职业素养

		规范要求	情况记录	得分	
1	2	工具、量具、刀具分区摆放			
2	2	工具摆放整齐、规范、不重叠			
3	1	量具摆放整齐、规范、不重叠			
4	1	刀具摆放整齐、规范、不重叠			
5	1	防护佩戴规范			
6	1	工作服、工作帽、工作鞋穿戴规范			
7	1	加工后清理现场、清洁及其他			
8	1	现场表现			
小计	10				

评分表												
姓名			编码			总成绩						
项目		拓展训练零件	试题图号		SXXSTZ02-02-05	总时间						
序号	配分	图位	尺寸类型	基本尺寸/mm	上偏差/mm	下偏差/mm	上极限尺寸/mm	下极限尺寸/mm	实际尺寸/mm	得分	修正值	
F-增加毛坯												
1	5	是否更换增加毛坯										
小计	5											
G-技术总结												

学生总结		教师评价
存在问题	改进方向	
		日期

2. 请对拓展训练零件加工不达标尺寸进行分析，填写表4-64。

表4-64 拓展训练零件加工不达标尺寸分析

序号	图位	尺寸类型	基本尺寸	实际测量数值	出错原因	解决方案	
						学生分析	教师分析

3. 总结不足与改进的地方。

(1) 通过以上检测，分析自己所做零件的不足及解决的办法。

(2) 写出在操作过程中存在的问题和以后需要改进的地方。

项目五

车铣复合加工

一、项目情境描述

为了提高复杂异形产品的加工效率和加工精度，工艺人员一直在寻求更为高效精密的加工工艺方法。车铣复合加工不仅可以缩短产品制造工艺链、提高生产效率，还可以减少装夹次数、提高加工精度。车铣复合加工是近年来机械加工领域发展最为迅速的加工方式之一。

本项目主要是让学生学会使用 Mastercam 软件进行车铣复合加工自动编程，通过刀路的设置导出程序，以及在机床上完成加工。

二、学习目标

知识目标

1. 熟悉金属材料热处理的正火、退火、回火和淬火。
2. 能够正确完成力的平移部分的理论资料。
3. 熟悉三种以上非金属材料的特性。
4. 熟悉内应力的理论知识。

技能目标

1. 能够正确操作车削中心进行试切对刀操作。
2. 能够正确运用 Mastercam 软件进行车铣复合加工零件图的绘制。
3. 能够正确操作 Mastercam 软件设置车铣复合加工的刀路。
4. 能够正确运用 Mastercam 软件导出车铣复合加工零件程序。

素质目标

1. 具有遵守安全操作规范和环境保护法规的能力。
2. 具有良好的表达、沟通和团队合作的能力，能够有效地与相关工作人员和客户进行交流。
3. 具有逻辑思维与发现问题、解决问题的能力，能够从习惯性思维中解脱出来，并启发学生的创造思维能力。
4. 具有使用信息技术有效收集、查阅、分析、处理工作数据和技术资料的能力。
5. 具备终身学习与可持续发展的能力。
6. 具有爱岗敬业、诚实守信、吃苦耐劳的职业精神与创新设计意识。

三、学习任务

1. 内四方套的加工（80 学时）。
2. 链轮的加工（60 学时）。

项目零件如图 5 - 1 所示。

图 5-1 项目零件

<h1 align="center">学习任务一 内四方套的加工</h1>

任务书

零件名称	内四方套	材料	45 钢	毛坯尺寸	φ60 mm×60 mm

图 5-2 内四方套

任务描述	使用 Mastercam 软件，自动编程加工图 5-2 所示零件，保证零件的外圆尺寸、长度尺寸和表面粗糙度符合要求，通过完成本任务，学生能够学会使用软件自动编程加工复杂零件
任务内容	1. 学习相关理论知识解决教师设置的问题。 2. 使用 Mastercam 软件设计零件的刀路并导出程序。 3. 完成零件的加工，控制加工尺寸
刀路设置	端面外形与动态外形刀路的设置
建议学时	80

任务图纸

内四方套的加工图纸如图 5-3 所示。

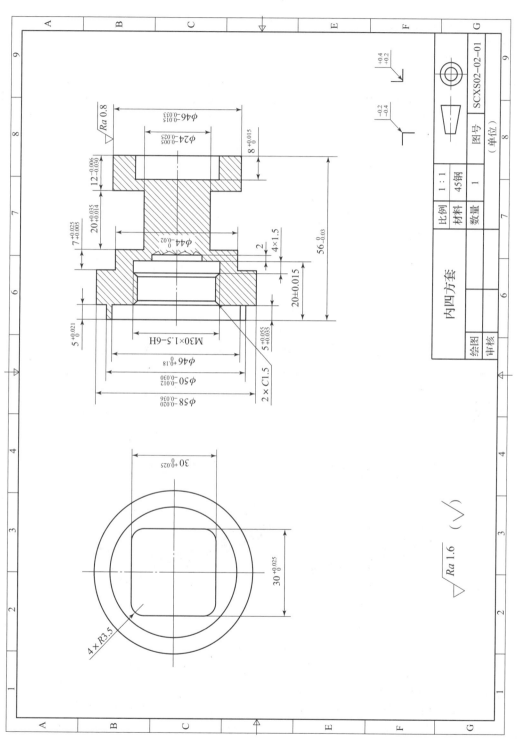

图 5-3 内四方套的加工图纸

[学习准备]

1. 力的平移定理。

力的平移定理是指把作用在物体上某点的力 F 平行移到物体上任一点，如图 5 - 4 所示，但必须同时附加一个力偶，其力偶矩等于原来的力对新作用点的力矩。

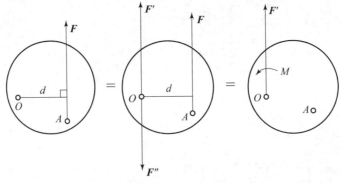

图 5 - 4　力的平移

利用力的平移定理可以解决一些实际问题。例如，使用丝锥攻螺纹时，必须用双手＿＿＿＿＿＿＿＿而且用力要相等，以产生力偶，如图 5 - 5（b）所示。若只用一只手扳动铰杠，根据力的＿＿＿＿＿＿＿定理，作用在铰杠 AB 两端的力 F 与作用在 O 点的一个力 F' 和一个附加力偶矩 M 等效，如图 5 - 5（a）所示，这个附加力偶使丝锥转动，而力 F' 却易使丝锥折断。

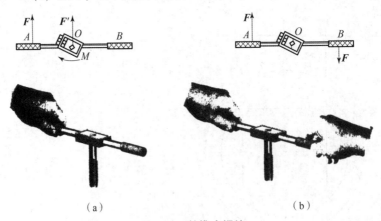

（a）　　　　　　　　　　　　（b）

图 5 - 5　丝锥攻螺纹

（a）单手攻螺纹；（b）双手攻螺纹

2. 平面一般力系的平衡方程和应用。

设在刚体上作用着平面一般力系 F_1，F_2，$\cdots$，F_n，使刚体处于平衡状态，如图 5 - 6（a）所示。在力系所在平面内任取一点 O，将作用在刚体上的各力 F_1，F_2，$\cdots$，F_n 平移到 O 点。得到汇交于 O 点的平面汇交力系（F_1'，F_2'，$\cdots$，F_n'）和与各力相对应的附加力偶所组成的平面力偶系（M_1，M_2，$\cdots$，M_n），如图 5 - 6（b）所示。

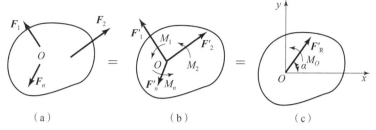

图 5 - 6 平面一般力系的简化过程

若要刚体平衡，则必须使合力为零，合力偶矩为零，如图 5 - 6（c）所示。由此可得平面一般力系的平衡方程为

$$\begin{cases} F_R = \sqrt{\left(\sum F_x\right)^2 + \left(\sum F_y\right)^2} = 0 \\ M_o = \sum m_o(\overline{F_i}) = 0 \end{cases}$$

公式表明，平面一般力系平衡时，力系中各力在平面内任选的＿＿＿＿＿＿＿＿的代数和为零，各力对平面内任意一点之矩的代数和也为零。公式最多能够求解包括力的＿＿＿＿＿＿＿在内的三个未知量。

3. 平面平行力系的平衡方程。

平面平行力系是平面一般力系的一种特殊情况，其平衡方程可由平面一般力系的＿＿＿＿＿＿＿＿＿导出。若力系中各力的作用线与 x 轴（或 y 轴垂直），则公式为＿＿＿＿＿＿＿＿＿，力系的独立平衡方程为＿＿＿＿＿＿＿＿

引导问题 2 简单金属材料热处理的知识有哪些？

热处理是对固态金属或合金采用适当方式加热、保温和冷却，以获得所需要的组织结构与性能的加工方法。

金属热处理是机械制造中的重要工艺之一，与其他加工工艺相比，热处理一般不改变工件的形状和整体的化学成分，而是通过改变工件内部的显微组织，或改变工件表面的化学成分，赋予或改善工件的使用性能。其特点是提高工件的内在质量，而这一般不是肉眼所能看到的。为使金属工件具有所需要的力学性能、物理性能和化学性能，除合理选用材料和各种成形工艺之外，热处理工艺往往也是必不可少的。钢铁是机械工业中应用最广的材料，它显微组织复杂，可以通过热处理予以控制，因此钢铁的热处理是金属热处理的主要内容。另外，铝、铜、镁、钛等及其合金也都可以通过热处理改变其力学、物理和化学性能，以获得不同的使用性能。

1. 金属材料整体热处理。

金属热处理工艺大体可分为＿＿＿＿＿＿＿＿＿＿＿＿＿＿＿三大类。如图 5 - 7 所示，根据加热介质、加热温度和冷却方法的不同，每大类又可分为若干不同的热处理工艺。同一种金属采用不同的热处理工艺，可获得不同的组织，从而具有不同的性能。

图 5 - 7 常用热处理设备

2. 金属材料表面热处理。

（1）表面淬火。

表面淬火是将钢件的_____，而中心部分仍保持未_____的一种局部淬火的方法。表面淬火是通过快速加热，使钢件表面很快到达淬火的温度，在热量来不及穿到工件中心部分就立即冷却，实现局部淬火，如图5-8所示。

写出表面淬火的目的及运用场合。

图5-8　常用表面淬火设备

（2）渗碳淬火。

渗碳淬火是指_____的过程。它可使低碳钢的工件具有高碳钢的表面层，再经过淬火和低温回火，使工件的表面层具有高硬度和耐磨性，而工件的中心部分仍然保持着低碳钢的韧性和塑性。

渗碳工件的材料一般为_____。渗碳后，钢件表面的化学成分可接近高碳钢。工件渗碳后还要经过淬火，以得到高的_____、_____和_____，并保持中心部分有低碳钢淬火后的强韧性，使工件能承受冲击载荷。渗碳淬火工艺广泛用于飞机、汽车和拖拉机等的机械零件，如齿轮、轴、凸轮轴等。

引导问题3　其他圆弧绘制方法有哪些？

1. 四等分位（quadrant）。

该命令是选取圆的1/4处绘制点，即圆上的_____处。

2. 任意点（sketch）。

该命令通过移动鼠标至任意位置并_____，即可在该位置绘制点。

3. 二圆弧（2 arcs）。

该命令可以绘制一条与两圆弧相切的直线。两圆弧的选择点应靠近相切处，如图5-9所示，否则结果不同。

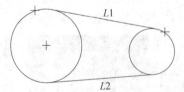

图5-9　直线与两圆弧相切示例

请写出操作步骤。

4. 点（point）。

该命令可绘制一条通过圆外一点并与圆弧相切的直线。两圆弧的选择点应靠近相切处，如图5－10所示，否则结果不同。

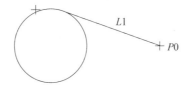

图5－10　直线与点、圆弧相切示例

请写出操作步骤。

引导问题4　关于Mastercam软件设置数控机床的知识都有哪些？

1. 卡盘设置。

卡盘在弹出的"机床组件管理－卡盘"对话框中设置，如图5－11所示。卡盘的设置方法与＿＿＿＿＿＿＿＿的设置方法基本相同。

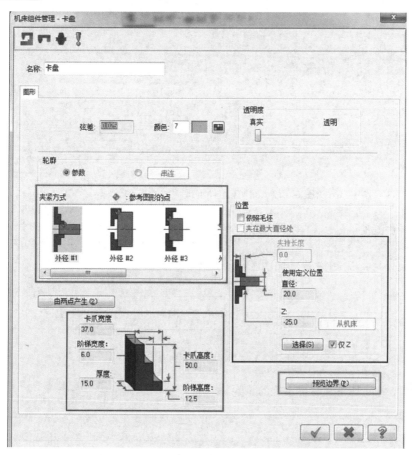

图5－11　"机床组件管理－卡盘"对话框

2. 尾座设置。

尾座的外形设置与卡盘设置相同。在"尾座"对话框中单击"信息内容"按钮，弹出"机床组件管理 – 中心"对话框，如图 5 – 12 所示，可以设置顶尖的 _____

_____等。

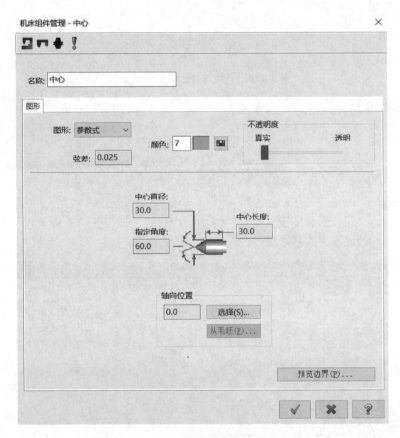

图 5 – 12 "机床组件管理 – 中心"对话框

引导问题 5 设置端面槽加工刀路的知识有哪些？

1. "端面外形" 刀路设置，如图 5 – 13 所示。

图 5 – 13 "端面外形"刀路设置

（1）如图 5 – 14 所示，写出设置的步骤。

_____

_____

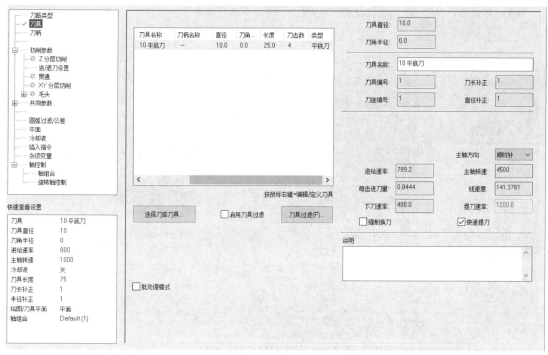

图 5 - 14　"刀具"设置

（2）如图 5 - 15 所示，写出设置的步骤。

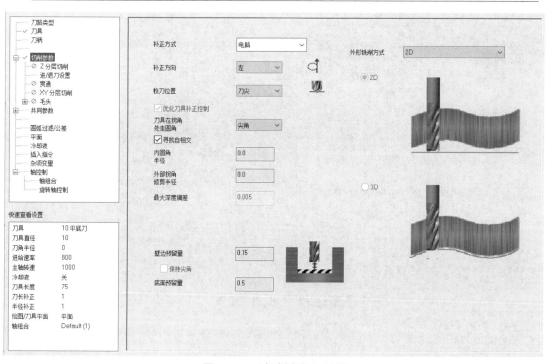

图 5 - 15　"切削参数"设置

（3）如图 5-16 所示，写出设置的步骤。

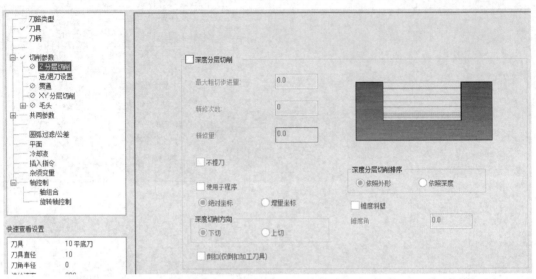

图 5-16 "Z 分层切削" 设置

（4）如图 5-17 所示，写出设置的步骤。

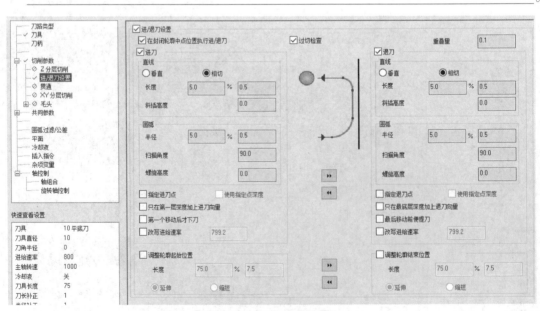

图 5-17 "进/退刀设置"

（5）如图 5-18 所示，写出设置的步骤。

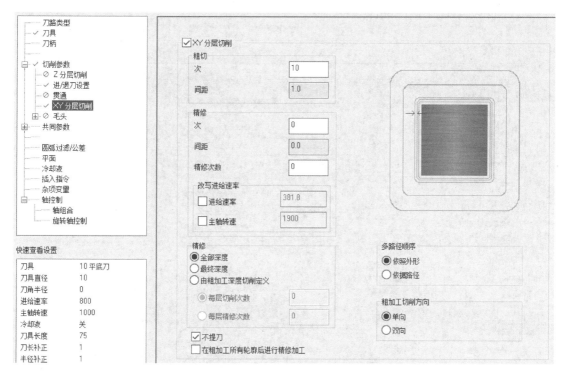

图 5-18　"XY 分层切削"设置

（6）如图 5-19 所示，写出设置的步骤。

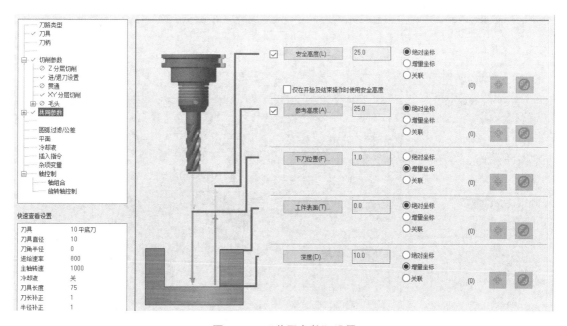

图 5-19　"共同参数"设置

（7）如图 5 - 20 所示，写出设置的步骤。

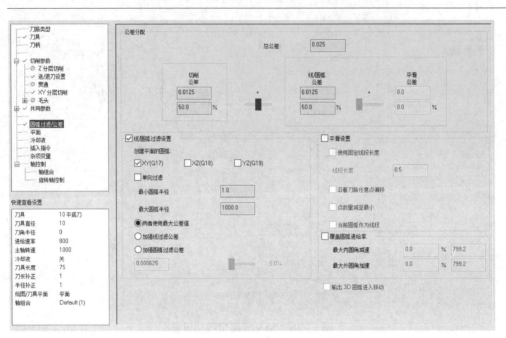

图 5 - 20　"圆弧过滤/公差"设置

（8）如图 5 - 21 所示，写出设置的步骤。

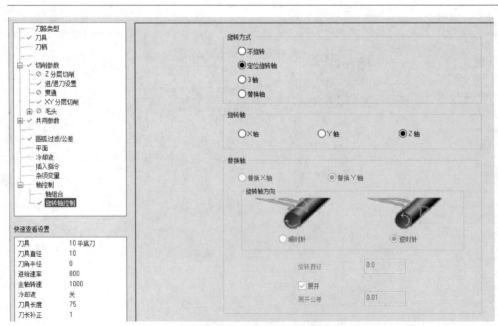

图 5 - 21　"旋转轴控制"设置

2. "动态铣削"刀路设置，如图 5 – 22 所示。

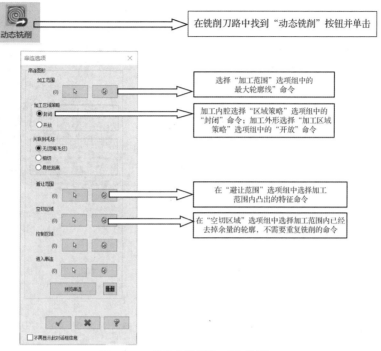

图 5 – 22　"动态铣削"刀路设置

（1）如图 5 – 23 所示，写出设置的步骤。

_____

_____ 。

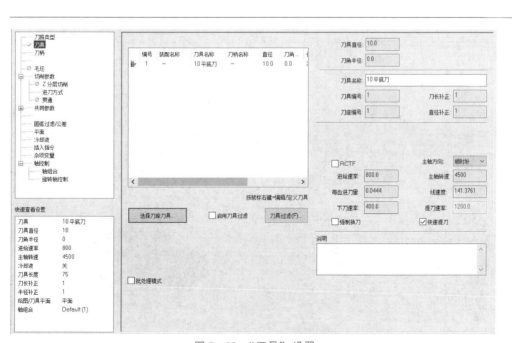

图 5 – 23　"刀具"设置

（2）如图 5 – 24 所示，写出设置的步骤。

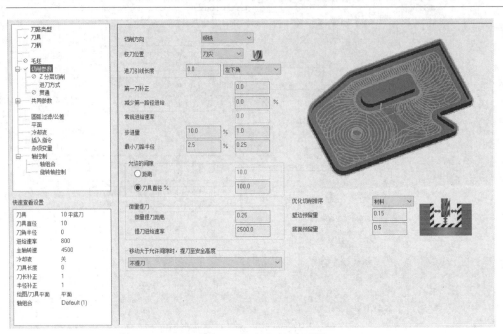

图 5 – 24　"切削参数"设置

（3）如图 5 – 25 所示，写出设置的步骤。

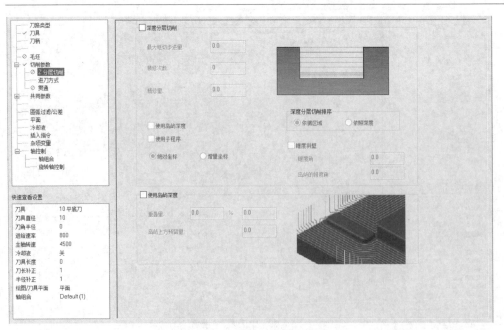

图 5 – 25　"Z 分层切削"设置

（4）如图 5-26 所示，写出设置的步骤。

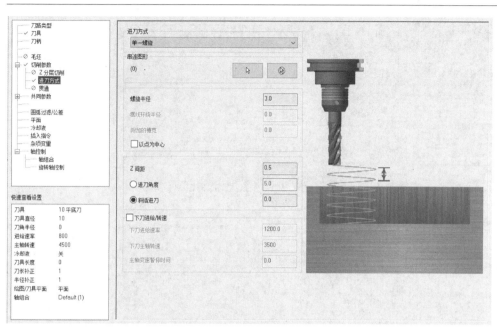

图 5-26 "进刀方式"设置

（5）如图 5-27 所示，写出设置的步骤。

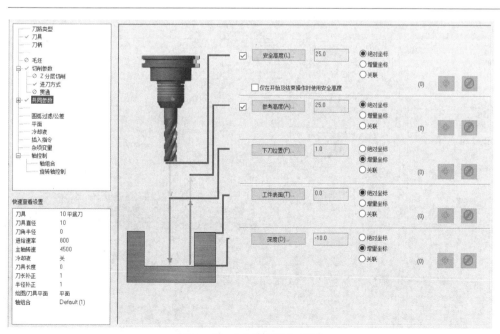

图 5-27 "共同参数"设置

（6）如图 5 – 28 所示，写出设置的步骤。

_____

_____

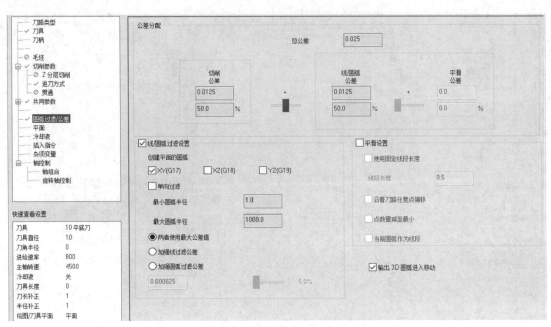

图 5 – 28 "圆弧过滤/公差" 设置

（7）如图 5 – 29 所示，写出设置的步骤。

_____

_____

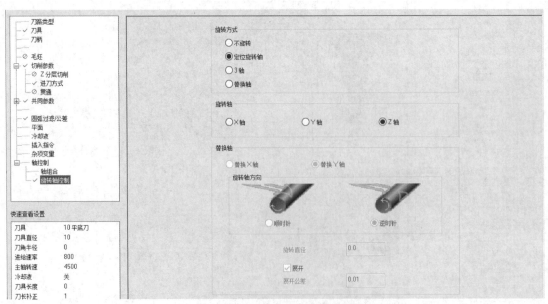

图 5 – 29 "旋转轴控制" 设置

小资料及拓展训练

1. 图形的修剪与打断。

对几何图形进行修剪与打断是将曲线进行修剪或将其延伸到交点的操作，被修剪的曲线必须在同一个构图平面内，选择"编辑"→"修剪/打断"→"修剪/打断/延伸"命令，弹出的级联菜单如图 5 – 30 所示。

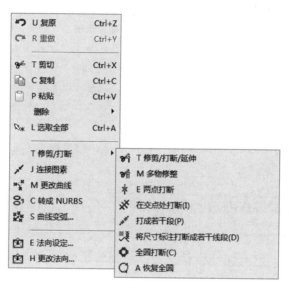

图 5 – 30　"修剪/打断/延伸"命令

2. 图形的镜像。

Mastercam 软件中的镜射即为镜像的意思。如图 5 – 31 所示，该命令用来产生被选取对象的镜像，它适用于_____。

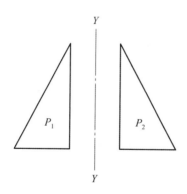

图 5 – 31　绘制镜像图形示例

3. 图形的旋转。

"旋转"命令可将选择的对象绕任意选取点进行旋转，如图 5 – 32 所示。请写出具体的操作步骤。

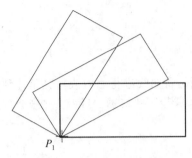

图 5 – 32 绘制旋转图形示例

[计划与实施]

引导问题 1 机床参数设置的知识有哪些？

1. 文件参数设置。

该功能在"系统规划"对话框的"档案"选项卡中，用来设置＿＿＿＿＿＿＿＿及使用的不同文件的默认名称。

2. 打印设置。

该选项在"系统规划"对话框的"绘图机设定"选项卡中，用来设置当前文件的打印参数，其中包括＿＿＿

＿＿。

3. 设置工具栏和快捷键。

该功能在"系统规划"对话框的"工具列/功能键"选项卡中，用来设置＿＿＿＿＿＿＿＿、

＿＿＿＿＿＿＿＿、＿＿＿＿＿＿＿＿＿＿＿＿＿等。

4. NC 设置。

该功能在"系统规划"对话框的"NC 设定"选项卡中，可以为整个 Mastercam 软件系统产生＿＿＿＿＿＿＿＿＿＿＿＿。

5. 绘图设置。

该功能在"系统规划"对话框的"CAD 设定"选项卡中，用来对曲线/曲面的形式、＿＿＿＿

＿＿＿＿＿＿＿、＿＿＿＿＿＿＿＿＿＿＿和＿＿＿＿＿＿＿＿等进行设置。

6. 启动/退出。

该功能在"系统规划"对话框的"荧幕"选项卡中，可以设置 Mastercam 软件系统的菜单字体、＿＿＿＿＿＿＿＿＿＿＿＿＿＿、＿＿＿＿＿＿＿＿＿＿＿＿、＿＿＿＿＿＿＿＿＿＿＿＿＿等。

7. 机床组参数。

文件管理主要是对系统的一些基本文件进行管理，包括 NCI 文件名、刀具库及操作库等文件，如图 5 – 33 所示，请写出以下主要名称的内容。

（1）"群组名称"文本框：＿＿＿＿＿＿＿＿＿＿，如"Machine Group – 1"等。

（2）"刀具路径名称"文本框：用于指定＿＿＿＿＿＿＿＿＿＿＿＿＿＿＿＿＿＿＿＿＿＿。

（3）"群组注释"文本框：＿＿＿＿＿＿＿＿＿＿＿＿＿＿＿＿＿＿＿＿＿＿＿＿＿＿＿＿。

（4）"机床 – 刀具路径复制"选项组：＿＿＿＿＿＿＿＿＿＿＿＿＿＿＿＿＿＿＿＿＿＿＿＿。

其中有两个按钮可供用户使用，一个是"编辑"按钮，单击该按钮可以打开"机床定义管理"对话框，用户可以修改机床的基本设置。另一个是"替换"按钮，单击该按钮可以选择其他机床控制器来替换当前机床的控制器。

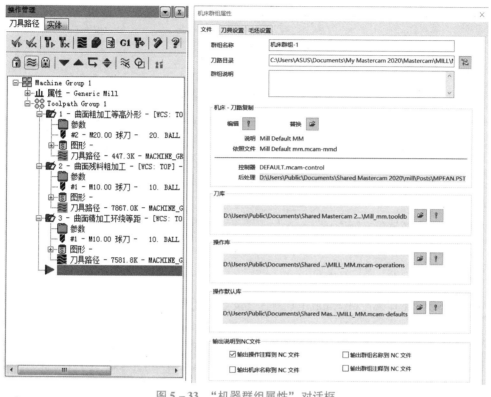

图 5-33　"机器群组属性"对话框

（5）"刀具库"选项组：_____。
（6）"操作库"选项组：_____。
（7）"默认操作"选项组：_____。
（8）"输出注释到 NC 文件"选项组：_____。

引导问题 2　如何制订本零件的加工工艺？

1. 车削加工工艺制订的基本原则有哪些？

2. 查找资料，并根据所学知识，回答下列问题。

（1）各小组分析、讨论并根据加工要求和现场的实际条件，制订合理的内四方套计划，填写表 5-1 中。

表 5-1　内四方套加工计划

序号	图示	加工内容	尺寸精度	注意事项	备注

序号	图示	加工内容	尺寸精度	注意事项	备注

（2）组内及组间对加工计划的评价和改进建议。

（3）指导教师的评价与结论。

（4）各小组根据加工计划，完成工量刃具、设备和材料的准备工作，并填写表 5 - 2。

表 5 - 2　工量刃具、设备和材料的准备

序号	工量刃具、设备和材料的名称	要求	数量

引导问题 3　内四方套的刀路设计加工参数如何设置？

内四方套的刀路设计见表 5 - 3。

表 5 - 3　内四方套的刀路设计

序号	编程图示	加工参数设置	备注
1	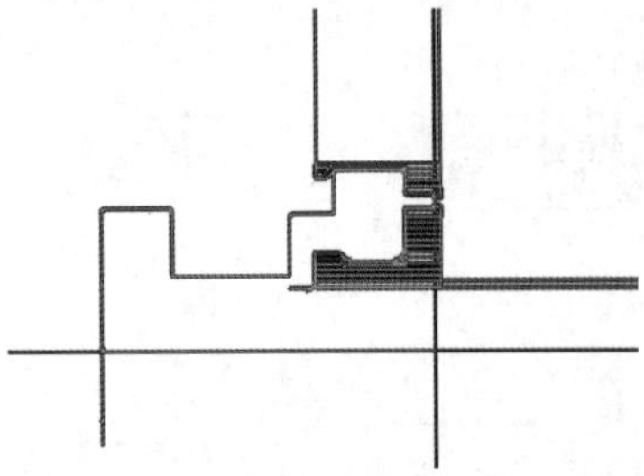	加工刀路：轮廓粗加工 余量：0.2 mm 刀具：35°外尖刀、3 mm 外切槽刀、35°内孔尖刀 转速：1 000 r/min 切削速度（F）：0.2 mm/r	

序号	编程图示	加工参数设置	备注
2	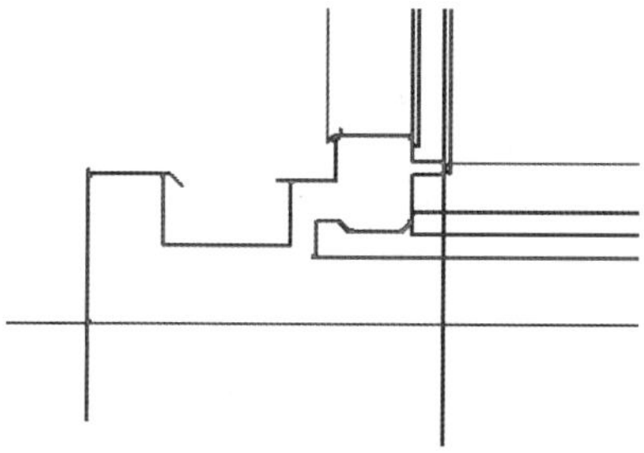	加工刀路：轮廓精加工 刀具：35°外尖刀、35°内孔尖刀 转速：1 500 r/min 切削速度（F）：0.08 mm/r	
3	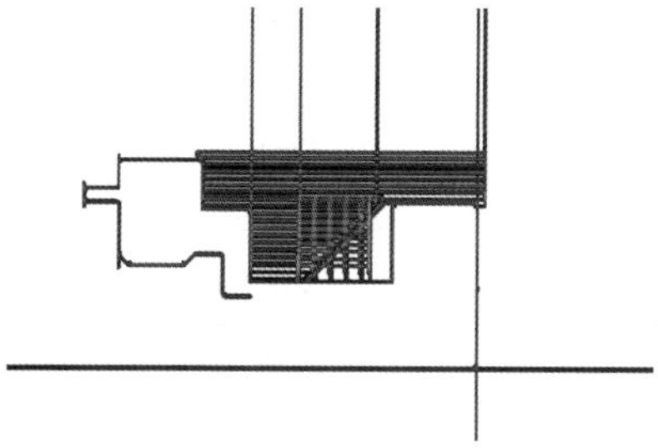	加工刀路：调头粗加工 刀具：35°外尖刀、3 mm外切槽刀 转速：1 000 r/min 切削速度（F）：0.2 mm/r	
4	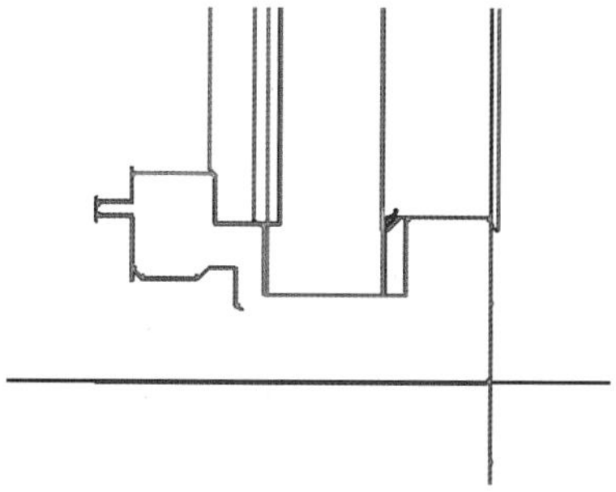	加工刀路：调头精加工 刀具：35°外尖刀、3 mm外切槽刀 转速：1 500 r/min 切削速度（F）：0.08 mm/r	
5	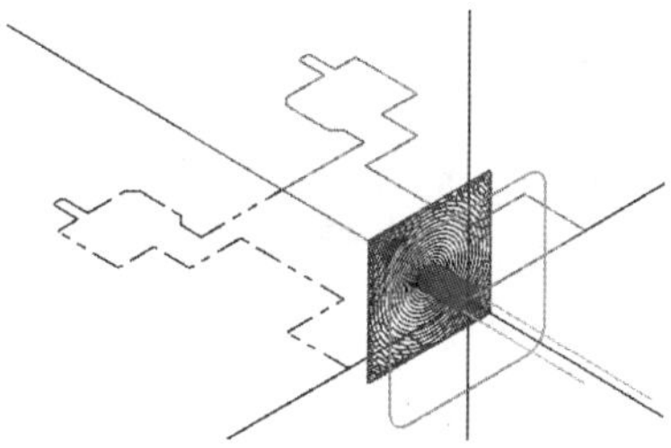	加工刀路：铣削开粗 刀具：6 mm铣刀 转速：4 500 r/min 切削速度（F）：800 mm/min	

序号	编程图示	加工参数设置	备注
6	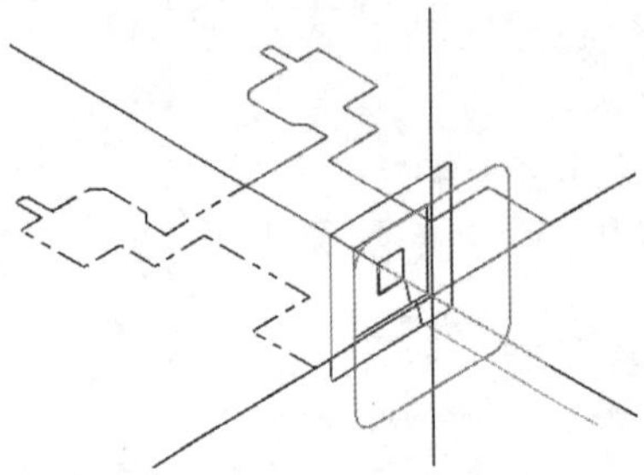	加工刀路：铣削精修底面 刀具：6 mm 铣刀 转速：4 500 r/min 切削速度（F）：400 mm/min	
7	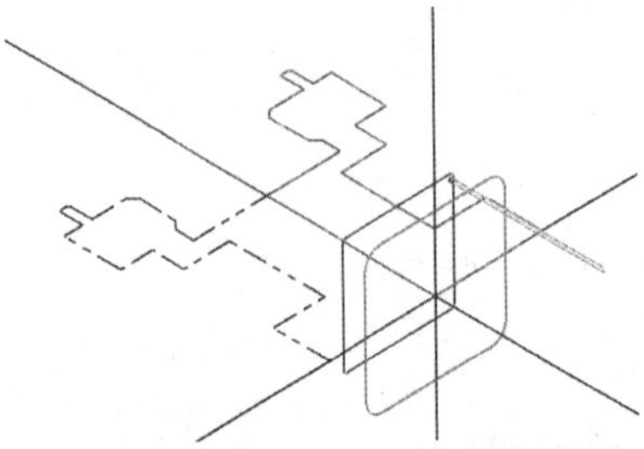	加工刀路：铣削精修侧面 刀具：6 mm 铣刀 转速：4 500 r/min 切削速度（F）：400 mm/min	
8	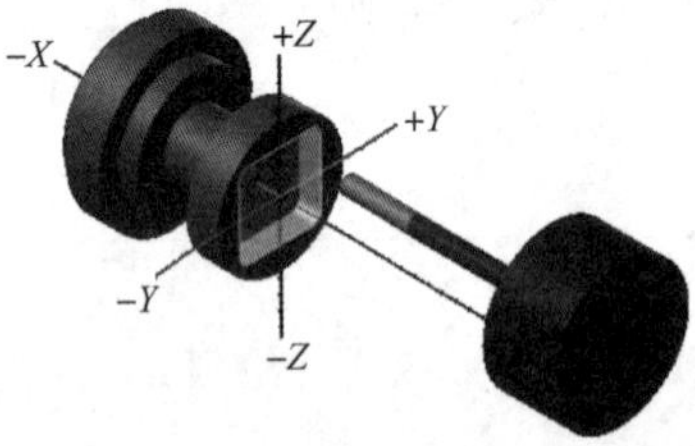	仿真实体	

[总结与评价]

引导问题 1 你能够使用合适的量具检测内四方套零件加工质量吗？

1. 请将检测结果填入表 5 - 4 内四方套零件评分表中，并进行分析。

表 5 - 4 内四方套零件评分表

姓名			日期			总配分		100	图号		
主要尺寸评分项						允差		0.3%	项配分	75	75
序号	名称	图位	配分	尺寸类型	基本尺寸/mm	上偏差/mm	下偏差/mm	实际测量数值	对 ●	错 ○	得分
1	直径尺寸	C5	4.69	φ	58	- 0.020	- 0.036			○	
2		C5	4.69	φ	50	- 0.012	- 0.03			○	
3		C5	4.69	φ	46	0.018	0			○	
4		C8	4.69	φ	24	- 0.005	- 0.025			○	
5		C8	4.69	φ	46	- 0.015	- 0.033			○	

姓名			日期			总配分	100	图号			
主要尺寸评分项						允差	0.3%	项配分	75		75
序号	名称	图位	配分	尺寸类型	基本尺寸/mm	上偏差/mm	下偏差/mm	实际测量数值	对 ●	错 ○	得分
6	长度尺寸	D2	4.69	L	30	0.025	0			○	
7		C4	4.69	L	30	0.025	0			○	
8		B5	4.69	L	5	0.021	0			○	
9		D5	4.69	L	5	0.055	0.035			○	
10		D6	4.69	L	20	0.015	−0.015			○	
11		A7	4.69	L	7	0.025	0.005			○	
12		B7	4.69	L	20	0.035	0.014			○	
13		B8	4.69	L	12	−0.006	−0.030			○	
14		D8	4.69	L	8	0.015	0			○	
15		E7	4.69	L	56	0	−0.03			○	
16	螺纹	C5	4.69	M	30					○	
										项得分	

表面质量评分项						允差	3%	项配分	10		10
序号	名称	图位	配分	尺寸类型	基本尺寸	上偏差	下偏差	实际测量数值	对 ●	错 ○	得分
1	表面粗糙度	B8	10	Ra	0.8 μm					○	
										项得分	

主观评分项				项配分	10		10
序号	名称	配分	主观评分内容	裁判打分（0~3分）			得分
				裁判1	裁判2	裁判3	
1	主观评分	2.6	已加工零件倒角、倒圆、倒钝、去毛刺是否符合图纸要求				
2		2.6	已加工零件是否有划伤、碰伤和夹伤				
3		4.8	已加工零件与图纸要求的一致性及其余表面粗糙度是否符合要求				
						项得分	

更换添加毛坯评分项				项配分	5		5
序号	名称	配分	内容	是/否	对 ●	错 ○	得分
1	更换添加毛坯	5	是否更换添加毛坯			○	
						奖励得分	
	裁判签字				总得分		

2. 请对内四方套零件加工不达标尺寸进行分析，填写表 5 - 5。

表 5 - 5　内四方套零件加工不达标尺寸分析

序号	图位	尺寸类型	基本尺寸	实际测量数值	出错原因	解决方案	
						学生分析	教师分析

引导问题 2　能否针对本任务所学的知识进行自我评价与总结？

1. 请对内四方套零件加工学习效果进行自我评价，填写表 5 - 6。

表 5 - 6　内四方套零件加工学习效果自我评价

序号	学习任务内容	学习效果			备注
		优秀	良好	较差	
1	有关平面一般力系的知识有哪些				
2	简单的金属材料热处理的知识有哪些				
3	其他圆弧绘制方法有哪些				
4	关于 Mastercam 软件设置数控机床的知识都有哪些				
5	设置端面槽加工刀路的知识有哪些				
6	机床参数设置的知识有哪些				
7	如何制订本零件的加工工艺				
8	内四方套的刀路设计加工参数如何设置				

2. 总结不足与改进的地方。

（1）通过以上检测，分析自己所做零件的不足及解决的办法。

（2）写出在操作过程中存在的问题和以后需要改进的地方。

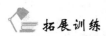 拓展训练

1. 绘制切弧。

如图 5 - 34 所示，"切弧" 命令可以绘制＿＿＿＿＿＿＿＿的圆弧。

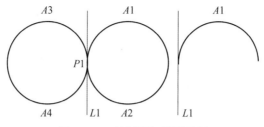

图 5 - 34　绘制相切圆弧示例

2. 绘制切弧。

如图 5 - 35 所示,"两点画圆"命令是通过指定_____来绘制圆。

3. 三点画圆

如图 5 - 36 所示,"三点画圆"命令是通过指定_____来绘制圆。

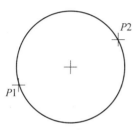

图 5 - 35　两点画圆示例

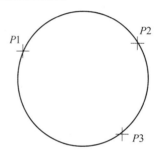

图 5 - 36　三点画圆示例

4. 指定圆心和半径画圆或指定圆心和直径画圆。

如图 5 - 37 所示,"点半径圆"命令是通过指定圆心和圆的半径来绘制圆。如图 5 - 38 所示,"点直径圆"命令是通过指定圆心和圆的直径来绘制圆。

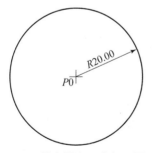

图 5 - 37　给定圆心、半径画圆示例

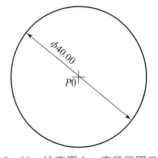

图 5 - 38　给定圆心、直径画圆示例

请写出具体的操作步骤。

[任务拓展训练]

任务拓展训练图纸

内四方套的拓展训练图纸如图 5 - 39 所示。

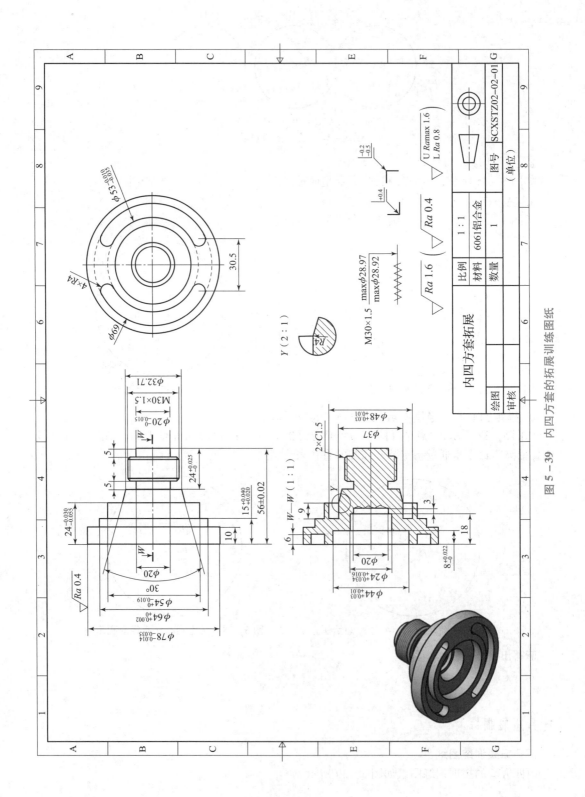

图 5 - 39　内四方套的拓展训练图纸

引导问题1　如何制订拓展任务的加工工艺?

查找资料,并根据所学知识,回答下列问题。

(1) 各小组分析、讨论并根据加工要求和现场的实际条件,制订合理的加工计划,完成表5-7。

表5-7　加工计划

序号	图示	加工内容	尺寸精度	注意事项	备注

(2) 组内及组间对加工计划的评价和改进建议。

(3) 指导教师的评价与结论。

(4) 各小组根据加工计划,完成工量刃具、设备和材料的准备工作,并填写表5-8。

表5-8　工量刃具、设备和材料的准备

序号	工量刃具、设备和材料的名称	要求	数量

引导问题 2 拓展训练零件的刀路设计加工参数如何设置？

拓展训练零件的刀路设计见表 5 – 9。

表 5 – 9　拓展训练零件的刀路设计

序号	编程图示	加工参数设置	备注
1	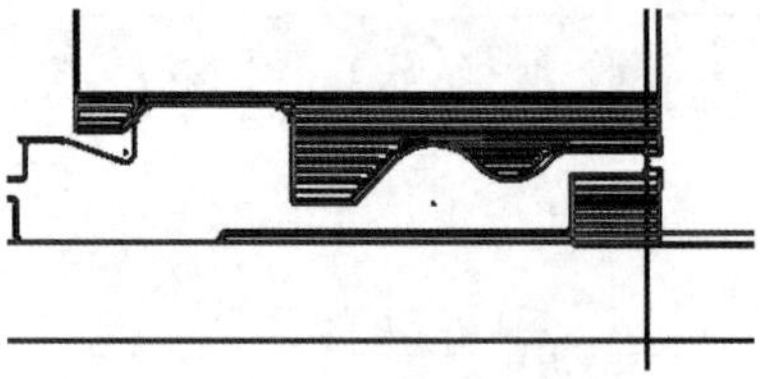	加工刀路：外圆、内孔粗加工 余量：0.2 mm 刀具：35°外尖刀、内孔刀 转速：1 000 r/min 切削速度（F）：0.2 mm/r	
2	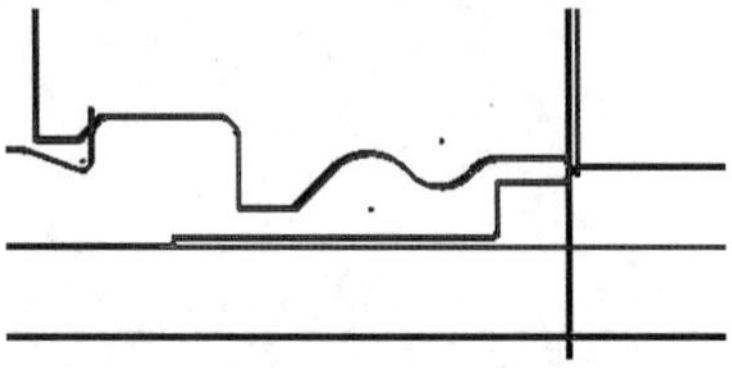	加工刀路：外圆、内孔精加工 刀具：35°外尖刀、内孔刀 转速：1 500 r/min 切削速度（F）：0.08 mm/r	
3	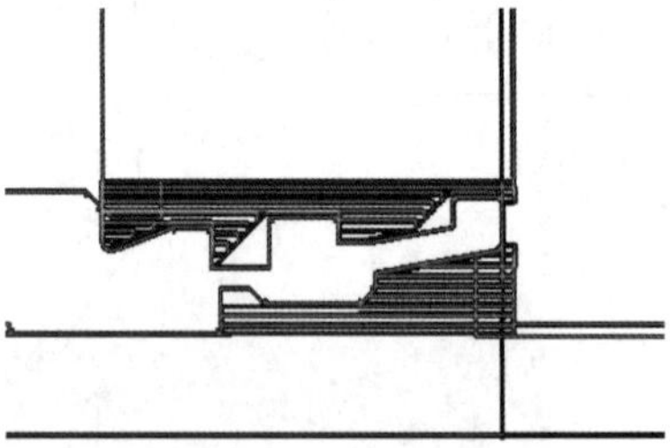	加工刀路：外圆、内孔粗加工 余量：0.2 mm 刀具：35°外尖刀、35°内孔尖刀 转速：1 000 r/min 切削速度（F）：0.2 mm/r	
4	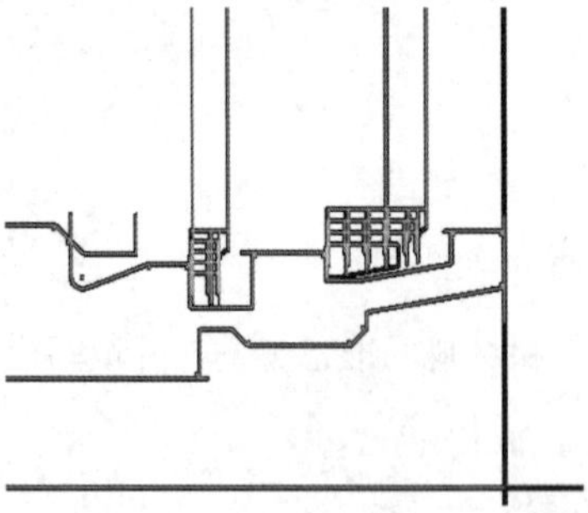	加工刀路：切槽粗加工 余量：0.2 mm 刀具：3 mm 外切槽刀 转速：1 000 r/min 切削速度（F）：0.12 mm/r	
5	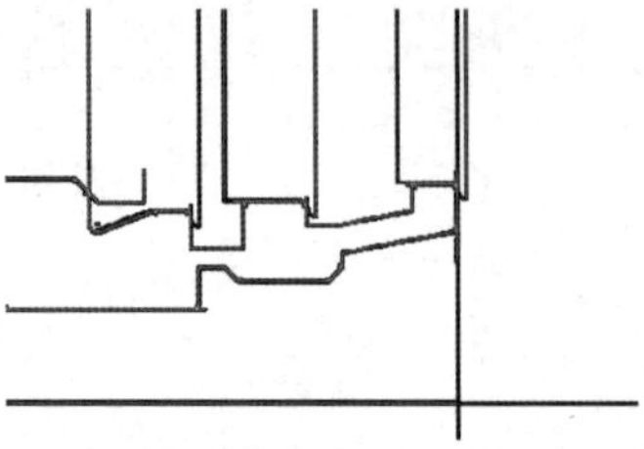	加工刀路：外圆精加工 刀具：35°外尖刀 转速：1 500 r/min 切削速度（F）：0.08 mm/r	

续表

序号	编程图示	加工参数设置	备注
6	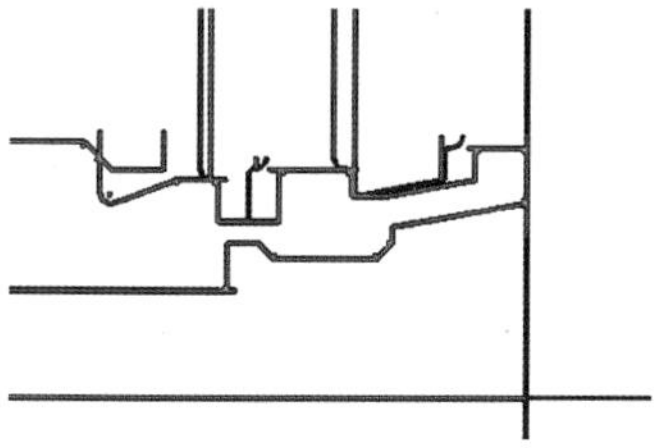	加工刀路：外槽精加工 刀具：3 mm 外切槽刀 转速：1 500 r/min 切削速度（F）：0.08 mm/r	
7	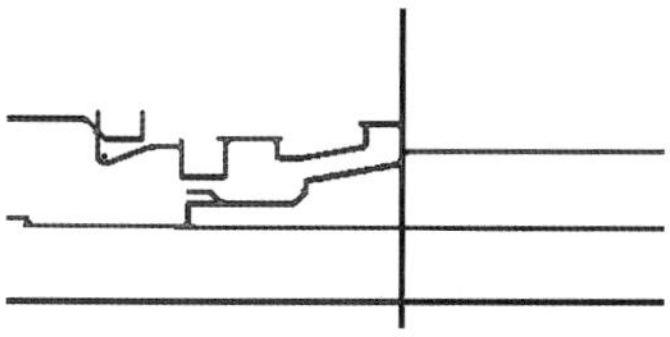	加工刀路：内孔精加工 刀具：35°内孔尖刀 转速：1 500 r/min 切削速度（F）：0.08 mm/r	
8	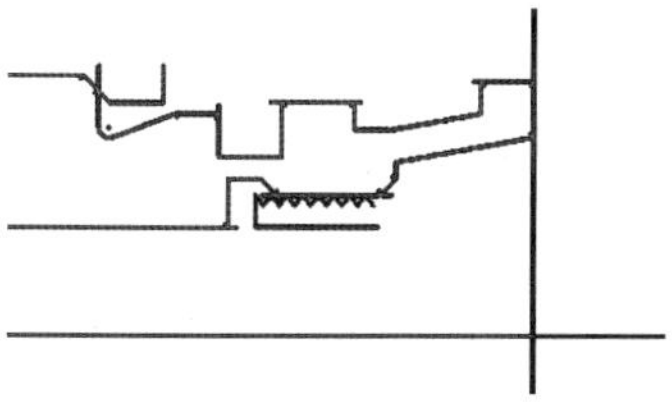	加工刀路：内螺纹加工 刀具：内螺纹刀 转速：800 r/min 切削速度（F）：1.5 mm/r	

引导问题 3　如何检测拓展训练零件的加工质量？

1. 请将检测结果填入表 5 –10 拓展训练零件评分表中，并进行分析。

表 5 –10　拓展训练零件评分表

姓名			日期			总配分	100	图号	内四方套拓展		
						允差	0.003				
序号	名称	图位	配分	尺寸类型	基本尺寸/mm	上偏差/mm	下偏差/mm	实际测量数值	对 ●	错 ○	得分
1	直径尺寸	B2	7	ϕ	78	– 0.014	– 0.035			○	
2		B2	7	ϕ	64	0.002	0			○	
3		B2	7	ϕ	54	0	– 0.019			○	
4		E2	7	ϕ	44	0.03	0.01			○	
5		E3	7	ϕ	24	0.034	0.016			○	
6		B5	7	ϕ	20	0	– 0.015			○	
7		B8	7	ϕ	53	– 0.010	– 0.035			○	

续表

姓名			日期			总配分	100	图号	内四方套拓展		
						允差	0.003				
序号	名称	图位	配分	尺寸类型	基本尺寸/mm	上偏差/mm	下偏差/mm	实际测量数值	对 ●	错 ○	得分
8	长度尺寸	A3	7	L	24	−0.030	−0.055			○	
9		D4	7	L	15	0.040	0.020			○	
10		D4	7	L	56	0.02	−0.02			○	
11		C4	7	L	24	0.025	0			○	
12		F3	7	L	8	0.022	0			○	
13	螺纹	B5	7	M	30					○	
14	表面粗糙度	A3	9	Ra	0.4 μm						
										总得分	

2. 请对拓展训练零件加工不达标尺寸进行分析，填写表 5 − 11。

表 5 − 11　拓展训练零件加工不达标尺寸分析

序号	图位	尺寸类型	基本尺寸	实际测量数值	出错原因	解决方案	
						学生分析	教师分析

3. 总结不足与改进的地方。

（1）通过以上检测，分析自己所做零件的不足及解决的办法。

（2）写出在操作过程中存在的问题和以后需要改进的地方。

学习任务二　链轮的加工

任务书

零件名称	链轮	材料	45 钢	毛坯尺寸	$\phi 60$ mm $\times 30$ mm

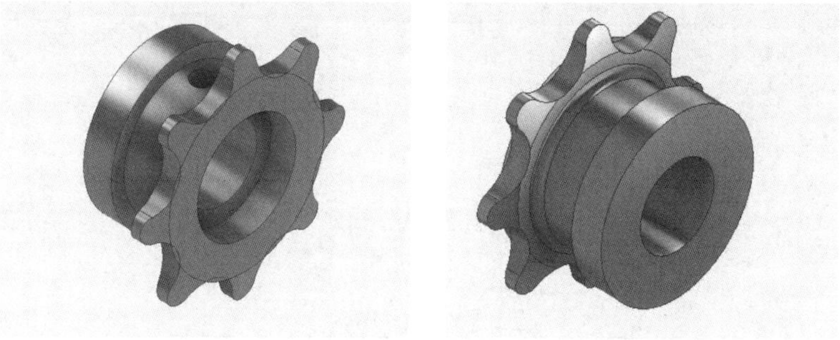

图 5 - 40　链轮

任务描述	使用 Mastercam 软件，自动编程加工图 5 - 40 所示零件，保证零件的外圆尺寸、长度尺寸和表面粗糙度符合要求，通过完成本任务，学生能够学会使用软件自动编程加工复杂零件
任务内容	1. 学习相关理论知识解决教师设置的问题。 2. 使用 Mastercam 软件设计零件的刀路并导出程序。 3. 完成零件的加工，控制加工尺寸
刀路设置	端面外形与断面钻孔加工刀路设置
建议学时	60

任务图纸

链轮的加工图纸如图 5 - 41 所示。

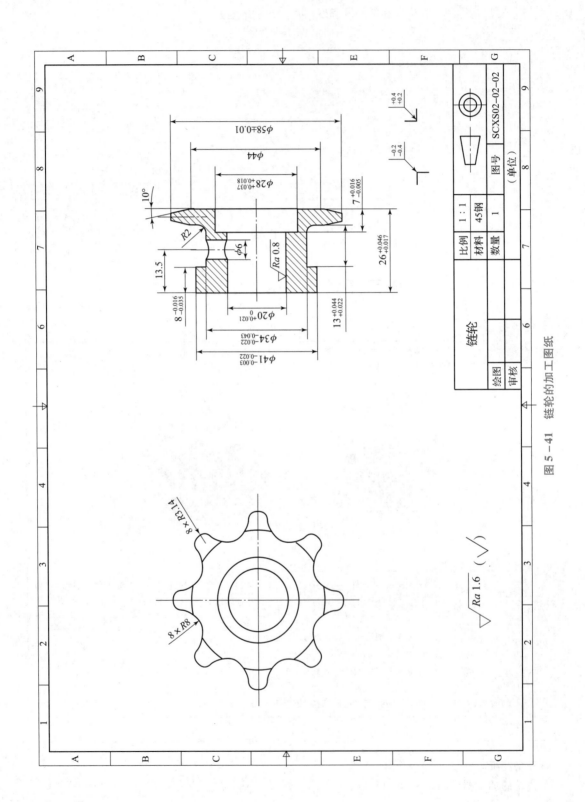

图 5 - 41　链轮的加工图纸

[学习准备]

引导问题 1　有关内力、应力和变形等的知识有哪些?

1. 杆件的强度与刚度。

杆件是各种工程结构组成单元的统称,如机械中的轴、杆件及建筑物中的梁等均称为杆件。杆件在工作时,要承受载荷作用。为确保杆件能正常工作,杆件必须满足哪些要求?

（1）起吊重物的钢索不能被拉断,杆件这种抵抗破坏的能力称为＿＿＿＿＿＿＿＿。

（2）减速器中的轴,如果受载过大,就会出现较大的变形,使轴承、齿轮的磨损加剧,降低零件寿命,且影响齿轮的正确啮合,使机器不能顺利地运转。杆件这种抵抗变形的能力称为＿＿＿＿＿＿＿＿。

因此,为了保证杆件正常工作,杆件必须具有足够的强度和刚度（有的杆件还要考虑稳定性问题）。杆件的强度和刚度不仅与杆件本身的＿＿＿＿＿＿＿＿＿＿＿＿＿＿＿＿有关,还与杆件的＿＿＿＿＿＿＿有关。

（3）变形固体。固体的变形可分为＿＿＿＿＿＿＿＿。载荷卸除后能消失的变形称为＿＿＿＿＿＿＿;载荷卸除后不能消失的变形称为＿＿＿＿＿＿＿＿。

2. 内力、截面法、应力。

（1）内力。

杆件内部各部分之间存在着相互作用的内力,从而使杆件内部各部分之间相互联系以维持其原有形状。在外部载荷作用下,杆件内部各部分之间相互作用的内力会随之改变,这个因外部载荷作用而引起杆件内力的改变量,称为＿＿＿＿＿＿＿＿,简称＿＿＿＿＿＿＿＿。显然,内力是由于外载荷对杆件的作用而引起的,并随着外载荷的增大而增大。但是,任何杆件内力的增大都是有一定限度的,当外力超过内力的极限值时,杆件就会受到破坏。可见杆件承受载荷的能力与其内力密切相关。因此,内力是研究杆件＿＿＿＿＿＿＿＿等问题的基础。

（2）截面法。

截面法是＿＿＿＿＿＿＿＿的基本方法。图 5 – 42 （a）所示杆件两端受拉力作用而处于平衡状态,欲求 $m-n$ 截面上的内力,可用一假想平面将杆件在 $m-n$ 截面处切开,分成左右两部分,如图5 – 42 （b）所示。右部分对左部分的作用,用合力＿＿＿＿＿＿＿＿表示,左部分对右部分的作用,用合力＿＿＿＿＿＿＿＿表示,F_N 和 F'_N 互为作用力和反作用力,它们＿＿＿＿＿＿＿＿。因此,计算内力时,只需取截面两侧的任一段来研究即可。

（3）应力。

对于每种材料,单位截面积上能承受的内力是有一定限度的,超过这个限度,物体就会受到破坏。为了解决强度问题,不但需要知道杆件可能沿哪个截面破坏,而且还需要知道从截面上哪一点开始破坏。因此,仅知道截面上的内力是不够的,还必须知道内力在截面上各点的分布情况。为此必须引入应力的概念。

内力在截面上某点处的分布集度称为＿＿＿＿＿＿＿＿。当截面上应力均匀分布时,应力就等于单位面积上的内力。通常将与横截面垂直的应力称为＿＿＿＿＿＿＿＿,用＿＿＿＿＿＿＿＿表示;与横截面相切的应力称为＿＿＿＿＿＿＿＿,用＿＿＿＿＿＿＿＿表示。

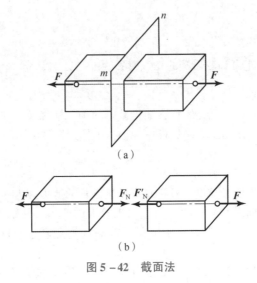

图 5 - 42   截面法

在国际单位制中，应力的单位是＿＿＿＿＿＿＿＿＿，其代号为＿＿＿＿＿＿＿＿＿，1 Pa 等于每平方米面积上作用 1 N 的力，即 1 Pa = 1 N/m² 。应力的常用单位还有兆帕（MPa）、吉帕（GPa），其换算关系为

1 MPa =

1 GPa =

3. 杆件的基本变形。

工程实际中的构件多种多样。杆件一般指＿＿＿＿＿＿＿＿＿＿＿＿＿＿＿＿＿＿＿＿＿＿的构件。轴线为直线的杆件称为＿＿＿＿＿＿＿＿＿＿；轴线为曲线的杆件称为＿＿＿＿＿＿＿＿＿。

当外力以不同的方式作用于杆件时，将产生各种各样的变形形式，写出其 4 种基本变形形式。

引导问题 2   关于非金属材料名称及性质的知识有哪些?

1. 高分子材料。

（1）高分子材料是以＿＿＿＿＿＿＿＿＿＿＿＿的材料。高分子材料是由相对分子质量较高的化合物构成的材料，包括橡胶、塑料、纤维、涂料、胶粘剂和高分子基复合材料，高分子是生命存在的形式，所有的生命体都可以看作是高分子的集合。

（2）高分子材料按来源分为＿＿＿＿＿＿＿＿＿＿＿＿＿＿材料。天然高分子是生命起源和进化的基础。人类社会一开始就利用天然高分子材料作为生活资料和生产资料，并掌握了其加工技术，如利用蚕丝、棉、毛织成织物，用木材、棉、麻造纸等。19 世纪 30 年代末期进入天然高分子化学改性阶段，出现半合成高分子材料。1907 年出现合成高分子酚醛树脂，标志着人类应用合成高分子材料的开始。现代，高分子材料已与金属材料、无机非金属材料相同，成为科学技术、经济建设中的重要材料。

2. 陶瓷材料。

（1）陶瓷材料是用＿＿＿＿＿＿＿＿＿＿＿＿＿＿＿＿＿＿＿＿＿材料。

（2）陶瓷材料分为＿＿＿＿＿＿＿＿材料和＿＿＿＿＿＿＿＿材料两大类。

（3）陶瓷材料具有哪些特点及运用场合？

3. 复合材料。

复合材料由两种或两种以上不同性质的材料，通过物理或化学的方法，在宏观上组成具有新性能的材料。各种材料在性能上互相取长补短，产生协同效应，使复合材料的综合性能优于原组成材料而满足各种不同的要求。

（1）复合材料的基体材料分为＿＿＿＿＿＿＿＿两大类。

（2）金属基体常用的有哪些？

（3）非金属基体主要有哪些？

（4）增强材料主要有哪些？

（5）复合材料中以纤维增强材料＿＿＿＿＿＿＿＿最广、＿＿＿＿＿＿＿＿最大。

（6）复合材料的特点是＿＿＿＿＿＿＿＿和比模量大。

例如，碳纤维与环氧树脂复合的材料，其比强度和比模量均比钢和铝合金大数倍。请说说复合材料还具有哪些性能？

（7）一辆汽车在制造中会使用很多种不同材料来生产相应的零部件。那么为什么会有这么多种材料？应根据什么来选择材料？为了解答这些问题，通过如下示例来分析这些零件对材料的性能要求。

例如，车身包含框架、挡风玻璃和保险杠三个零部件。框架是整个车身的骨架，起到了支承的作用，因此框架的材料需要很好的＿＿＿＿＿＿＿＿。同时框架的质量与汽车整体质量又密切相关，为了减小质量实现轻量化设计，就需要＿＿＿＿＿＿＿＿的材料。另外还要考虑汽车的框架主要是通过锻压机械和模具作用成型的，并且还需要点焊焊接，因此框架的材料要有很好的＿＿＿＿＿＿＿＿等工艺方面的性能。

引导问题3 关于菜单栏功能的知识有哪些？

1. 菜单栏。

Mastercam 软件的菜单栏中几乎包含了所有的命令，这些命令根据功能的不同放在不同的菜单组中，菜单组包括"文件""编辑""视图""分析""绘图""实体""转换""机床类型""刀具路径""屏幕""设置"及"帮助"，填写表5－12。

表5－12　主菜单选项说明

菜单组	说明
分析	
绘图	
文件	
修整	
转换	
删除	
屏幕	
实体	
刀具路径	
公用管理	

2. 基本概念。

图素（entity）：屏幕上能画出来的东西，即构成图形的基本要素。

基本要素有＿＿＿＿＿＿＿＿＿＿＿等。

图素的属性（attributes），每种图素都有＿＿＿＿＿＿＿＿＿＿＿＿＿＿四种属性。

3. 如图5－43所示，填写"选择"工具条各功能的名称。

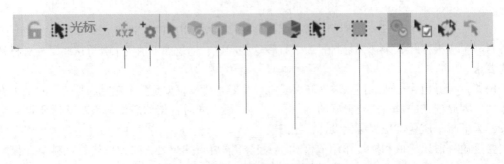

图5－43　"选择"工具条

1. 材料设置。

工件外形在"机床群组属性"对话框中的"毛坯设置"选项卡来设置，如图5 – 44所示。首先需设置工件的＿＿＿＿＿＿＿＿，可以设置为左主轴转向或右主轴转向，系统的默认设置为＿＿＿＿＿＿＿＿。

图5 – 44　"机床群组属性"对话框中的"毛坯设置"选项卡

2. 中心架设置。

当加工细长轴时，通常需要采用中心架来稳定工件的回转运动。在"机床群组属性"对话框中，单击"毛坯设置"标签进入"毛坯设置"选项卡中，在"中间架"选项组中单击"参数"按钮，弹出"机床组件管理 – 中心架"对话框，如图5 – 45所示。利用该对话框，可以设置中心架的＿＿＿＿＿＿＿等参数。

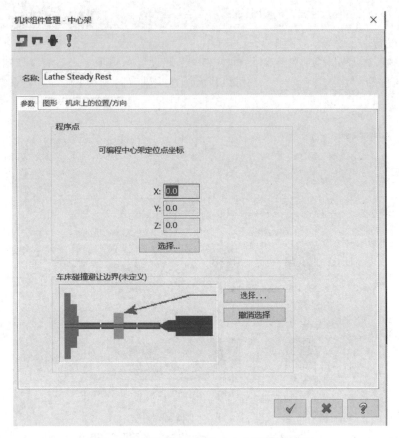

图 5 - 45 "机床组件管理 - 中心架" 对话框

引导问题 5   关于断面钻孔刀路设置的知识有哪些？

"断面钻孔" 刀路设置，如图 5 - 46 所示。

图 5 - 46 "断面钻孔" 刀路设置

（1）如图 5 - 47 所示，写出设置的步骤。

（2）如图 5 - 48 所示，写出设置的步骤。

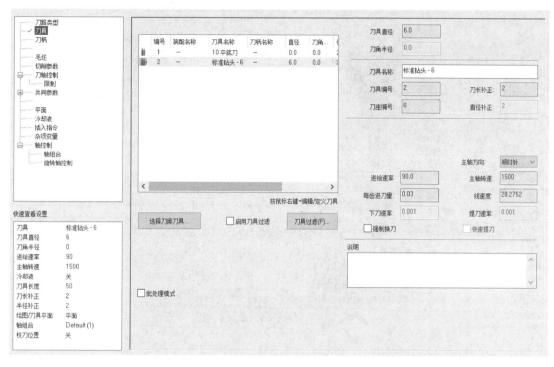

图 5 - 47　"刀具"设置

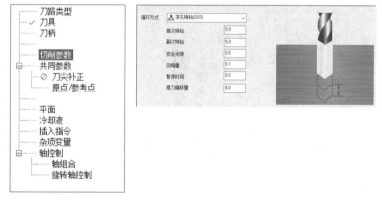

图 5 - 48　"切削参数"设置

（3）如图 5 - 49 所示，写出设置的步骤。

_____

_____ 。

（4）如图 5 - 50 所示，写出设置的步骤。

_____

_____ 。

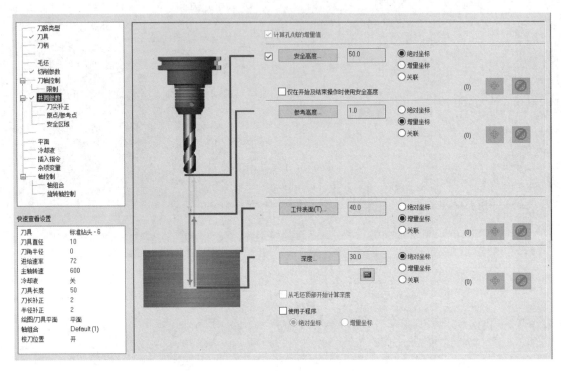

图 5 – 49　"共同参数"设置

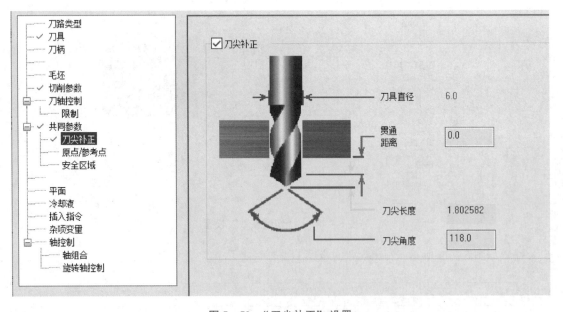

图 5 – 50　"刀尖补正"设置

（5）如图 5 – 51 所示，写出设置的步骤。

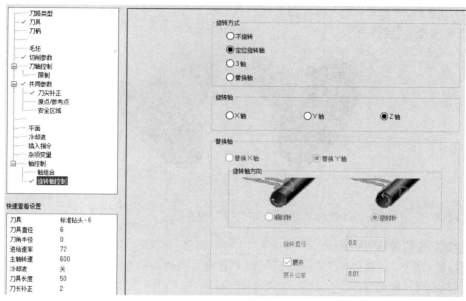

图 5 - 51　"旋转轴控制"设置

[计划与实施]

引导问题 1　关于特殊零件加工功能的知识有哪些？

残料粗加工。

（1）残料加工是用于_____方法，单击"刀具路径"按钮，弹出"曲面残料粗加工"对话框，单击"残料加工参数"标签，即可在"残料加工参数"选项卡中进行相关设置，如图 5 - 52 所示。

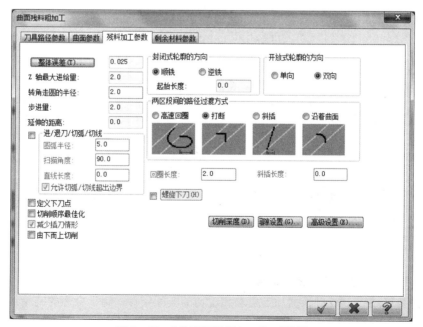

图 5 - 52　"曲面残料粗加工"对话框

（2）如图 5 – 53 所示，套类零件即＿＿＿＿＿＿零件，是各种机械设备常用的零部件之一。在车削过程中主要采用＿＿＿＿＿＿，有的零件还要求内部＿＿＿＿＿＿。

图 5 – 53　套类零件

引导问题 2　关于 Mastercam 软件其他加工方式的知识有哪些？

线切割。线切割模块用来＿＿＿＿＿＿＿＿路径，选择"机床类型"→"线切割"→"机床列表管理"命令，系统弹出图 5 – 54 所示的"自定义机床菜单管理"对话框，从中可选取常用的线切割激光机床类型。

图 5 – 54　"自定义机床菜单管理"对话框

引导问题 3　如何制订本零件的加工工艺？

1. 车削加工工艺制订的基本原则有哪些？

2. 查找资料，并根据所学知识，回答下列问题。

（1）各小组分析、讨论并根据加工要求和现场的实际条件，制订合理的链轮加工计划，完成表 5 – 13。

表 5 – 13　链轮加工计划

序号	图示	加工内容	尺寸精度	注意事项	备注

（2）组内及组间对加工计划的评价和改进建议。

（3）指导教师的评价与结论。

（4）各小组根据加工计划，完成工量刃具、设备和材料的准备工作，并填写表 5 – 14。

表 5 – 14　工量刃具、设备和材料的准备

序号	工量刃具、设备和材料的名称	要求	数量

3. 安全提示。

（1）工作时应穿工作服、戴袖套。女同学应戴工作帽，将长发塞入帽子里。夏季禁止穿裙子、短裤和凉鞋上机操作。

（2）为防切屑崩碎飞散，有防护外罩的封闭型数控车床必须关闭防护门，半开放式数控车床中的工作人员必须戴防护眼镜。工作时，头不能离工件加工区域太近，以防切屑伤人。

（3）工作时，必须集中精力，注意手、身体和衣服不能靠近正在旋转的机件，如车床主轴、工件、带轮、皮带、齿轮等。

（4）工件和车刀必须装夹牢固，否则会飞出伤人。

（5）在装卸工件、更换刀具、测量加工表面或改变速度时，必须先停机，再行调整。

（6）车床运转时，不得用手去摸刀具及刀具加工区域。严禁用棉纱擦抹转动的工件。

（7）使用专用铁钩清除切屑，绝不允许用手直接清除。

（8）在数控车床上操作时不准戴手套。

（9）不要随意拆装电气设备，以免发生触电事故。

（10）工作中若发现机床、电气设备有故障，要及时申报，由专业人员检修，未修复不得使用。

引导问题 4　链轮的刀路设计加工参数如何设置?

链轮的刀路设计见表 5 – 15。

表 5 – 15　链轮零件刀路设计

序号	编程图示	加工参数设置	备注
1	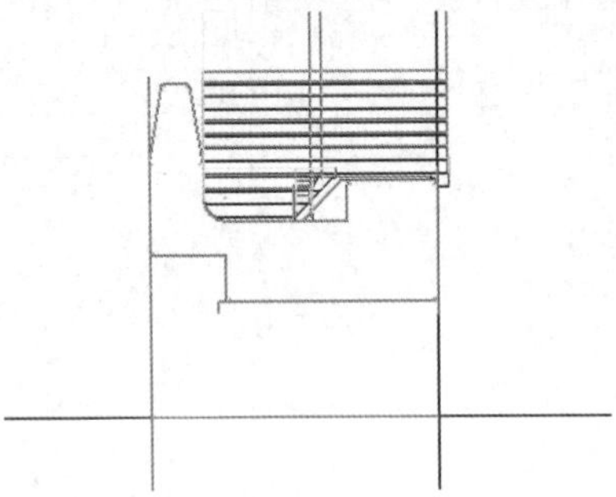	加工刀路：轮廓粗加工 余量：0.2 mm 刀具：35°外尖刀、3 mm 外切槽刀、内孔刀 转速：1 000 r/min 切削速度（F）：0.2 mm/r	
2	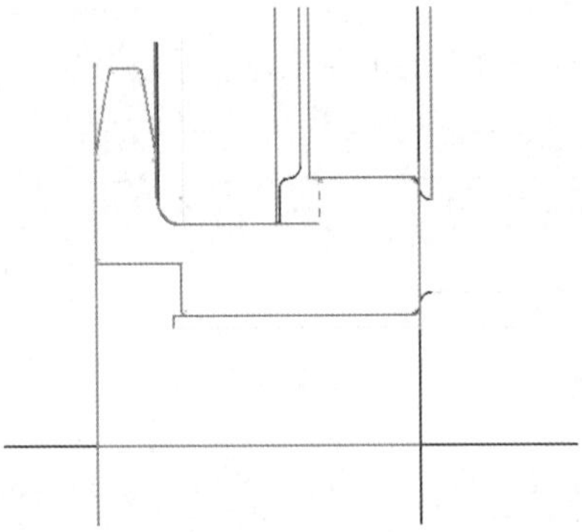	加工刀路：轮廓精加工 刀具：35°外尖刀、3 mm 外切槽刀、内孔刀 转速：1 500 r/min 切削速度（F）：0.08 mm/r	
3	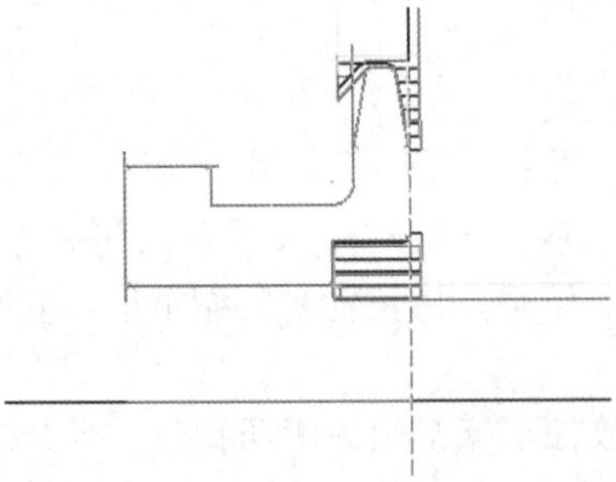	加工刀路：调头粗加工 刀具：35°外尖刀、内孔刀 转速：1 000 r/min 切削速度（F）：0.08 mm/r	
4	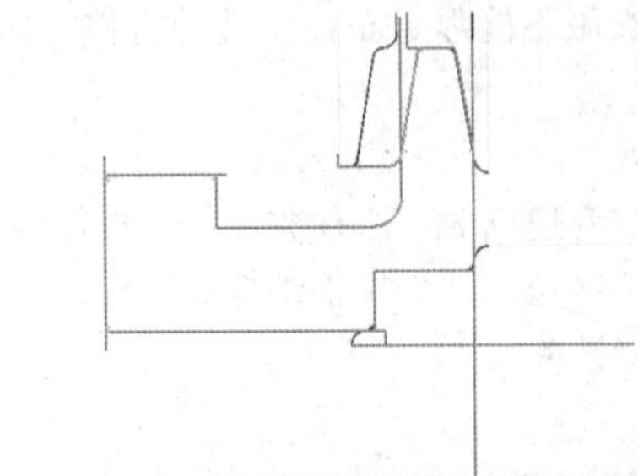	加工刀路：调头精加工 刀具：35°外尖刀、内孔刀 转速：1 500 r/min 切削速度（F）：0.08 mm/r	

序号	编程图示	加工参数设置	备注
5	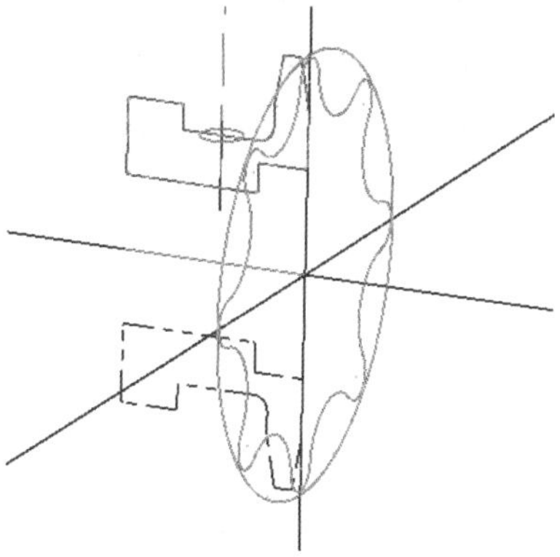	加工刀路：圆柱面钻孔 刀具：6 mm 钻头 转速：2 000 r/min 切削速度（F）：80 mm/min	
6	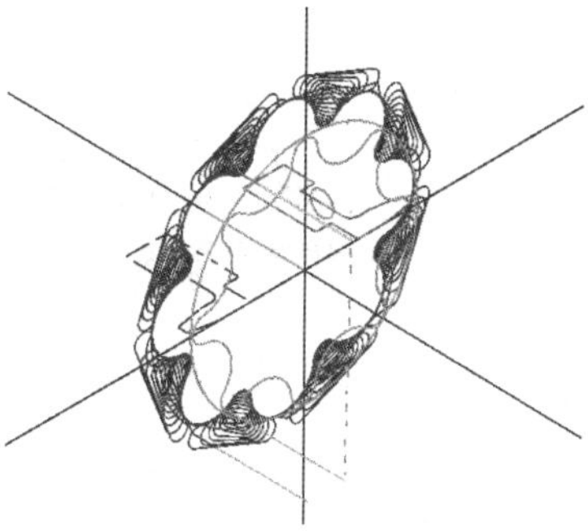	加工刀路：端面铣削 刀具：6 mm 铣刀 转速：4 500 r/min 切削速度（F）：400 mm/min	
7	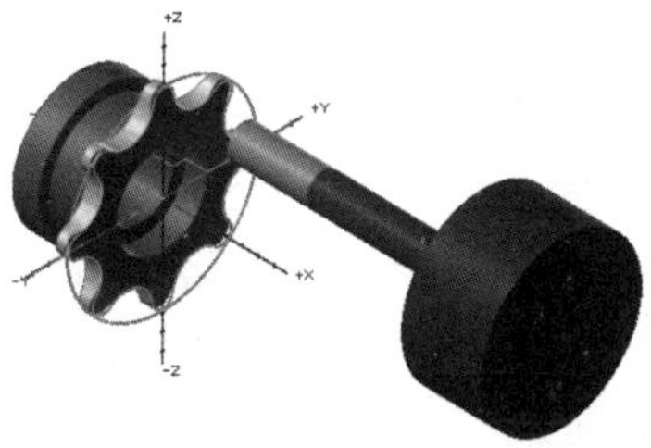	仿真实体	

[总结与评价]

引导问题 1　你能够使用合适的量具检测链轮零件加工质量吗？

1. 请将检测结果填入表 5 −16 链轮零件评分表中，并进行分析。

表 5-16 链轮零件评分表

姓名			日期			总配分	100	图号		链轮
主要尺寸评分项						允差	0.03%	项配分	75	75
序号	名称	图位	配分	尺寸类型	基本尺寸/mm	上偏差/mm	下偏差/mm	实际测量数值	对 ● 错 ○	得分
1	直径尺寸	D6	8.33	ϕ	41	-0.003	-0.022		○	
2		D6	8.33	ϕ	34	-0.022	-0.043		○	
3		D6	8.33	ϕ	20	0.021	0		○	
4		D8	8.33	ϕ	28	0.037	0.018		○	
5		D8	8.33	ϕ	58	0.01	-0.01		○	
6	长度尺寸	B6	8.33	L	8	-0.016	-0.035		○	
7		E6	8.33	L	13	0.044	0.022		○	
8		E8	8.33	L	7	0.016	-0.005		○	
9		E7	8.33	L	26	0.046	0.017		○	
									项得分	
表面质量评分项						允差	3%	项配分	10	10
序号	名称	图位	配分	尺寸类型	基本尺寸	上偏差	下偏差	实际测量数值	对 ● 错 ○	得分
1	表面粗糙度	D7	10	Ra	0.8 μm				○	
									项得分	
主观评分项								项配分	10	10
序号	名称	配分	主观评分内容			裁判打分（0~3分）				得分
						裁判1	裁判2	裁判3		
1	主观评分	2.6	已加工零件倒角、倒圆、倒钝、去毛刺是否符合图纸要求							
2		2.6	已加工零件是否有划伤、碰伤和夹伤							
3		4.8	已加工零件与图纸要求的一致性及其余表面粗糙度是否符合要求							
								项得分		
更换添加毛坯评分项								项配分	5	5
序号	名称	配分	内容				是/否	对 ● 错 ○		得分
1	更换添加毛坯	5	是否更换添加毛坯					○		
								奖励得分		
	裁判签字							总得分		

2. 请对链轮零件加工不达标尺寸进行分析，填写表 5 – 17。

表 5 – 17　链轮零件加工不达标尺寸分析

序号	图位	尺寸类型	基本尺寸	实际测量数值	出错原因	解决方案	
						学生分析	教师分析

引导问题 2　能否针对本任务所学的知识进行自我评价与总结？

1. 请对链轮零件加工学习效果进行自我评价，填写表 5 – 18。

表 5 – 18　链轮零件加工学习效果自我评价

序号	学习任务内容	学习效果			备注
		优秀	良好	较差	
1	有关内力、应力和变形等的知识有哪些				
2	关于非金属材料名称及性质的知识有哪些				
3	关于菜单栏功能的知识有哪些				
4	关于辅助功能设置的知识有哪些				
5	关于断面钻孔刀路设置的知识有哪些				
6	关于特殊零件加工功能的知识有哪些				
7	关于 Mastercam 软件其他加工方式的知识有哪些				
8	如何制订本零件的加工工艺				
9	链轮的刀路设计加工参数如何设置				

2. 总结不足与改进的地方。

（1）通过以上检测，分析自己所做零件的不足及解决的办法。

（2）写出在操作过程中存在的问题和以后需要改进的地方。

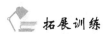
拓展训练

如再做一车螺纹工序，条件相同，但更改另一组牙距的起始位置，两工序合并，即为双螺纹加工。

单击 由表单计算(T)... 按钮会弹出“螺纹表单”对话框，如图 5－55 所示，供用户选取一般常用标准规格的牙。

基础大径	导程	大径	小径	说明
1.6000	0.3500	1.6000	1.2210	粗糙
2.0000	0.4000	2.0000	1.5670	粗糙
2.5000	0.4500	2.5000	2.0130	粗糙
3.0000	0.5000	3.0000	2.4590	粗糙
3.5000	0.6000	3.5000	2.8500	粗糙
4.0000	0.7000	4.0000	3.2420	粗糙
5.0000	0.8000	5.0000	4.1340	粗糙
6.0000	1.0000	6.0000	4.9170	粗糙
8.0000	1.2500	8.0000	6.6470	粗糙
8.0000	1.0000	8.0000	6.9170	精细
10.0000	1.5000	10.0000	8.3760	粗糙
10.0000	1.2500	10.0000	8.6470	精细
10.0000	0.7500	10.0000	9.1880	精细
12.0000	1.7500	12.0000	10.1060	粗糙
12.0000	1.5000	12.0000	10.3760	精细
12.0000	1.2500	12.0000	10.6470	精细
12.0000	1.0000	12.0000	10.9170	精细
14.0000	2.0000	14.0000	11.8350	粗糙
14.0000	1.5000	14.0000	12.3760	精细
15.0000	1.0000	15.0000	13.9170	精细

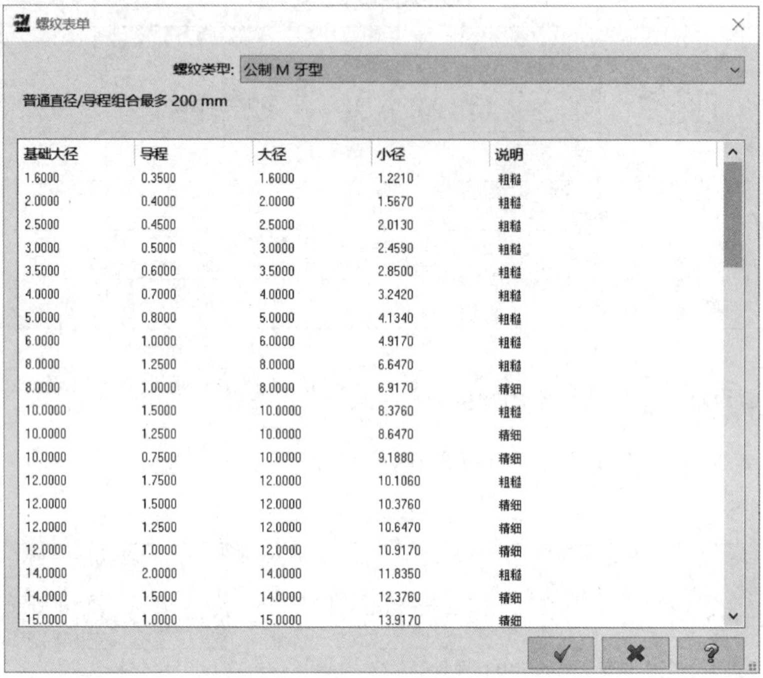

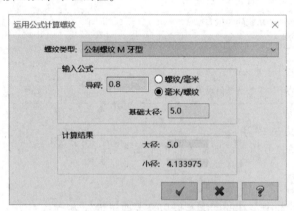

图 5－55 “螺纹表单”对话框

单击 运用公式计算(F)... 按钮会弹出“运用公式计算螺纹”对话框，如图 5－56 所示。用户在“螺纹类型”下拉列表中选取不同的螺纹类型，在“输入公式”选项组中设置参数后，系统可自行依照标准公式算出大、小径的值。

图 5－56 “运用公式计算螺纹”对话框

单击 绘出螺纹图形(D)... 按钮，会返回绘图区画面，并显示上述设定所产生的车螺纹的位置，并且系统弹出“保存图形?”对话框，询问用户是否保存所显示的几何图形，如图 5－57 所示。

图 5－57 “保存图形?”对话框

单击“螺纹切削参数”标签，如图 5－58 所示，请完成下面填空。

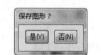

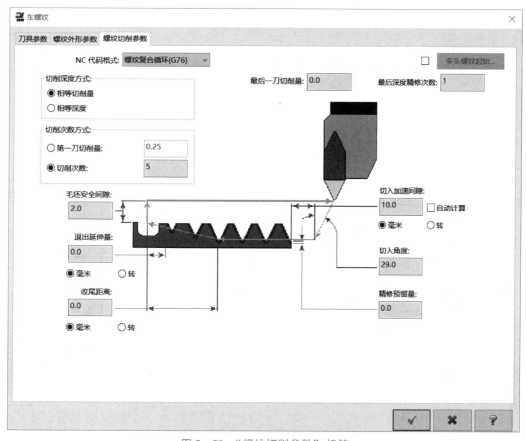

图 5-58　"螺纹切削参数"标签

"NC 代码格式"下拉列表：此下拉列表是选择_____。

"相等切削量"命令：此命令是_____

_____。

"相等深度"命令：此命令是_____

_____。

"第一刀切削量"命令：此命令是_____

_____。

"切削次数"命令：此命令是设定_____。

"最后深度精修次数"文本框：此文本框是表示_____。

"毛坯安全间隙"文本框：此文本框是设定_____。

"退出延伸量"选项组：此选项组是控制_____。

"切入角度"文本框：此文本框是设定_____。

"精修预留量"文本框：此文本框是设定_____。

[任务拓展训练]

任务拓展训练图纸

链轮的拓展训练图纸如图 5-59 所示。

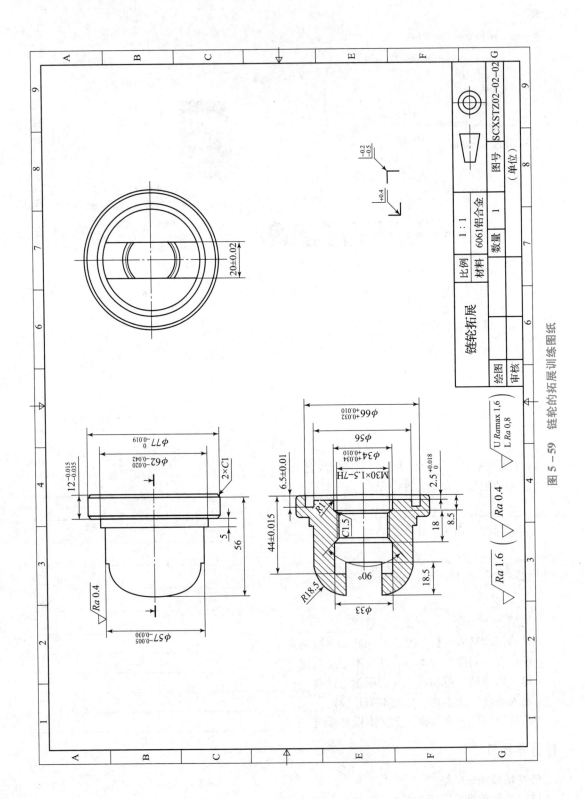

图 5-59 链轮的拓展训练图纸

引导问题1　如何制订拓展任务的加工工艺？

查找资料，并根据所学知识，回答下列问题。

（1）各小组分析、讨论并根据加工要求和现场的实际条件，制订合理的加工计划，完成表5-19。

表5-19　加工计划表

序号	图示	加工内容	尺寸精度	注意事项	备注

（2）组内及组间对加工计划的评价和改进建议。

（3）指导教师的评价与结论。

（4）各小组根据计划，完成工量刃具、设备和材料的准备工作，并填写表5-20。

表5-20　工量刃具、设备和材料的准备

序号	工量刃具、设备和材料的名称	要求	数量

引导问题2　拓展训练零件的刀路设计加工参数如何设置？

拓展训练零件的刀路设计见表5-21。

表5-21　拓展训练零件的刀路设计

序号	编程图示	加工参数设置	备注
1	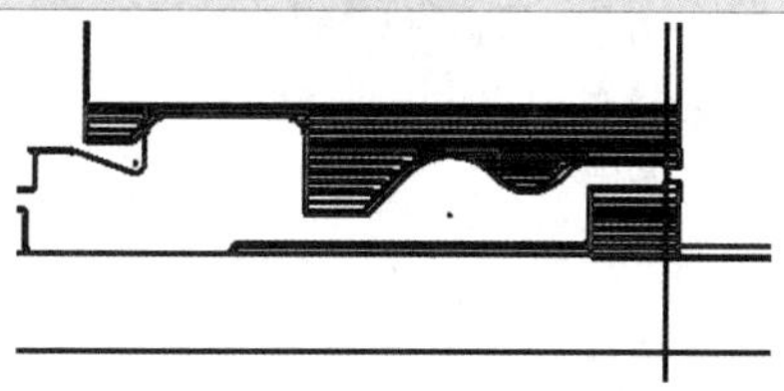	加工刀路：外圆、内孔粗加工 余量：0.2 mm 刀具：35°外尖刀、内孔刀 转速：1 000 r/min 切削速度（F）：0.2 mm/r	

序号	编程图示	加工参数设置	备注
2	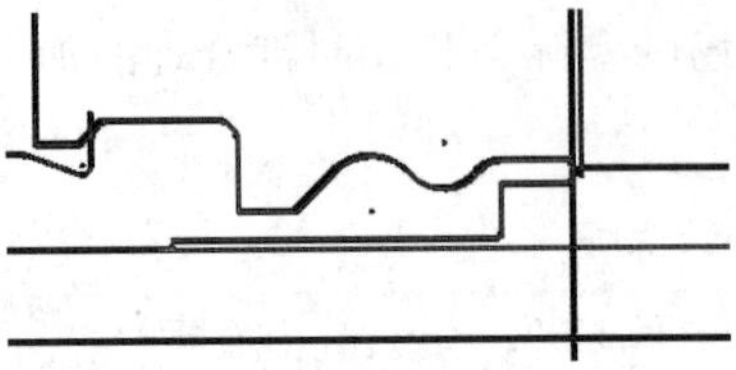	加工刀路：外圆、内孔精加工 刀具：35°外尖刀、内孔刀 转速：1 500 r/min 切削速度（F）：0.08 mm/r	
3	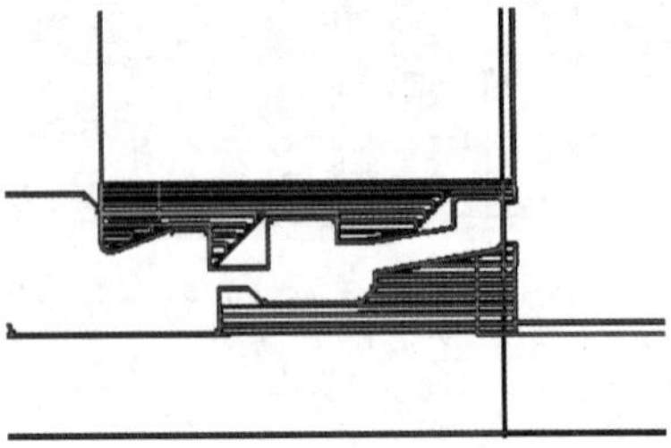	加工刀路：外圆、内孔粗加工 余量：0.2 mm 刀具：35°外尖刀、35°内孔尖刀 转速：1 000 r/min 切削速度（F）：0.2 mm/r	
4	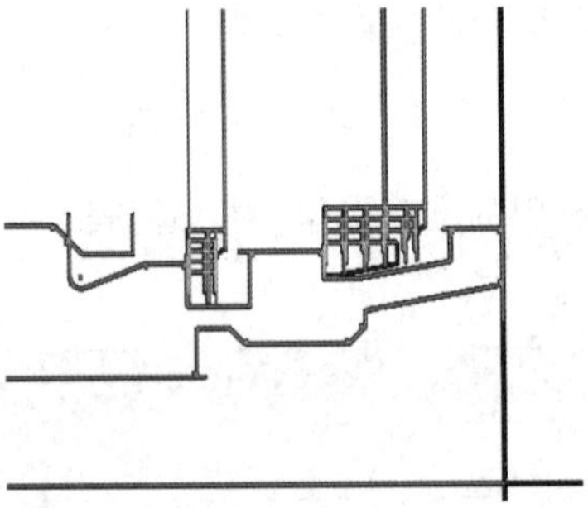	加工刀路：切槽粗加工 余量：0.2 mm 刀具：3 mm 外切槽刀 转速：1 000 r/min 切削速度（F）：0.12 mm/r	
5	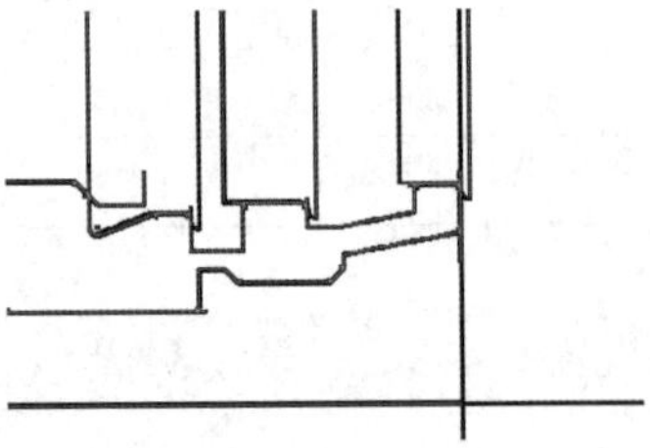	加工刀路：外圆精加工 刀具：35°外尖刀 转速：1 500 r/min 切削速度（F）：0.08 mm/r	
6	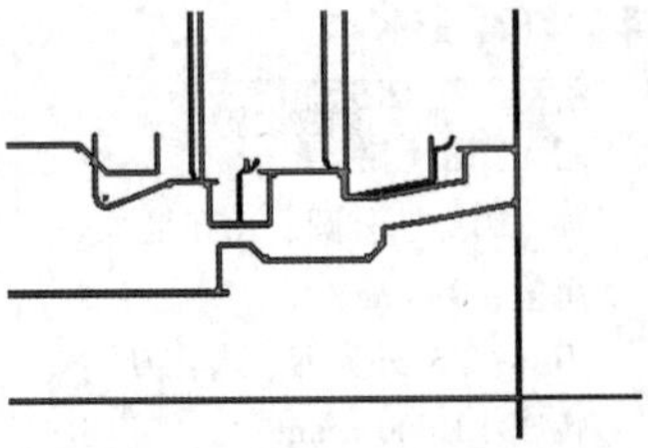	加工刀路：外槽精加工 刀具：3 mm 外切槽刀 转速：1 500 r/min 切削速度（F）：0.08 mm/r	

续表

序号	编程图示	加工参数设置	备注
7	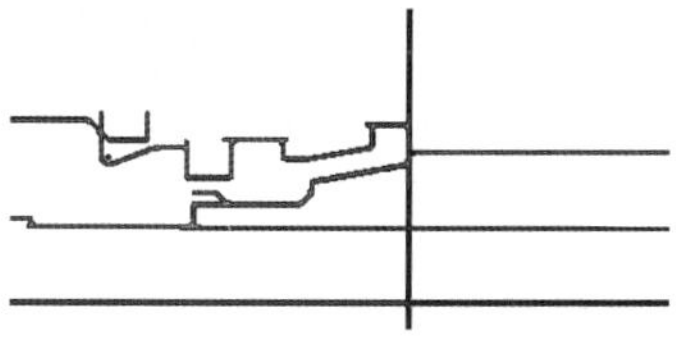	加工刀路：内孔精加工 刀具：35°内孔尖刀 转速：1 500 r/min 切削速度（F）：0.08 mm/r	
8	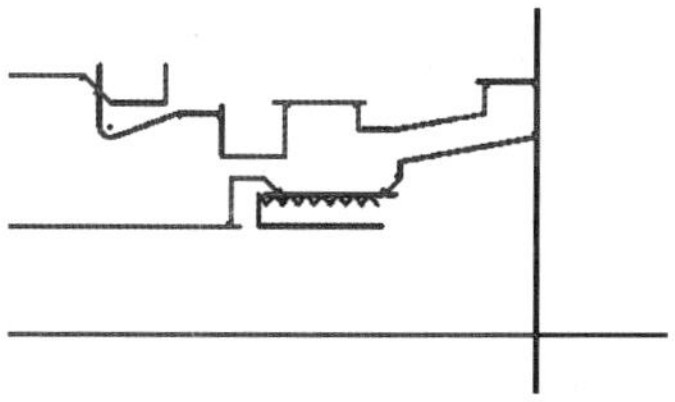	加工刀路：内螺纹加工 刀具：内螺纹刀 转速：800 r/min 切削速度（F）：1.5 mm/r	

引导问题 3 如何检测拓展零件加工质量并分析尺寸不达标的原因？

1. 请将检测结果填入表 5-22 拓展训练零件评分表中，并进行分析。

表 5-22 拓展训练零件评分表

姓名			日期			总配分	100	图号		链轮拓展	
						允差	0.003				
序号	名称	图位	配分	尺寸类型	基本尺寸/mm	上偏差/mm	下偏差/mm	实际测量数值	对 ●	错 ○	得分
1	直径尺寸	B2	8	ϕ	57	-0.005	-0.030			○	
2		B4	8	ϕ	62	-0.020	-0.042			○	
3		B5	8	ϕ	77	0	-0.019			○	
4		E4	8	ϕ	34	0.034	0.010			○	
5		E5	8	ϕ	66	0.032	0.010			○	
6		A4	8	L	12	-0.015	-0.035			○	
7		C7	8	L	20	0.02	-0.02			○	
8	长度尺寸	D3	8	L	44	0.015	-0.015			○	
9		D4	8	L	6.5	0.01	-0.01			○	
10		F4	8	L	2.5	0.018	0			○	
11	螺纹	D3	8	M	30					○	
12	表面粗糙度	B3	12	Ra	0.4 μm						
									总得分		

2. 请对拓展训练零件加工不达标尺寸进行分析，填写表 5 – 23。

表 5 – 23 拓展训练零件加工不达标尺寸分析

序号	图位	尺寸类型	基本尺寸	实际测量数值	出错原因	解决方案	
						学生分析	教师分析

3. 总结不足与改进的地方。

（1）通过以上检测，分析自己所做零件的不足及解决的办法。

（2）写出在操作过程中存在的问题和以后需要改进的地方。